U0383380

人工智能

科学与技术丛书

神经网络与深度学习

基于MATLAB 的仿真与实现

姚舜才　李大威　编著

清华大学出版社

北京

内 容 简 介

本书系统论述了神经网络及深度学习的基本原理、算法设计及应用实例。全书分三部分，共 14 章，分别介绍了神经网络的基本概念、神经网络的基本结构、深度学习的基本原理、神经网络的训练方法，以及神经网络与深度学习的计算机仿真技术。此外，本书还介绍了 MATLAB 中的人工智能工具箱在神经网络与深度学习中的应用，给出了丰富的实例，并配套提供了完整的程序代码，便于读者动手实践。

本书可作为高等院校人工智能、计算机、电子信息等专业的本科生、研究生及从事人工智能学习及研究的专业人员的参考书。

图书在版编目（CIP）数据

神经网络与深度学习：基于 MATLAB 的仿真与实现/姚舜才，李大威编著.—北京：清华大学出版社，2022.3（2024.1 重印）

（人工智能科学与技术丛书）

ISBN 978-7-302-59108-5

Ⅰ. ①神…　Ⅱ. ①姚… ②李…　Ⅲ. ①人工神经网络—Matlab 软件 ②机器学习—Matlab 软件　Ⅳ. ①TP183 ②TP181

中国版本图书馆 CIP 数据核字（2021）第 178357 号

策划编辑：盛东亮
责任编辑：钟志芳
封面设计：李召霞
责任校对：时翠兰
责任印制：杨　艳

出版发行：清华大学出版社
　　　　　网　　　址：https://www.tup.com.cn，https://www.wqxuetang.com
　　　　　地　　　址：北京清华大学学研大厦 A 座　　邮　　编：100084
　　　　　社　总　机：010-83470000　　　　　　　　邮　　购：010-62786544
　　　　　投稿与读者服务：010-62776969，c-service@tup.tsinghua.edu.cn
　　　　　质量反馈：010-62772015，zhiliang@tup.tsinghua.edu.cn
　　　　　课件下载：https://www.tup.com.cn，010-83470236
印 装 者：三河市龙大印装有限公司
经　　销：全国新华书店
开　　本：186mm×240mm　　印　张：24.25　　　　字　　数：548 千字
版　　次：2022 年 5 月第 1 版　　　　　　　　　　印　　次：2024 年 1 月第 3 次印刷
印　　数：3501～4700
定　　价：89.00 元

产品编号：087054-01

前言
PREFACE

神经网络技术是人工智能学科的重要组成部分,在很多领域有着不可替代的作用。随着科技的不断发展,在传统神经网络基础上发展起来的以深度神经网络为主要代表的深度学习方法在近几年更是有了非同寻常的表现。由 MathWorks 公司出品的 MATLAB 商业数学软件为神经网络及深度学习方法的实现提供了可能。特别是其中的神经网络工具箱具有使用方便、数据分析直观、便于理解等优点。

为了使初学者能够更加深入地了解神经网络与深度学习的基本原理以及实现方法,我们编写了此书。书中阐述了各种神经网络模型的基本结构、算法原理以及实现方法;提供了在 MATLAB 软件中各神经网络的基本实现函数、格式及例程。所有例程均在 MATLAB R2019b 版本上调试运行通过,希望能为广大学习神经网络与深度学习技术的初学者提供帮助,如果能够在此基础上激发他们深入研究的兴趣和热情那就更好了。

本书分三部分,共 14 章:第一部分包括绪论、第 1 和第 2 章,主要介绍神经网络发展的基本情况以及 MATLAB 软件;第二部分包括第 3～9 章,主要阐述几种经典神经网络的基本结构、原理及算法,给出相应的例程;第三部分包括第 10～14 章,结合一些实际应用范例论述当前应用较为广泛的深度学习神经网络的算法原理以及实现方法。

本书绪论和第 1～6 章由姚舜才编写,第 7～14 章由李大威编写。

需要说明的是,神经网络技术的发展相当迅速,MATLAB 也在不断更新,作者的学识及水平有限,书中疏漏之处在所难免,敬请广大读者和业内专家不吝指正。

编 者

2022 年 1 月

目 录
CONTENTS

第三部分　深度学习神经网络

第一部分
神经网络基础及MATLAB

绪　　论

　　"智能"无疑是当前的流行词之一,相关的新闻报道和各种消息中经常会出现,而且很多产品也被冠以"智能"。然而对于如何定义智能及实现智能,大家却不是很关心。好像只要能给生活带来一些便捷的产品就可以将其称为智能产品,例如智能手机、智能家居等。事实上,对于智能的定义是在不断变化的,从心理学上定义的智能到机器智能、人工智能都有不同的表述。而机器智能多指具有一定的类似人的推理能力的机器或装置。这些智能的机器或装置的确给我们的生活带来了不少便利,使得很多人对其青睐有加,想方设法使它更加"聪明"地为我们服务,这就涉及智能的实现问题。

　　智能如何实现? 人们会很自然地联想到自身,智能的实现可以借鉴人的智能的实现,首先应该有一个"大脑"用来思考,还应该接受一定的教育和训练才能"智能"地生活和"智能"地工作。这实际上就说明了智能的实现应该有两方面的支撑:一是"大脑"——计算机硬件,二是"思维"——软件和算法。计算机硬件的发展依赖于制造业和材料科学的发展,当然也得有古老和传统的采矿业的支撑;而智能的实现更主要的是软件和算法。这正如人的智能:光有一个机灵的大脑是不行的,还要经过系统的学习和训练才能成为一个有思想、会思考的人! 中国古典读物中也有"玉不琢,不成器;人不学,不知义"的说法。一个人机灵的大脑可能来自遗传,相应地,一个智能机器的硬件会依赖于材料科学等方面的保障。要使机器具有"智能",则更应该强调其软件和算法的效率和优势。因此,从智能的实现上来说,也强调高效的算法。

　　如何实现高效的智能算法呢? 在20世纪中叶,很多富有远见的学者就开始了探讨。在1956年夏天,美国学者赫伯特·亚历山大·西蒙(Herbert Alexander Simon,1916—2001)、约翰·麦卡锡(John McCarthy,1927—2011)、马尔文·李·明斯基(Marvin Lee Minsky,1927—2016)、纽厄尔(Allen Newell,1927—1992)等聚集在达特茅斯一起讨论关于信息处理的学术问题,在这次会议(达特茅斯会议)上首次提出了"人工智能"这一术语,一般认为这就是人工智能的起源。

　　在此后将近10年的时间,也就是到20世纪60年代中叶,关于智能研究的主题是系统的执行能力,研究内容为对数据的优化处理,即智能系统在接收到相应的数据后进行自寻优的过程。需要设计在现在看来较为简单的算法使系统能够自动进行优化处理,例如某些棋局对弈程序。随着技术问题的不断出现,也在不断提出新的处理要求,各种智能算法层出不穷。在智能算法领域始终存在两种方向(发展为两大学派):一是以传统统计学为基础,并在此基础上不断改进和发展的统计学习理论和支持向量机方法;二是仿生智能,这是受到了生物智能或神经科学的启发而发展出的一系列智能方法,例如遗传算法、神经网络等。

传统统计学对于智能算法方面的基础贡献主要来源于传统统计学中的多元统计分析。多元统计分析是对标量数据统计的扩展。多元统计分析方法建立在严密的数学推理基础上,对于数据样本的分析给出了详尽的分析过程和不容辩驳的结果。很多基于统计学方法的智能算法都能在多元统计分析的范畴进行溯源,例如线性分类、聚类和主成分分析等。在某种程度上,可以说多元统计分析是智能算法的源流。当然,多元统计分析方法也存在一些问题,首先,多元统计分析方法始终还是一种静态分析方法,对于动态系统的数据建模,多元统计分析方法是无能为力的;其次,由于关注数学分析的严谨,多元统计分析方法的计算量比较大。但不论怎样,经过多年的不断发展,统计学习理论学派在基于贝叶斯理论的基础上形成了统计学习的方法,因此也被称为"贝叶斯派"。这个学派的主要代表人物是弗拉基米尔·瓦普尼克(Vladimir N. Vapnik)和阿列克谢·切沃宁基斯(Alexey Chervonenkis)。

仿生智能作为智能算法的一个重要分支,与统计学相比,可能在理解上更为容易,同时在普及程度上也似乎比统计学更广一些。在仿生智能中又有很多分支,例如生物遗传算法、粒子群算法等。但其中最有代表性的莫过于神经网络算法了。神经网络算法正如其名,最初是受到了神经元对于外部刺激-响应模式的启发,然后利用简单的电路实现的,后来随着硬件水平的不断提高,神经网络算法的复杂程度和精细程度也在不断提高,在很多传统技术难以解决的领域大显身手,受到了广泛的赞誉。首先,经典神经网络算法是依赖于数据的,对于外部输入的大量数据,经过一定的处理可以很好地建立起输入和输出之间的关系。这种关系一般是非线性的(如果是线性关系,则不必费这么大的周折)。因此,神经网络对于非线性映射关系的建立有着不可撼动的地位。其次,神经网络是依赖于结构的,网络结构的调整和改变往往会带来不同的运算效果。因此,神经网络的发展也促进了其他相关学科的发展。最后,神经网络的学习模式与人类的学习模式存在一定的相似性,神经网络学习模式的产生和发展在很大程度上是受到了人类的学习模式的影响,因此神经网络的学习模式与人类的学习模式可以相互借鉴,促进人工智能的不断发展。

鉴于神经网络自身的特点,这种具有特色的仿生智能算法也受到了一些质疑,例如神经网络并不能解释非线性映射的机理,只是"照猫画虎"地"模仿";神经网络依赖于数据,其泛化程度不尽如人意;神经网络的学习模式过于单一等。对于这些质疑,神经网络计算学派在不断推广其实际应用的同时也在不断反思和改进。经过多年的改进后,一种新型的神经网络终于面世——这就是基于深度学习的神经网络。在这种神经网络中,将统计学和其他较为严谨的数学理论引入,在一定程度上规避了传统神经网络的缺点,从而在很大程度上提升了传统神经网络的性能。AlphaGo与李世石的围棋之战就是一个很好的例证。目前,各种基于深度学习的神经网络如雨后春笋般相继推出,例如卷积神经网络、生成对抗网络等。

这似乎预示着在将来一段时间内以神经网络为基本架构,同时兼顾统计学派学习方法的智能学习模式可能要占据人工智能领域的制高点。

再好的理论也得有实践的平台,各种神经网络算法的实现也不例外。在硬件平台方面,现在已经有很多性能良好的 GPU 和 CPU 供神经网络算法运行,而且,在 AlphaGo 与李世石围棋大战两个月后,谷歌公司的硬件工程师公布的张量处理单元(Tensor Processing Unit,TPU)已经应用于深度学习神经网络。有的技术人员甚至声称"TPU 的处理速度比当前 GPU 和 CPU 的速度快 15~30 倍"。这些处理单元主要应用于很多专用和特殊的场合,而对于神经网络的初学者来说最为重要的是了解算法的结构,体验算法的效率。基于这种考虑,如果不进行超大规模的神经网络计算,则一般性能较好的 PC 就足以支撑算法的运行。有了硬件支撑,接下来就要考虑算法和软件了。目前能够在 PC 上运行神经网络算法的软件有很多种,这些软件各具特色,从不同的侧面反映着神经网络算法的特点。传统而经典的 C、C++语言主要侧重于基础和底层的开发;Java 语言由于其半编译性的特点具有较高的可移植性,但在运行速度上有一些问题;在当前智能算法、神经网络的开发领域很多人推崇 Python 语言,但 Python 语言对于线程的处理又似乎不尽如人意⋯⋯ 可以看出,对于软件和计算机语言的选择,更多的是见仁见智、难分伯仲。对于想了解和体验神经网络算法优势的人来讲,笔者推荐使用 MATLAB 软件。

单纯从计算机语言的角度讲,MATLAB 不像是一种计算机语言。虽然它也有一些语法规则,但与正统的计算机语言相比,似乎显得简陋了一些。然而自从诞生以来,MATLAB 在科学分析和计算领域就一直占据很重要的位置。MATLAB 是 Matrix 和 Laboratory 两个词的组合,意为矩阵实验室。MATLAB 最初推出的版本就以简洁和类似手工计算的方式解决了矩阵计算的问题。当时被称为"演算纸式"计算机语言。紧接着,MATLAB 提供控制工程领域仿真分析软件包。在其后几十年,MATLAB 不断发展,陆续将各学科和技术领域的分析计算软件包囊括在内,形成了涵盖控制、电气、电子、通信、虚拟现实甚至航空航天等诸多领域的庞大软件。此外,MATLAB 还体现了体系开放的特点,对于 C、Python 等语言可以相互交融,进行混合编程。从某种程度上说,MATLAB 软件是广大科技人员不可或缺的理论分析和仿真运算工具。

MATLAB 既提供了较为规范和完备的传统神经网络工具箱,也为新型的深度学习神经网络留下了扩展空间。在学习神经网络基础理论的同时,如果能够利用 MATLAB 对所学的理论进行验证则会达到事半功倍的效果。如果在此基础上激发创新的灵感,开发出更加有效和实用的神经网络,那更完美。

第 1 章

神经网络概述

在人工智能领域,神经网络方法占有很重要的位置。神经网络的研究人员将这种方法的灵感归因于生物神经学的研究。一般认为这种方法是在 1943 年由心理学家 W. McCulloch 与数理逻辑学家 W. Pitts 提出的,他们在对人的神经元反射进行研究后,将其移植在分析和计算领域,提出了神经元的基本数学模型,这种模型被称为 M-P (McCulloch-Pitts) 模型。所谓的 M-P 模型,是借鉴简单生物神经元的结构和工作原理而抽象出来的一个计算模型。典型的生物神经元及其简化结构如图 1-1 所示。

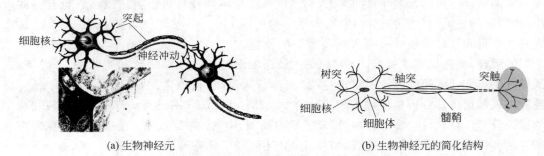

(a) 生物神经元　　　　　　　　　　　　　　(b) 生物神经元的简化结构

图 1-1　典型的生物神经元及其简化结构

生物神经元细胞由细胞体和突起两部分组成。细胞体由细胞核、细胞质以及细胞膜构成。细胞膜主要包覆在细胞周围,与细胞外部相隔离。由于人体中有电解质,因此细胞内外有一定的电位差;细胞质是含水大约 80% 的半透明物质。细胞核是整个细胞最重要的部分,是细胞的控制中心。

突起部分包括树突、轴突和突触。树突是神经元延伸到外部的纤维状结构。这些纤维状结构在离神经元细胞体近的根部比较粗壮,然后逐渐分叉、变细,像树枝一样散布开来,所以称为树突。树突的作用是接收来自其他神经元的刺激(输入信号),然后将刺激传送到细胞体中。轴突是神经元伸出的一条较长的突起,甚至可长达 1m 左右,其粗细均匀。轴突主要用来传送神经元的刺激,也称为神经纤维。突触是神经元之间相互连接的部位,同时传递神经元的刺激。髓鞘则是包在轴突外部的膜,用来保护轴突,同时也起一定的"屏蔽"作用。

神经元对于外界刺激的响应模式呈现出阈值型非线性特性。外部的刺激是以电信号的形式作用于神经元的,如果电位的值没有超过一定的阈值(−55mV)时,细胞就处在不兴奋的状态,称为静息状态。当外部的刺激使神经元的电位超过阈值,神经元就开始兴奋。神经元兴奋后又恢复到静息状态时,会有一定时间的不响应期,也就是在一段时间内,即使神经元受到了新的刺激也不会产生兴奋了。在度过不响应期之后,当新的刺激到来并突破阈值时,神经元才会再度响应。由此可以看出,神经元的响应是非线性的过程,而且与刺激的强度和频度是有关系的。

刺激在被神经元响应后经过轴突传送到其他神经元,再经过突触与其他神经元接触后进入其他神经元的树突,相当于电子线路中的输入/输出接口。整个过程与信息传递的过程非常类似。单个神经元与成百上千个神经元的轴突相互连接,可以接收到很多树突发来的信息,在接收到这些信息后神经元就对其进行融合和加工。这种融合和加工的方式是比较复杂的,但是有一点是肯定的,就是这种融合和加工的过程是非线性的。当很多个神经元按照这样的方式连接起来后,就可以处理一些外部对神经元的刺激(输入信号)了。

受到以上生物神经元工作方式的启发,神经网络的研究人员给出了单个神经元的模型,如图 1-2 所示。单个人工神经元可以理解为一个多输入单输出的结构,每个输入都有不同的权值,用 $w_1,w_2,\cdots,w_n$ 表示,这就相当于真实神经元的树突;加权后的输入被统一集中起来进行信息的融合,在单个人工神经元里用简单求和来表示各种加权后输入信息的集中和融合;在进行信息

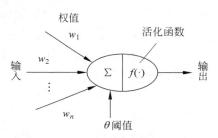

图 1-2 单个神经元模型

融合后与一个阈值进行比较用来模仿真实神经元的阈值相应特性;而此后在进行信息处理时,通常由一个非线性函数来进行,这个非线性函数称为活化函数,代表了神经元被激活的意义。在有些文献中,活化函数也被称为激活函数、变换函数、转移函数等。在某些文献里将活化函数称为传递函数,这是不可取的!因为容易和其他相近学科的专有名词混淆,例如控制理论里所说的传递函数和活化函数的意义就有很大区别!M-P 模型可以通过一个带参数的函数 $f(x,w)$ 来实现对一些线性分类问题的处理。虽然其参数 w(权重)一般由人设定,看上去没有那么"智能",但这种模型确实开启了神经网络学习模式的新时代。

在 20 世纪 50 年代末,F. Rosenblatt 将单个的神经元网络模型发展成为多层感知机。这时候这个模型就有了非常正式的名字"神经网络"!虽然学术界的"反对派"仍然有些不屑地称其为"感知机",但这种模型的权值参数已经能够自行调整,而且在分布式存储、并行处理以及函数拟合方面显示出强大的生命力,引起了众多学者和工程人员的极大兴趣,神经网络的研究进入了一个高潮时期。到了 1960 年,斯坦福大学的 Bernard Widrow 教授开发了线性感知机,采用线性函数作为激活函数,并使用最小二乘法的思想对网络的输出进行评价,为此后的 BP(Back Propagation,前馈型)神经网络的产生奠定了基础。

进入 20 世纪 70 年代后,有 3 种重要的神经网络相继诞生,分别是 T. Kohonen 提出的

自组织特征映射（Self-Organizing Feature Map，简称 SOFM 或 SOM）神经网络、Paul Werbos 提出的 BP 神经网络以及 S. Grossberg 提出的自适应共振理论（Adaptive Resonance Theory，ART）。其中，BP 神经网络的出现堪称划时代的产物。虽然在当时人们没有对其予以足够的重视，但在随后的几年 BP 神经网络有了很大的发展，不仅解决了在传统领域中的难题，而且在很多工程领域都大显身手，名噪一时。在 BP 神经网络的引领下，RBF（径向基）网络也随之诞生，在非线性拟合等诸多方面都有不俗的表现。

在 BP 神经网络的基础上，研究人员将反馈机制引入神经网络，这直接导致了 Hopfield（反馈型）神经网络的产生。Hopfield 神经网络成功解决了旅行商问题，极大地推进了神经网络的发展。神经网络由此进入了蓬勃发展的时期。技术的发展总是相互促进的，Hopfield 神经网络引入了反馈机制对于系统的精度有好处，但是又不可避免地带来了反馈结构的通病——整个系统的稳定性问题。由控制理论的基本原理可知，如果不能很好地解决稳定问题，系统将会陷入不稳定的振荡状态。Hopfield 神经网络是一种反馈型的神经网络，这种问题也必然存在。这个问题促进了将神经网络作为一个系统进行理论分析和探讨方法的发展。此外，对于收敛和稳定性问题的不断研究，神经网络领域的专家们不断从其他学科获得灵感，援引其他学科的思想对神经网络进行修正和改造，使神经网络不断提升自身的性能。例如模拟退火算法和玻耳兹曼机（Boltzmann Machine，BM）的出现，将随机性的因素引入神经网络，不但解决了当时在神经网络中所存在的问题，而且孕育了深度学习神经网络的基本思想，为深度学习神经网络的产生奠定了良好的基础。

整个 20 世纪 80 年代是神经网络大发展的年代。在这个时期，各种结构形式的神经网络不断涌现，推动了多个学科的发展，可以说引领着各工程领域向智能化的方向不断迈进。在几种基本的神经网络"硬核"基础上，专家们同时又借鉴了其他学科的优势，发展出了很多复合型的神经网络，例如模糊神经网络等。

当时的神经网络是建立在样本数据的基础上的，因此神经网络运行良好与否和样本的情况密切相关，数据集样本的数量和质量直接影响到神经网络的运算质量。特别是当时的神经网络对于很多问题的泛化控制并不尽如人意，这使得很多学者对于神经网络自身的发展提出了质疑，在这些质疑声中，以统计学习理论学派最为引人注目。他们从多个侧面对神经网络的运算机制进行评论，这些评论甚至上升到了哲学方法论的层面。统计学习理论学派在其重要的文献中就指出："在解决一个给定问题时，要设法避免把解决一个更为一般的问题作为其中间步骤"。同时还对神经网络方法做出评价："……同理，与 SVM（支持向量机，由统计学习理论直接发展而来）相比，NN（神经网络）不像一门科学，更像一门工程技巧……"，甚至对神经网络的科学性提出了质疑（《统计学习理论的本质·不可证伪性理论》）。这些可以看作是统计学习理论与神经网络为代表的智能计算方法的争鸣。在此过程中，统计学习理论有了较大发展，由统计学习理论直接发展而来的支持向量机及其衍生方法在很长一段时间里占据了智能计算领域的主要阵地。

神经网络计算学派对受到的挑战进行了反思，进入 21 世纪以后，神经网络计算学派调整了研究风格：不再将神经科学作为研究工作的指导思想。因为毕竟人类对于自身神经生理以及心理方面的情况也不甚了解。在吸收了统计学习理论学派卓有成效的研究成果基础上,神经网络计算学派也将自己的研究与传统严谨的数学学科相结合。在 2006 年,深度信念网络(Deep Belief Network,DBN)的推出标志着神经网络的又一次复兴。

在传统的神经网络中,为了能够提高网络的工作效率和精度不得不增加网络的层数,但是网络层数的增加会给寻优工作带来困难,即使用传统的梯度下降方法也很难找到最优解。此外,随着神经网络层数的增加,各种参数也会变得越来越多,在对网络进行训练时就需要大量的标签数据。这样的网络结构和算法基本不具备解决小样本问题的能力,而且其泛化性也比较差。这种多层结构的神经网络被形象地称为深度神经网络,很多学者也由此认为深度神经网络不能进行实际的应用,因为要训练这样的网络简直无从下手。Geoffrey Hinton 提出的深度信念网络将统计分析与神经网络相结合,很好地解决了这个问题,为深度学习开辟了新的道路。对于多层结构的神经网络,深度信念网络采用了逐层训练的方式,称为"贪婪逐层预训练"。这种训练方式通过无监督方式对网络进行逐层训练,在训练第 n 层时前面的层不变,首先训练过的网络层不会在新层引入后重新训练,这样就可以为网络赋予较好的初始权值。随后网络进入了监督学习阶段,在此阶段需要对预训练的网络进行精调(微调)最终达到最优解。这种方法的一个直接结果就是产生了受限玻耳兹曼机。

有许多人在讨论深度学习神经网络与传统神经网络到底有什么区别。其实区别主要有两个方面:一是在网络结构上,深度学习神经网络的结构比传统神经网络的结构复杂;二是在深度学习中,深度学习神经网络对于统计学习的方法予以了高度的重视。凭借着这两点,深度学习神经网络将智能计算提升到了一个新的高度,也将神经网络计算引向"深度",并将其推上了又一个高峰。回顾神经网络的发展历程,可以简单地用表 1-1 描述。

表 1-1　神经网络发展历程简表

时间/年	人　物	事　件　进　程
1943	W. McCulloch、W. Pitts	神经元反射模型(M-P 模型)提出
1957	F. Rosenblatt	多层感知机提出
1962	B. Widrow 等	线性感知机提出及最小二乘思想引入
1972	T. Kohonen 等	自组织特征映射神经网络(Self-Organizing Feature Map,SOFM 或 SOM)提出
1976	S. Grossberg	自适应共振理论(Adaptive Resonance Theory,ART)提出
1982	D. Parker	前馈型(BP)神经网络基本成型
1982	J. Hopfield	反馈型(Hopfield)神经网络提出
1983	G. E. Hinton 等	玻耳兹曼(BM)机提出
1988	D. Broomhead 等	径向基(RBF)神经网络提出
1990	D. F. Spechi	概率神经网络(Probabilistic Neural Networks,PNN)提出
1997	S. Hochreite 等	长短期记忆(LSTM)模型提出

时间/年	人　物	事 件 进 程
2006	G. E. Hinton 等	深度信念网络(Deep Belief Network,DBN)提出
2011	R. Socher 等	递归自编码器(RAE)提出
……	……	……

　　当前,神经网络学派"比其他机器学习领域(如核方法或贝叶斯统计)的研究人员更可能地引用大脑影响,但是大家不应该认为深度学习在尝试模拟大脑"。事实上,神经网络方法与其他机器学习方法的有效融合可能标志着各种高效算法正在相互交融,从哲学方法论角度来讲,有效融合应该会比单纯使用一种推理方法有更加强大的生命力,在实际的推理过程中会有更好的表现。在传统的神经网络算法基础上将神经网络计算不断引向"深度",构成深度学习神经网络可能是今后神经网络和机器学习的发展方向。因此本书加入了深度学习神经网络的内容,使读者能够在一定程度上对神经网络的发展有较为全面的了解,方便以后进行系统的学习。

第 2 章

MATLAB 基本知识及

神经网络工具箱简介

MATLAB 是美国 MathWorks 公司推出的科学计算软件,其初始版本是基于 DOS 操作系统的,诞生于 1984 年。MATLAB 起初是作为教学软件使用的,此后不断发展,在各个工程领域均有涉及,目前已经推出了 MATLAB R2019b 版本。几乎所有版本的 MATLAB 都包含基本开发环境、数学函数库、编程语言、图形处理以及应用程序接口(API)5 大部分。在应用程序接口主要有 MATLAB 代码编程以及 Simulink(图形模块化)编程两部分。

从功能上讲,MATLAB 的高版本是兼容低版本的,也就是说,在较低版本上运行的程序功能在较高版本上都可以实现;从编程方面(特别是 Simulink 的编程方式),MATLAB 的高版本却并不是全部兼容低版本,这一点与很多软件不同,在学习使用时应该注意。

此外,MATLAB 软件的版本虽然各不相同,但其安装方法却大同小异,本书就不做详细叙述了。本书以 MATLAB R2019b 版本为例,对神经网络在 MATLAB 上的实现进行讨论,相信读者可以举一反三,触类旁通。之所以称 MATLAB 为软件,而不是单纯地称为 MATLAB 语言,是因为这个软件本身包含了除具有自身特点的语言规范外,还提供了其他的开发工具和环境。MATLAB R2019b 启动界面如图 2-1 所示。

启动 MATLAB R2019b 后就进入了其开发环境。MATLAB 软件的开发环境与很多软件的开发环境基本相同,包含菜单栏、工作区、编辑器和命令行窗口等几个部分。其建立文件后的默认界面如图 2-2 所示。

在进行 MATLAB 软件项目开发时,可以在命令行窗口输入符合其语法规则的指令,也可以建立文件(如 *.m 等)进行

图 2-1　MATLAB R2019b 启动界面

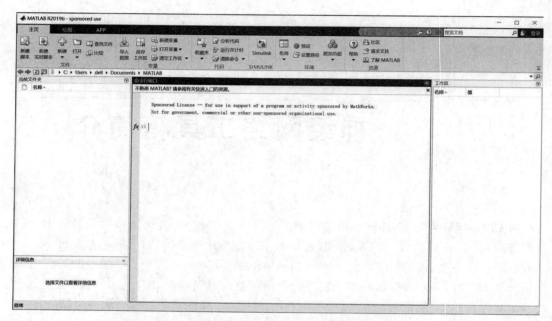

图 2-2　MATLAB R2019b 的开发环境默认界面

相应的编辑。MATLAB 还构建了图形化编程的环境,这就是 Simulink 的开发环境,在随后的内容中会介绍。MATLAB 的图形处理与其他语言相比是具有非常强的优势的,相信读者在具体使用中会对此有非常大的感触。此外,需要特别说明的是,对于一种软件,认真阅读其帮助文件是非常重要的。尽管帮助文件可能会很长,但这几乎可以是最高权威的解释了,MATLAB 也不例外。此外,如果想要了解关于 MATLAB 更多内容,读者还可以访问其官方网站。下面就来简要介绍 MATLAB 的基本情况。

2.1　MATLAB 基本知识

MATLAB 软件正如其名字,是 MAT(Matrix,矩阵)与 LAB(Laboratory,实验室)两个英文单词缩写的合成。因此,在该软件中,所有的元素都是按照矩阵的格式处理的,即便是 1 个标量数据也将其按照 1×1 的矩阵模式进行处理。

例如,在命令区如果输入一个变量 a,则会发现在工作区出现相应的表示,说明其是向量,如图 2-3 所示。

此外,如果以计算机语言的分类看 MATLAB 代码指令系统,MATLAB 属于解释性的语言,不需要进行变量定义(因为其已经将所有的变量看作是矩阵形式),语句的执行过程不需要进行成段的编译及逐行解释。这种方式的指令系统在计算机领域见仁见智,如果只是对这种指令系统进行应用,对其了解即可。

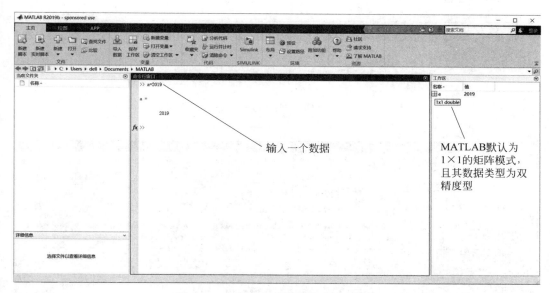

图 2-3　MATLAB 以矩阵模式处理数据

对于使用 MATLAB 进行编程以便实现各种各样的数据分析、数据计算、存档和共享等内容在相关图书中有详细介绍,此处就不再赘述。众所周知,神经网络的运行在很大程度上依赖于数据。因此,有必要介绍 MATLAB 数据的常用导入情况。如果预先已经准备有数据,则可以通过表 2-1 中的指令将外部数据导入工作区。

表 2-1　MATLAB 数据导入相关指令

文件类型	相应 MATLAB 指令
txt 文件	textread('文件地址\文件名.txt')
excel 文件	xlsread('文件地址\文件名.xls')
mat 文件	load('文件地址\文件名.mat')
文件数据	importdata('文件地址\文件名.mat')
音频文件	wavread('文件地址\文件名.mat')
……	……

除此之外,还可以在 MATLAB 界面的菜单栏选择"导入数据"选项,如图 2-4(a)所示。然后根据要导入的数据进行介径选择,此时会弹出"导入向导"界面,可以根据所进行的项目勾选相应的复选框,例如可以选择"生成 MATLAB 代码"数据文件等,如图 2-4(b)所示。在此之后就可以导入所选的数据文件了,如图 2-4(c)所示。

在进行完数据分析后,还需要将数据导出。MATLAB 数据导出的常用指令如表 2-2所示。

(a) 选择"导入数据"选项

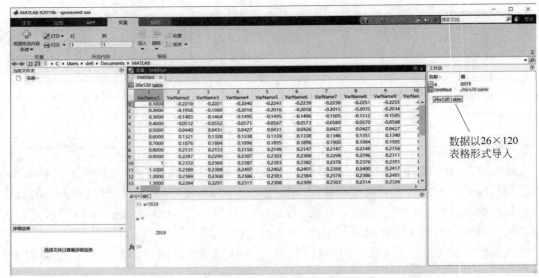

(b) "导入向导"界面

(c) 数据文件导入成功的界面

图 2-4 在 MATLAB 中使用菜单项进行数据导入情况

表 2-2　MATLAB 数据导出的常用指令

MATLAB 指令	完成数据导出的情况
csvwrite('文件地址\文件名.txt')	将数据以文本文件的形式导出到指定的路径及文件
dlmwrite('文件地址\文件名.txt')	将矩阵数据以文本文件的形式导出到指定的路径及文件
fprintf(fid,format,A)	将数据按指定的格式输出到屏幕或指定文件
……	……

　　以上是在 MATLAB 指令下的数据输入/输出情况。如果在 MATLAB 中使用图形化的编程方法，即用 Simulink 进行数据分析，则首先需要建立一个 Simulink 模型文件(＊.mdl)。在建立模型文件后从 Simulink 库中选择相应的"模块"(Block)，根据不同的数据来源进行数据导入，如图 2-5 所示。

　　与之对应，在数据导出时也需要先有一个模块进行数据导出，可以在 Simulink/Sinks 中方便地找到这些模块，此处不再赘述。在数据导出后常常需要进行数据的可视化处理，也就是需要将数据绘制成图形。MATLAB 软件在这方面可以说是现行诸多软件中的佼佼者，很多软件的图形处理功能大多无法与其相比。除了在软件中提供了多种绘图指令外，MATLAB R2019b 还提供了方便的绘图菜单选项，如图 2-6 所示。

　　MATLAB 是一个规模宏大的软件，涉及的学科种类也有很多。其指令代码的运行方式及各种专用工具箱也难以在此一一详述。因为在神经网络的运行过程中对数据处理的要求较多，故在此处进行介绍以便为后续的学习做好准备。

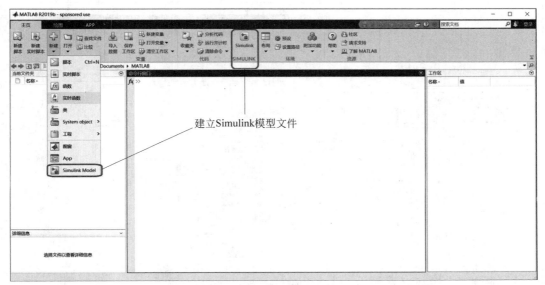

(a) 进行数据导入

图 2-5　数据导入

(b) 新建 Simulink模型文件

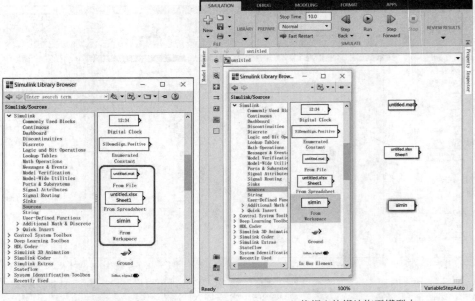

(c) 打开Simulink库　　　　　　　　　(d) 将相应的模块拖至模型中

图 2-5　（续）

图 2-6 MATLAB 菜单栏中的"绘图"选项

2.2 MATLAB 神经网络工具箱

由神经网络的发展历史可以看出,神经网络算法的出现并不比 MATLAB 软件出现得晚,因此早在 MATLAB 6. x 时代,该软件就提供了神经网络工具箱,几乎包括了所有经典的神经网络类型。MATLAB 2019b 神经网络工具箱的使用至少有 3 种方法。下面进行简单介绍。

2.2.1 基于代码的 MATLAB 神经网络工具箱的应用

基于代码的 MATLAB 神经网络工具箱主要为用户提供了一系列的函数,用来进行神经网络的建构、训练和数据分析。神经网络的形式有很多种,MATLAB 很难完全涵盖,因此在 MATLAB 神经网络工具箱里仅包含了一部分经典和常见神经网络的函数工具。在本书中也主要介绍几种常见的神经网络所使用的函数以作示例。至于其他的函数,读者可查阅 MATLAB 神经网络工具箱的帮助文件。

1. 神经网络创建函数

神经网络创建函数主要是用来进行相关神经网络创建的。通常来讲,创建函数包括以下几类。

1)单层感知机神经网络创建函数

函数名:newp。

基本格式:newp(PR, S, TF, LF)。

参数说明:

PR——输入数据向量的取值区间,一般为 R×2 矩阵,限定输入数据的最大值、最小值;

S——神经元的数目;

TF——神经网络的激活函数,例如 hardlims 函数等;

LF——神经网络的学习函数,例如 learnp 函数等。

2)线性神经网络创建函数

函数名:newlin。

基本格式：newlin(PR，S，ID，LR)。

参数说明：

PR——输入数据向量的取值区间，一般为 R×2 矩阵，限定输入数据的最大值、最小值；

S——神经元的数目；

ID——输入数据向量的延迟；

LR——神经网络的学习率。

3）前馈型神经网络创建函数

函数名：newff。

基本格式：newff(PR，[S1 S2 … SN]，{TF1 TF2 … TFN}，BTF，BLF，PF)。

参数说明：

PR——输入数据向量的取值区间，一般为 R×2 矩阵，限定输入数据的最大值、最小值；

[S1 S2 … SN]——第 1,2,…,N 个神经网络层的数目；

{TF1 TF2 … TFN}——第 1,2,…,N 个神经网络层的激活函数，可以是线性函数，例如 logsig 函数等；

BTF——神经网络的训练函数，可以是梯度下降算法的训练函数，权值、阈值学习规则函数等；

BLF——BP 神经网络的学习函数，可以是梯度下降权值、阈值学习函数，动量因子学习函数等；

PF——神经网络的性能指标函数，例如平均绝对误差函数、均方误差函数等。

4）Elman 神经网络创建函数

函数名：newelm。

基本格式：newelm(PR，[S1 S2 … SN]，{TF1 TF2 … TFN}，BTF，BLF，PF)。

参数说明：

与 newff 函数的参数说明相同。

5）径向基神经网络创建函数

函数名：newrb。

基本格式：newrb(P，T，goal，spread，MN，DF)。

参数说明：

P——输入数据向量（矩阵）；

T——目标数据向量（矩阵）；

goal——误差目标值；

spread——径向基函数的扩展系数，用来调整函数逼近曲线的情况；

DF——在相邻显示间隔内所增加的神经元数。

6）反馈型神经网络创建函数

函数名：newhop。

基本格式：newhop(T)。

参数说明：

T——目标数据向量（矩阵）。

反馈型神经网络具有自身反馈连接权值及阈值。

7) 自组织特征映射（SOM）神经网络创建函数

函数名：newsom。

基本格式：newsom(PR，[D1 D2 … DN]，TFCN，DFCN，OLR，OSTEPS，TLR，TND)。

参数说明：

PR——输入数据向量的取值区间，一般为 R×2 矩阵，限定输入数据的最大值、最小值；

[D1 D2 … DN]——网络中第 1，2，…，N 个网络层的大小；

TFCN——网络中的拓扑函数，例如可以是 gridtop 或 randtop 函数等；

DFCN——网络中的距离函数，例如可以是 linkdist 或 mandist 函数等；

OLR——自组织特征映射（SOM）网络排序阶段的学习率；

OSTEPS——自组织特征映射网络排序阶段的训练次数；

TLR——自组织特征映射网络调整阶段的学习率；

TND——自组织特征映射网络调整阶段的相邻距离。

8) 学习向量量化（LVQ）神经网络创建函数

函数名：newlvq。

基本格式：newlvq(PR，S1，PC，LR，LF)。

参数说明：

PR——输入数据向量的取值区间，一般为 R×2 矩阵，限定输入数据的最大值、最小值；

S1——隐含层的神经元数目；

PC——学习向量量化（LVQ）神经网络输出单元的各类模式所占的百分比；

LR——神经网络的学习率；

LF——神经网络的学习函数。

9) 概率神经网络创建函数

函数名：newpnn。

基本格式：newpnn(P，T，spread)。

参数说明：

P——输入数据向量（矩阵）；

T——目标数据向量（矩阵）；

spread——扩展系数。

10) 用户自定义的神经网络创建函数

函数名：network。

基本格式：network(numInputs，numLayers，biasConnect，inputConnect，layerConnect，outputConnect，targetConnect)。

参数说明：

numInputs——用户自定义神经网络的输入向量数；

numLayers——用户自定义神经网络的层数；

biasConnect——用于判断用户自定义神经网络各层是否存在阈值向量；

inputConnect——用于判断用户自定义神经网络的各层是否存在与输入向量的连接权；

layerConnect——用于判断用户自定义神经网络的某层是否与其他网络层存在连接权；

outputConnect——用于判断用户自定义神经网络的某层是否可作为输出层；

targetConnect——用于判断用户自定义神经网络的各层是否与输出的目标向量有关。

以上是在 MATLAB 神经网络工具箱中较为经典和常用的神经网络创建函数，而且也是本书中将要介绍和使用的神经网络创建函数。需要说明的是，这只是 MATLAB 神经网络工具箱中的部分创建函数，MATLAB 神经网络工具箱中的神经网络创建函数远不止这些。

2. 神经网络的激活函数

在介绍了神经网络的创建函数之后，接下来介绍 MATLAB 神经网络工具箱中的激活函数。

1) 开关特性激活函数

开关特性是一种典型的非线性函数，其数学表达式为

$$y = f(x) = \begin{cases} 1, & x \geqslant 0 \\ 0, & x < 0 \end{cases} \tag{2-1}$$

这是单极性开关特性激活函数，与之相应，还有双极性开关特性激活函数，即

$$y = f(x) = \begin{cases} 1, & x \geqslant 0 \\ -1, & x < 0 \end{cases} \tag{2-2}$$

图 2-7 给出了开关特性激活函数的图像。图 2-7(a)为单极性开关特性激活函数的图像，图 2-7(b)为双极性开关特性激活函数的图像。

在 MATLAB 软件中，这两种激活函数分别被称为"硬限(Hard Limitation)激活函数"和"对称(Symmetrical)硬限激活函数"。

MATLAB 神经网络工具箱中硬限激活函数为：

函数名：hardlim。

基本格式：hardlim(N)。

参数说明(参数 N 的情况)：

'deriv'——hardlim 函数的导函数；

'name'——hardlim 函数的名称；

'output'——hardlim 函数的输出范围；

'active'——hardlim 函数的输入作用范围。

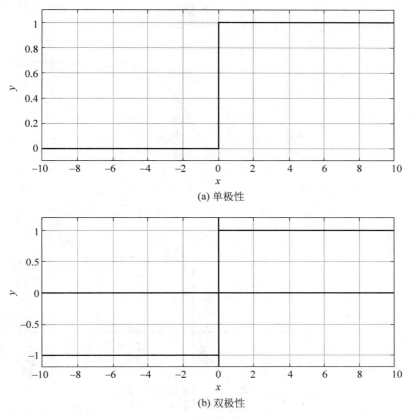

(a) 单极性

(b) 双极性

图 2-7　开关特性激活函数

用户可以根据情况设定这些函数参数。

与之相应，MATLAB 神经网络工具箱中对称硬限激活函数为：

函数名：hardlims。

基本格式：hardlims(N)。

参数说明：与硬限激活函数参数说明相同。

2）sigmoid 激活函数

sigmoid 激活函数是一个生物学中常见的 S 形函数，用来描述生长过程，因此也称为 S 形生长曲线。其外形类似于 S 形对数函数，但表达形式不同。sigmoid 激活函数也有单极性、双极性之分。单极性 sigmoid 激活函数的表达式为

$$y = f(x) = \frac{1}{1 + \mathrm{e}^{-ax}} \tag{2-3}$$

双极性 sigmoid 激活函数为

$$y = f(x) = \frac{1 - \mathrm{e}^{-ax}}{1 + \mathrm{e}^{-ax}} \tag{2-4}$$

式中，a 为参数，影响其形状。图 2-8(a)为单极性 sigmoid 型激活函数的图像，图 2-8(b)为双极性 sigmoid 型激活函数的图像。

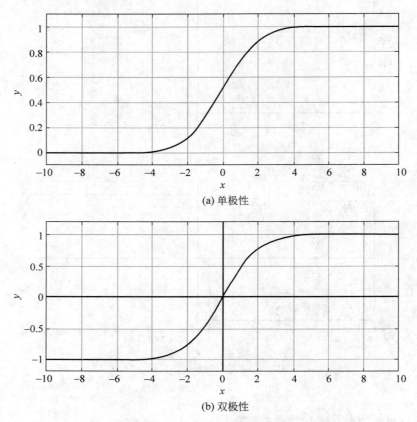

(a) 单极性

(b) 双极性

图 2-8 sigmoid 激活函数

MATLAB 神经网络工具箱中单极性 sigmoid 激活函数为：

函数名：logsig。

基本格式：logsig(N)。

参数说明(参数 N 的情况)：

'deriv'——logsig 函数的导函数；

'name'——logsig 函数的名称；

'output'——logsig 函数的输出范围；

'active'——logsig 函数的输入作用范围。

MATLAB 神经网络工具箱中双极性 sigmoid 激活函数为：

函数名：tansig。

基本格式：tansig(N)。

参数说明：与单极性 sigmoid 激活函数参数说明相同。

3）线性激活函数

线性激活函数是一个常用的数学函数,其一般的数学表达式为

$$y = f(x) = x \tag{2-5}$$

这是"纯粹"的线性激活函数,与之相应,还有单(正)极性的线性特性激活函数,即

$$y = f(x) = \begin{cases} x, & x \geqslant 0 \\ 0, & x < 0 \end{cases} \tag{2-6}$$

图 2-9(a)为"纯粹"线性激活函数的图像,图 2-9(b)为单(正)极性的线性激活函数的图像。

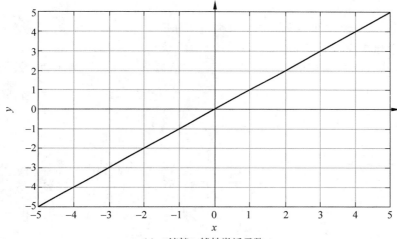

(a)　"纯粹"线性激活函数

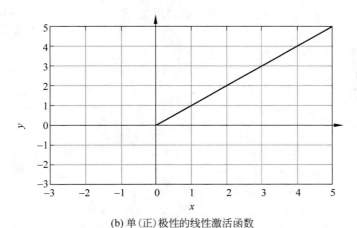

(b)单(正)极性的线性激活函数

图 2-9　线性激活函数

(1)"纯粹"线性激活函数。

函数名:purelin。

基本格式：purelin(N)。

参数说明(参数 N 的情况)：

'deriv'——purelin 函数的导函数；

'name'——purelin 函数的名称；

'output'——purelin 函数的输出范围；

'active'——purelin 函数的输入作用范围。

用户可以根据情况来设定这些函数的参数。

(2) 单(正)极性的线性激活函数。

函数名：poslin。

基本格式：poslin(N)。

参数说明：与"纯粹"线性激活函数参数说明相同。

4) 线性饱和特性激活函数

线性饱和特性激活函数是线性函数达到一定值后进入饱和区的函数,其一般的数学表达式为

$$y = f(x) = \begin{cases} C, & x > 1 \\ kx, & -a \leqslant x \leqslant a \\ -C, & x < -1 \end{cases} \qquad (2\text{-}7)$$

式中,k 为线性区的直线斜率,C、$-C$ 为进入饱和区后的饱和值。与线性激活函数相同,线性饱和特性激活函数也有单(正)极性的线性饱和特性激活函数。其数学表达式为

$$y = f(x) = \begin{cases} C, & x > a \\ kx, & 0 \leqslant x \leqslant a \\ 0, & x < 0 \end{cases} \qquad (2\text{-}8)$$

图 2-10(a)为一般线性饱和特性激活函数的图像,图 2-10(b)为单(正)极性的线性饱和特性激活函数的图像。

(1) 线性饱和特性激活函数。

函数名：satlins。

基本格式：satlins(N)。

参数说明(参数 N 的情况)：

'deriv'——satlins 函数的导函数；

'name'——satlins 函数的名称；

'output'——satlins 函数的输出范围；

'active'——satlins 函数的输入作用范围。

用户可以根据情况设定这些函数的参数。

(2) 单(正)极性的线性饱和特性激活函数。

函数名：satlin。

基本格式：satlin(N)。

参数说明：与一般线性饱和特性激活函数参数说明相同。

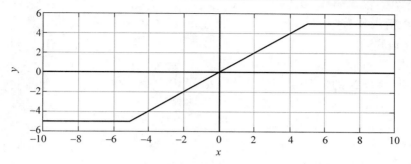

(a) 一般线性饱和特性激活函数

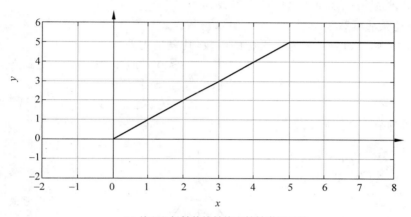

(b) 单(正)极性的线性饱和特性激活函数

图 2-10 线性饱和特性激活函数

5）径向基激活函数

径向基激活函数是一种左右对称的钟形函数,一般使用高斯函数表示,即

$$f_\phi(x) = \exp\left(-\frac{x^2}{\sigma^2}\right) \tag{2-9}$$

其基本形状如图 2-11 所示。

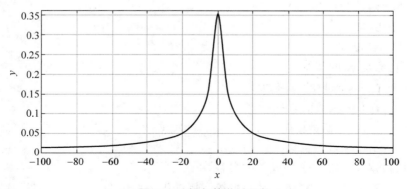

图 2-11 径向基激活函数

径向基激活函数为：

函数名：radbas。

基本格式：radbas(N)。

参数说明(参数 N 的情况)：

'deriv'——radbas 函数的导函数；

'name'——radbas 函数的名称；

'output'——radbas 函数的输出范围；

'active'——radbas 函数的输入作用范围。

用户可以根据情况来设定这些函数参数。

6）三角基激活函数

三角基激活函数也是一种左右对称的函数，其表达式为

$$y = f(x) = \begin{cases} 0, & x \leqslant -1 \text{ 或 } x \geqslant 1 \\ x+1, & -1 < x < 0 \\ -x+1 & 0 \leqslant x < 1 \end{cases} \qquad (2\text{-}10)$$

基本形状如图 2-12 所示。

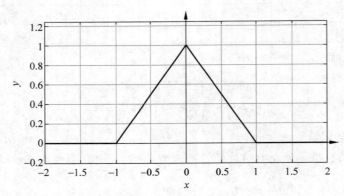

图 2-12 三角基激活函数

三角基激活函数为：

函数名：tribas。

基本格式：tribas(N)。

参数说明(参数 N 的情况)：

'deriv'——tribas 函数的导函数；

'name'——tribas 函数的名称；

'output'——tribas 函数的输出范围；

'active'——tribas 函数的输入作用范围。

用户可以根据情况设定这些函数的参数。

以上是 MATLAB 神经网络工具箱中较常用的神经网络激活函数。同样地，MATLAB

神经网络工具箱还提供其他的激活函数供用户使用。

3. 神经网络的训练函数

神经网络创建以后,需要有一定量的数据对其进行相关的"训练"或"学习"才能够投入使用。之所以称为"训练"是因为神经网络最终的任务(结果)是预先知道的(例如分类),是一种有监督的学习过程。而对于事先未知结果的无监督学习过程,则称为"学习"。在MATLAB神经网络工具箱分别为用户提供了这两类函数。下面介绍MATLAB神经网络工具箱中的训练函数。

1) 权值、阈值学习规则训练函数

函数名:trainb。

基本格式:[net, TR, Ac, El]=trainb(net, Pd, Tl, Ai, Q, TS, VV, TV)。

参数说明:

net——神经网络名称;

Pd——延迟输入向量;

Tl——网络层目标向量;

Ai——网络层初始延迟条件;

Q——批处理的规模;

TS——时间步长;

VV——确认样本向量的结构;

TV——测试样本向量的结构。

在函数trainb(code)的格式中,其相关的特性如表2-3所示。

表2-3 trainb(code)训练函数特性说明表

参　数	说　　明	默认(缺省)值
epochs	训练最大步长	100
goal	误差的性能指标	0
max_fail	样本仿真最大失败次数	5
show	显示间隔次数	25
time	训练最长时间	inf

在神经网络训练结束后还会有返回值,即基本格式中方括号内的参数值。其返回值为:

net——更新权值、阈值后的新网络;

TR——相关的训练记录;

Ac——网络层的输出;

El——网络层的误差向量。

2) 循环训练函数

函数名:trainc。

基本格式:[net, TR, Ac, El]=trainc(net, Pd, Tl, Ai, Q, TS, VV, TV)。

参数说明：与权值、阈值学习规则训练函数相同。

在函数 trainc(code)的格式中，其相关的特性如表 2-4 所示。

表 2-4 trainc(code)训练函数特性说明表

参　　数	说　　明	默认(缺省)值
epochs	训练最大步长	100
goal	误差的性能指标	0
show	显示间隔次数	25
time	训练最长时间	inf

在神经网络训练结束后也会有返回值，其返回值与 trainb(code)函数相同。

3）最速梯度下降法的 BP 网络训练函数

函数名：traingd。

基本格式：[net, TR, Ac, El]=traingd(net, Pd, Tl, Ai, Q, TS, VV, TV)。

参数说明：与前述权值、阈值学习规则训练函数相同。

在函数 traingd(code)的格式中，其相关的特性如表 2-5 所示。

表 2-5 traingd(code)训练函数特性说明表

参　　数	说　　明	默认(缺省)值
epochs	训练最大步长	100
goal	误差的性能指标	0
lr	学习率	0.01
max_fail	样本仿真最大失败次数	5
min_grad	最小梯度值	1.0e−01
show	显示间隔次数	25
time	训练最长时间	inf

在神经网络训练结束后会有返回值，其返回值与 trainb(code)函数相同。

4）学习率可变的最速梯度下降法的 BP 网络训练函数

函数名：traingda。

基本格式：[net, TR, Ac, El]=traingda(net, Pd, Tl, Ai, Q, TS, VV, TV)。

参数说明：与前述训练函数相同。

在函数 traingda(code)的格式中，其相关的特性如表 2-6 所示。

表 2-6 traingda(code)训练函数特性说明表

参　　数	说　　明	默认(缺省)值
epochs	训练最大步长	100
goal	误差的性能指标	0
lr	学习率	0.01

续表

参　　数	说　　明	默认（缺省）值
lr_inc	动量增长因子	1.05
lr_dec	动量衰减因子	0.7
max_fail	样本仿真最大失败次数	5
max_perf_inc	误差性能最大增量	1.04
min_grad	最小梯度值	1.0e−006
show	显示间隔次数	25
time	训练最长时间	inf

在神经网络训练结束后会有返回值，其返回值与 trainb(code) 函数相同。

5）动量 BP 算法修正神经网络权值、阈值

函数名：traingdm。

基本格式：[net，TR，Ac，El]＝traingdm(net，Pd，Tl，Ai，Q，TS，VV，TV)。

参数说明：与前述训练函数相同。

在函数 traingdm(code) 的格式中，其相关的特性如表 2-7 所示。

表 2-7　**traingdm(code)训练函数特性说明表**

参　　数	说　　明	默认（缺省）值
epochs	训练最大步长	100
goal	误差的性能指标	0
lr	学习率	0.01
max_fail	样本仿真最大失败次数	5
mc	动量因子	0.9
min_grad	最小梯度值	1.0e−01
show	显示间隔次数	25
time	训练最长时间	inf

在神经网络训练结束后会有返回值，其返回值与 trainb(code) 函数相同。

6）学习率可变的动量 BP 算法

函数名：traingdx。

基本格式：[net，TR，Ac，El]＝traingdx(net，Pd，Tl，Ai，Q，TS，VV，TV)。

参数说明：与前述训练函数相同。

在函数 traingdx(code) 的格式中，其相关的特性如表 2-8 所示。

表 2-8　**traingdx(code)训练函数特性说明表**

参　　数	说　　明	默认（缺省）值
epochs	训练最大步长	100
goal	误差的性能指标	0

续表

参　　数	说　　明	默认（缺省）值
lr	学习率	0.01
lr_dec	学习率衰减因子	0.7
lr_inc	学习率增量因子	1.05
max_fail	样本仿真最大失败次数	5
max_perf_inc	最大误差增量	1.04
mc	动量因子	0.9
min_grad	最小梯度值	1.0e−006
show	显示间隔次数	25
time	训练最长时间	inf

在神经网络训练结束后会有返回值,其返回值与 trainb(code)函数相同。

7) Levenberg-Marquardt 算法的变梯度反向传播算法

函数名：trainlm。

基本格式：[net，TR]＝trainlm(net，Pd，Tl，Ai，Q，TS，VV，TV)。

参数说明：与前述训练函数相同。

在函数 trainlm(code)的格式中,其相关的特性如表 2-9 所示。

表 2-9　trainlm(code)训练函数特性说明表

参　　数	说　　明	默认（缺省）值
epochs	训练最大步长	100
goal	误差的性能指标	0
max_fail	样本仿真最大失败次数	5
mem_reduc	存储空间换取训练速度因子	1
min_grad	最小梯度值	1.0e−01
mu	μ 的初始值	0.001
mu_dec	μ 的衰减因子	0.1
mu_inc	μ 的增量因子	10
mu_max	μ 的最大值	1.0e+010
show	显示间隔次数	25
time	训练最长时间	inf

在神经网络训练结束后会有返回值,其返回值与 trainb(code)函数相同。

以上这些是在有监督的神经网络运行过程中,对神经网络进行训练的常用训练函数。此外还有一些其他训练算法的函数,这里没有一一列出。如有必要使用其他的训练函数,也可以进行相关查询,这些函数的用法和格式大同小异。

4. 神经网络的学习函数

前已述及,在无监督学习的过程中神经网络的最终结果是事先不知道的(例如聚类)。

在神经网络的调整过程中,需要不断地"学习摸索"才能达到目的。因此这类神经网络调整函数称为神经网络的学习函数。在 MATLAB 神经网络工具箱中常见的学习函数有以下几种。

1) 感知机权值、阈值学习函数

函数名：learnp。

基本格式：[dW, LS]＝learnp(W, P, Z, N, A, T, E, gW, gA, D, LP, LS)。

参数说明：

W——权值向量矩阵；　　　　　　　　　P,N——输入向量矩阵；

Z——加权输入向量矩阵；　　　　　　　A——输出向量矩阵；

T——目标向量矩阵；　　　　　　　　　E——输出误差向量矩阵；

gW——性能指标函数对于权值的梯度；

gA——性能指标函数对于输出的梯度；

D——各神经元之间的距离；

LP——学习参数；　　　　　　　　　　LS——学习状态。

在函数 learnp(code)的格式中,其相关的特性如表 2-10 所示。

表 2-10　learnp(code)训练函数特性说明表

参　　数	说　　明	默认(缺省)值
pnames	学习参数名	—
pdefaults	学习参数默认值	—
needg	是否使用参数 gW、gA	0/1

在神经网络训练结束后会有返回值,其返回值如下。

dW——神经网络权值、阈值的修正量矩阵；

LS——新的学习状态。

2) Widrow-Hoff 权值、阈值学习函数

函数名：learnwh。

基本格式：[dW, LS]＝learnwh(W, P, Z, N, A, T, E, gW, gA, D, LP, LS)。

参数说明：与前述 learnp 学习函数相同。

在函数 learnwh(code)的格式中,其相关的特性如表 2-11 所示。

表 2-11　learnwh(code)训练函数特性说明表

参　　数	说　　明	默认(缺省)值
lr	学习率	0.01
needg	是否使用参数 gW、gA	0/1

在神经网络训练结束后会有返回值,其返回值与 learnp(code)学习函数相同。

3) Hebb 规则权值学习函数

函数名：learnh。

基本格式：[dW，LS]＝learnh(W，P，Z，N，A，T，E，gW，gA，D，LP，LS)。

参数说明：与前述学习函数相同。

在函数 learnh(code)的格式中，其相关的特性如表 2-12 所示。

表 2-12　learnh(code)训练函数特性说明表

参　　数	说　　明	默认(缺省)值
lr	学习率	0.01
needg	是否使用参数 gW、gA	0/1

在神经网络训练结束后会有返回值，其返回值与 learnp(code)学习函数相同。

4) 带有衰减因子的 Hebb 规则权值学习函数

函数名：learnhd。

基本格式：[dW，LS]＝learnhd(W，P，Z，N，A，T，E，gW，gA，D，LP，LS)。

参数说明：与前述学习函数相同。

在函数 learnhd(code)的格式中，其相关的特性如表 2-13 所示。

表 2-13　learnhd(code)训练函数特性说明表

参　　数	说　　明	默认(缺省)值
lr	学习率	0.01
dr	衰减因子	0.01
needg	是否使用参数 gW、gA	0/1

在神经网络训练结束后会有返回值，其返回值与 learnp(code)学习函数相同。

5) 梯度下降权值、阈值学习函数

函数名：learngd。

基本格式：[dW，LS]＝learngd(W，P，Z，N，A，T，E，gW，gA，D，LP，LS)。

参数说明：与前述学习函数相同。

在函数 learngd(code)的格式中，其相关的特性如表 2-14 所示。

表 2-14　learngd(code)训练函数特性说明表

参　　数	说　　明	默认(缺省)值
lr	学习率	0.01
needg	是否使用参数 gW、gA	0/1

在神经网络训练结束后会有返回值，其返回值与 learnp(code)学习函数相同。

6) 带有动量因子的梯度下降权值、阈值学习函数

函数名：learngdm。

基本格式：$[dW, LS]$＝learngdm$(W, P, Z, N, A, T, E, gW, gA, D, LP, LS)$。

参数说明：与前述学习函数相同。

在函数 learngdm(code)的格式中，其相关的特性如表 2-15 所示。

表 2-15　learngdm(code)训练函数特性说明表

参　　数	说　　明	默认(缺省)值
lr	学习率	0.01
mc	衰减因子	0.9
needg	是否使用参数 gW、gA	0/1

在神经网络训练结束后会有返回值，其返回值与 learnp(code)学习函数相同。

7）LVQ1 权值学习函数

函数名：learnlv1。

基本格式：$[dW, LS]$＝learnlv1$(W, P, Z, N, A, T, E, gW, gA, D, LP, LS)$。

参数说明：与前述学习函数相同。

在函数 learnlv1(code)的格式中，其相关的特性如表 2-16 所示。

表 2-16　learnlv1(code)训练函数特性说明表

参　　数	说　　明	默认(缺省)值
lr	学习率	0.01
needg	是否使用参数 gW、gA	0/1

在神经网络训练结束后会有返回值，其返回值与 learnp(code)学习函数相同。

8）LVQ2 权值学习函数

函数名：learnlv2。

基本格式：$[dW, LS]$＝learnlv2$(W, P, Z, N, A, T, E, gW, gA, D, LP, LS)$。

参数说明：与前述学习函数相同。

在函数 learnlv2(code)的格式中，其相关的特性如表 2-17 所示。

表 2-17　learnlv2(code)训练函数特性说明表

参　　数	说　　明	默认(缺省)值
lr	学习率	0.01
window	窗口值	0.25
needg	是否使用参数 gW、gA	0/1

在神经网络训练结束后会有返回值，其返回值与 learnp(code)学习函数相同。

9）SOFM 网络权值学习函数

函数名：learnsom。

基本格式：$[dW, LS]$＝learnsom$(W, P, Z, N, A, T, E, gW, gA, D, LP, LS)$。

参数说明：与前述学习函数相同。

在 learnsom(code)的格式中，其相关的特性如表 2-18 所示。

表 2-18　learnsom(code)训练函数特性说明表

参　　数	说　　明	默认(缺省)值
order_lr	排序阶段的学习率	0.9
order_steps	排序阶段的步长	1000
tune_lr	调整阶段学习率	0.02
tune_nd	调整阶段邻域距离	1
needg	是否使用参数 gW、gA	0/1

在神经网络训练结束后会有返回值，其返回值与 learnp(code)学习函数相同。

同样地，这里只列出了经典的神经网络学习函数。其他的学习函数可在相关的帮助文件中查阅。

5. 神经网络工具箱中的其他常用函数

1）分析函数

函数名：errsurf。

基本格式：errsurf(P, T, WV, BV, F)。

功能：计算神经元的误差曲面。

参数说明：

P——输入向量矩阵；

T——目标向量矩阵；

WV——权值的行向量；

BV——阈值的行向量；

F——激活函数名。

该函数有返回值，返回值为其参数 WV 与 BV 变化的误差矩阵。

2）距离函数

函数名：dist。

基本格式：dist(W,P)。

功能：计算向量之间的欧几里得权值距离。

该函数的返回值为各神经元之间的欧几里得距离。

其他的距离函数还有 boxdist、linkdist、mandist 等。

3）初始化函数

函数名：initwb。

基本格式：initwb(net, i)。

功能：根据相应的初始化函数对神经网络的权值、阈值进行初始化。

该函数的返回值为神经网络中第 i 个网络层更新后的权值、阈值。

其他的初始化函数还有 initnw、initlay 等。

4) 搜索函数

函数名：srchgol。

基本格式：[a，gX，perf，retcode，delta，tol] = srchgol(net,X,Pd,Tl,Ai,Q,TS,dX, gX,perf，dperf，delta，tol，ch_perf)。

功能：使用黄金分割法进行一维极值点的搜索。

参数说明：

net——神经网络名；   X——包含权值、阈值的向量；

P——输入向量矩阵；   Pd——延迟输入向量；

Ai——网络层初始延迟条件；   Tl ——网络层目标向量；

EW——误差权重；   Q——批处理的规模；

TS——时间步长；   dX ——搜索方向向量；

gX——梯度向量；   perf ——当前向量的性能；

dperf——当前向量在其导函数方向上的斜率； delta ——初始步长；

tol——搜索容限；   ch_perf——前一步的性能变化。

返回值说明：

a——性能最优化步长；

gX——新极点处的梯度；

perf——新极点处的性能；

retcode——返回搜索函数的相关代码；

delta——基于当前步长的更新步长；

tol——更新后的搜索容限。

除此之外，MATLAB 神经网络工具箱所提供的搜索函数还有 srchbac、srchbre、srchcha、srchhyb 等,其搜索算法不尽相同,但函数格式和参数大同小异。

5) 神经网络通用函数

MATLAB 神经网络工具箱所提供的通用函数主要用于对神经网络进行仿真、训练和初始化等操作,例如仿真函数的情况如下。

函数名：sim。

基本格式：[Y，Pf，Af，E，perf] = sim(net,P,Pi,Ai,T)。

功能：对神经网络进行仿真。

参数说明：

net——神经网络名；

P——输入向量矩阵；

Pi——输入向量初始延迟条件；

Ai——网络层初始延迟条件；

T——网络层目标向量。

返回值说明：

Y——神经网络的输出向量；

Pf——最终网络的输入层延迟条件；

Af——最终网络层延迟条件；

E——神经网络误差向量；

perf——神经网络的误差性能。

6）误差指标函数

衡量一个神经网络的性能需要误差指标函数。MATLAB 神经网络工具箱提供了多种误差指标函数。现举一例说明。

函数名：mse。

基本格式：perf＝mse(E,X, PP)。

功能：均方误差性能函数。

参数说明：

E——输出误差向量矩阵；

X——权值、阈值向量矩阵；

PP——性能参数。

返回值说明：返回神经网络的均方误差。

以上介绍了几种常用的神经网络工具箱的函数，下面举一个简单的例子说明函数的用法。

【例 2.1】 使用 MATLAB 神经网络工具箱的相关函数对线性可分的二维向量进行分类。

解：MATLAB 程序代码如下：

```
% 使用感知机神经网络进行线性分类
P = [ - 1 1; - 1 1];                   % 设置输入向量的阈值范围
net = newp(P,1);                       % 创建一个感知机网络,其网络层为1,其余均为默认值
x = [1 - 0.3 0.8 1; - 1 0.5 - 1 - 0.2];   % 输入需要进行分类的向量
y = [0 1 1 0];                         % 确定对应的输出目标向量
[net,tr] = train(net,x,y);             % 使用相应的训练函数对该神经网络进行训练

% 以上是对网络的创建和训练,下面对网络进行仿真和可视化处理
A = sim(net,x);                        % 对上述网络进行仿真,并得到结果
plotpv(x,A)                            % 绘制输入向量及其分类结果
plotpc(net.iw{1},net.b{1})            % 根据训练的权值、阈值绘制分类线
grid on
```

运行上述程序代码，分类的结果如图 2-13、图 2-14 所示。图 2-13 是待分类向量及分类线；图 2-14 给出了 MATLAB 仿真结果的总体情况。从图 2-13 可以看出，待分类向量适于进行线性分类，可以使用一条直线将这两类向量进行分类。图 2-14 则给出了上述程序所创建的神经网络重要信息。图中，最上面部分是所创建神经网络的网络结构：输入向量为二维

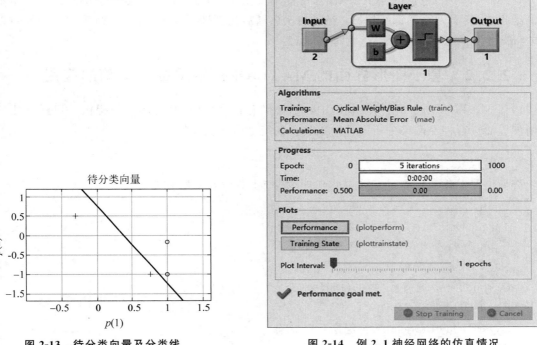

待分类向量

图 2-13　待分类向量及分类线

图 2-14　例 2.1 神经网络的仿真情况

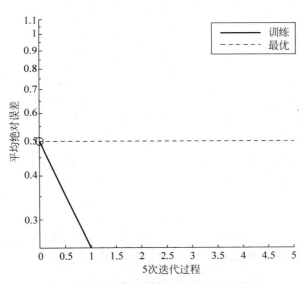

图 2-15　例 2.1 神经网络的训练情况

向量,网络只有一层,输出结果为一维。接着是算法部分,包括所使用的训练算法、性能指标、计算环境。接着是神经网络的训练过程,包括网络更新的轮次、时间和性能。最后一部分是绘制功能区,包括可绘制性能及训练状态。单击 Performance 按钮可得如图 2-15 所示的结果,说明了网络的训练情况:经过 5 次更新后达到训练要求,且分类结果的平均绝对误差(mae)为 0。Training State 为训练状态。

2.2.2 基于图形界面的 MATLAB 神经网络工具箱的应用

在 MATLAB 神经网络工具箱中除了提供有指令代码的函数外,还提供了以图形化的用户界面进行神经网络分析设计的工具。在指令窗口输入如下指令:

>> nntool

就会弹出图形化的界面,如图 2-16 所示。界面中对应的各部分为:

Input Data——输入数据(向量)。

Target Data——期望目标数据(向量)。

Input Delay States——输入延时状态。

Networks——神经网络设置。

Output Data——输出数据(向量)。

Error Data——仿真误差数据。

Layer Delay States——神经层延时状态。

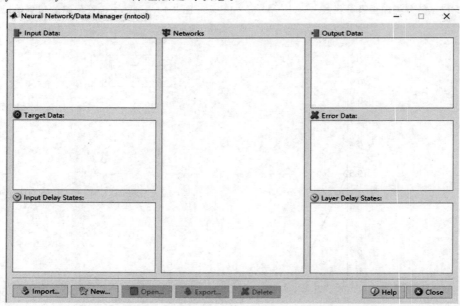

图 2-16 神经网络工具箱的图形化的用户界面

在整个界面底部的一栏中有七个选项按钮：

Import——导入数据。

New——生成新的数据或者新的网络。

Open——打开数据并进行操作。

Export——导出数据到工作区或储存。

Delete——删除数据及网络。

Help——获取帮助。

Close——关闭图形化的用户界面并退出。

下面以例 2.1 中的数据和网络结构来说明这种图形化用户界面的使用。

【**例 2.2**】　使用基于图形界面的 MATLAB 神经网络工具箱的相关函数对例 2.1 中的数据按线性可分的二维向量进行分类。

（1）建立一个新的神经网络输入数据。单击 New 按钮，弹出 Create Network or Data 对话框，如图 2-17(a)所示。在右侧 Data Type 栏中选中 Inputs 单选按钮，输入待训练样本数据；选中 Targets 单选按钮，输入期望目标数据，然后单击 Create 按钮创建这两组向量。此时在图形化用户界面中会有相应的显示，如图 2-17(b)所示。

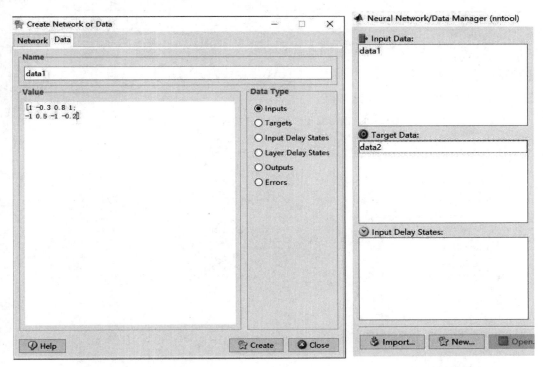

(a) 创建网络/数据界面　　　　　　　　　(b) 输入数据界面

图 2-17　使用图形化用户界面输入神经网络相关数据

（2）选中神经网络的相关项目。在创建神经网络的 Network 选项下对网络的各项参数进行选择，单击 Create 按钮创建神经网络，如图 2-18（a）所示。在创建网络完毕后，单击 View 按钮可以看到网络的基本结构，如图 2-18（b）所示。从图 2-18（b）中可以看出其网络参数与例 2.1 中的神经网络结构参数（如图 2-14 所示）相同。

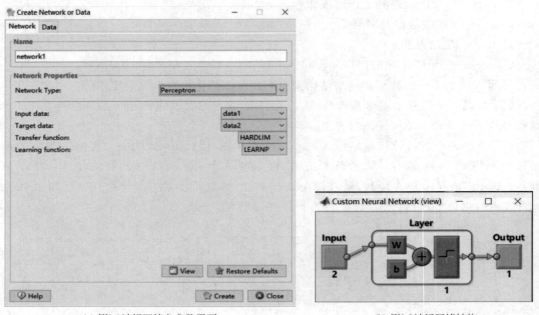

(a) 例2.2神经网络各参数界面   (b) 例2.2神经网络结构

图 2-18 图形化用户界面新建神经网络相关参数

（3）选中准备进行仿真的神经网络，对其进行仿真和训练，如图 2-19 所示。

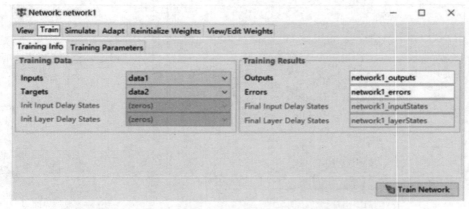

图 2-19 在图形化用户界面中对已有的神经网络进行训练

单击 Train Network 按钮即可得到如图 2-15 所示的训练情况。在图形化的用户主界面中单击 Export 按钮，选择相应的变量，即可将这些变量导入 MATLAB 的工作区（workspace），如图 2-20 所示。如果想观察到分类的情况，则可以相应地将例 2.1 中后半部分的程序代码改为：

```
A = sim(network1,data1);
plotpv(data1,A)
plotpc(network1.iw{1}, network1.b{1})
```

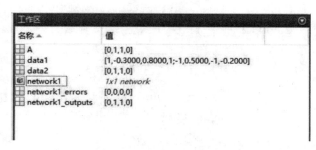

图 2-20 将神经网络中的各项参数导出至工作区

即可观察到图 2-13 的待分类向量图及分类线。

除了手动输入数据到相应的位置外，还可以先将数据保存在工作区，然后利用图形化用户界面的 Import to Network/Data Manager 选项卡（Import 按钮在界面的右下角）导入数据。导入数据后就可以按照上述创建神经网络、训练神经网络的过程往下进行了，如图 2-21 所示。

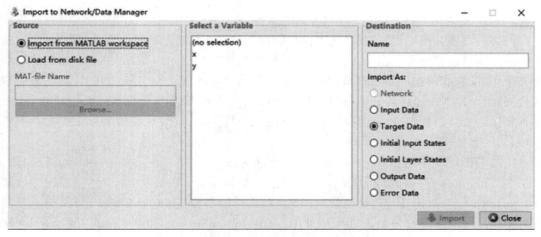

图 2-21 将保存在工作区的数据导入神经网络

需要说明的是，这种利用图形化的神经网络工具箱建立和仿真其网络类型、训练（学习）算法是由 MATLAB 事先给定的，如图 2-22 所示。这样使用起来比较方便，但也在一定程度上限制了使用者灵活应用的空间。

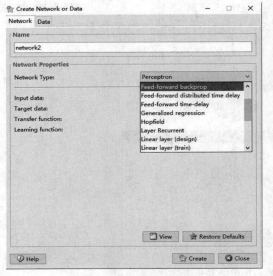 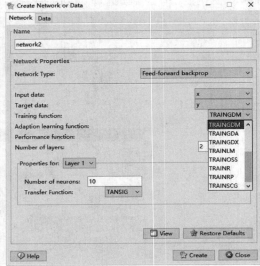

(a) MATLAB给定的神经网络类型 (b) MATLAB给定的神经网络训练(学习)算法

图 2-22　由 MATLAB 事先给定的神经网络类型、训练(学习)算法

除了上述两种神经网络工具箱的应用外，在 MATLAB 2019b 菜单栏中还提供了神经网络相关模块应用。

2.2.3　MATLAB/Simulink 中神经网络相关模块的应用

Simulink 是 MATLAB 的一个组件，是一种可视化的、框图式的设计环境。其中包含了神经网络的很多常用模块，控制系统建模与仿真、信号处理、电力系统乃至航空航天、虚拟现实等诸多学科的模块库。在 MATLAB 主界面的工具栏中就有 Simulink 库，在较早的版本中，Simulink 包含神经网络工具箱(Neural Network Toolbox)。近年来，由于深度学习的不断发展，大大地丰富和扩展了神经网络方法的外延。因此，现在新版的 Simulink 库中，原来的神经网络工具箱被安排在了深度学习工具箱的子目录中，但依然保留了原来的 5 个子库模块，如图 2-23 所示。

这 5 个模块中，Net Input Functions(网络输入函数)、Transfer Functions(激活函数)、Weight Functions(权函数)库为常用神经网络相应的函数；Processing Functions(过程函数)库为在神经网络运算过程中的常用函数；Control Systems(控制系统模块)库则主要是针对使用神经网络进行控制设计和仿真的。Net Input Functions 库中包含有"加""乘"模块，用以完成相应的计算；Transfer Functions 库中包含有常用经典神经网络的激活函数；Weight Functions 库中包含有常用经典神经网络相应的权值设计函数。这几个子模块库展开后所给出的封装模块如图 2-24 所示。

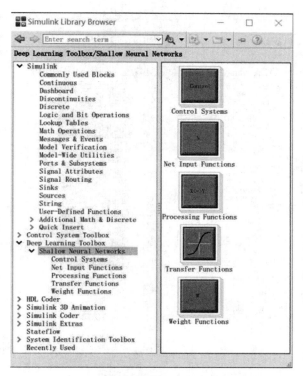

图 2-23　Simulink 库中的神经网络工具箱

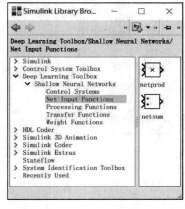

(a) 网络输入函数

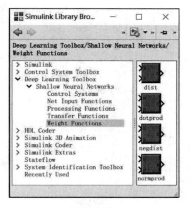

(b) 权函数

图 2-24　Simulink 库中的神经网络工具箱子模块库

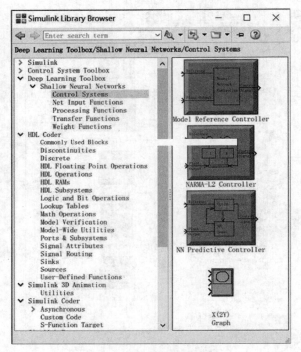

(c) 控制系统模块

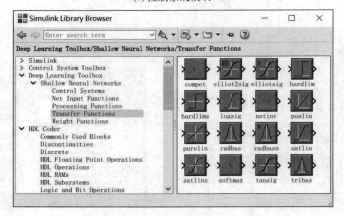

(d) 激活函数

图 2-24 （续）

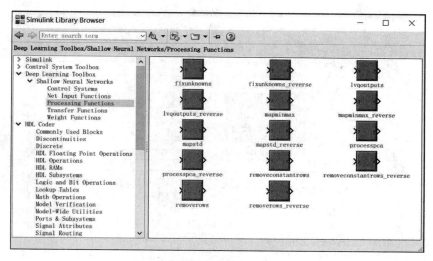

(e) 过程函数

图 2-24　(续)

需要说明的是,单纯利用 MATLAB/Simulink 所提供的神经网络相关模块无法进行神经网络的在线训练,通常是将训练好的网络在 Simulink 中搭建成功后,再进行数据分析处理。但由于 MATLAB 软件最初是为控制工程服务的,因此对于在 MATLAB/Simulink 所提供的 Control Systems 的子模块库中提供有事先写好的针对控制模型的模块可供用户使用。

下面举例说明 MATLAB/Simulink 所提供的 Control Systems 的子模块库中应用神经网络进行控制工程应用的例子。该例存在于 MATLAB/Simulink 的帮助文件中。

【例 2.3】　使用 MATLAB/Simulink 神经网络模块库的相应模块实现神经网络模型预测控制。

在 MATLAB 命令窗口输入 predcstr,即进入如图 2-25(a) 所示的 Simulink 编程界面。从该程序中可以很清晰地看到整个控制系统的结构:这是一个单闭环控制的控制系统,其输入信号为信号源模块(Source)中的均匀分布的随机数(Uniform Random Number),控制器为神经网络 Control System 的子模块库中神经网络预测控制器(Neural Network Predictive Controller),输出为神经网络模块中的 X(2Y) Graph 模块。在神经网络模型预测控制算法中,需要提供外部控制对象的数学模型,在图 2-25 中的 Plant 模块就是外部控制对象的数学模型,该模型的内部构造如图 2-25(b) 所示。

双击 Neural Network Predictive Controller 选项可以看到该模块的参数设置窗口,如图 2-26(a) 所示。在该窗口中单击 Plant Identification 按钮可得到如图 2-26(b) 所示的界面。

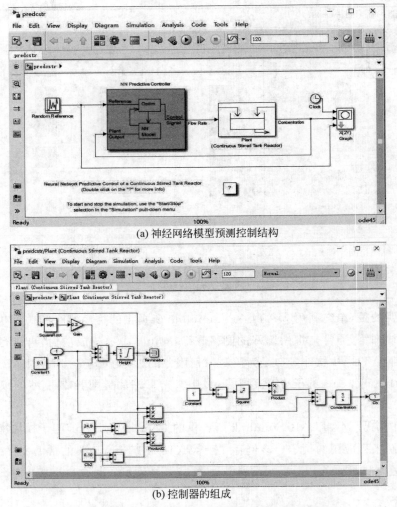

(a) 神经网络模型预测控制结构

(b) 控制器的组成

图 2-25 基于 Simulink 的神经网络模型预测控制

在该界面中,包含有神经网络的诸多参数,例如网络架构(Network Architecture),其中包含隐含层规模、采样间隔等;在训练数据(Training Data)中包含有训练采样、最大(最小)输入/输出以及最大(最小)间隔值等;在训练参数(Training Parameters)中包含有训练函数以及训练一遍样本的情况。用户可以根据实际情况对神经网络进行训练。此处均选为默认值。

经过上述准备后进行仿真,即可得到如图 2-26(c)所示的仿真结果。

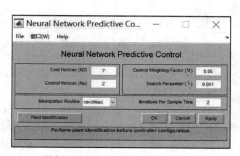

(a) 神经网络预测控制模块参数设置窗口

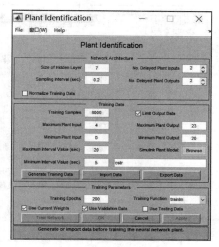

(b) 控制对象辨识界面

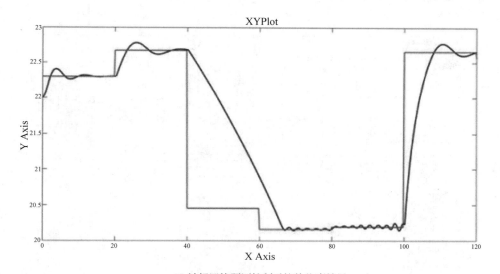

(c) 神经网络预测控制系统的仿真结果

图 2-26　神经网络预测控制模块的相应界面

2.2.4　MATLAB 菜单栏中神经网络相关模块的应用

在 MATLAB 2013 以后的版本中,在 MATLAB 的菜单栏中增加了 App(应用程序)这一项。在 MATLAB 2019b 的界面中单击这个菜单项会弹出很多下拉菜单。其中在"数学、统计和优化"栏中有神经网络的相关模块,如图 2-27 所示。

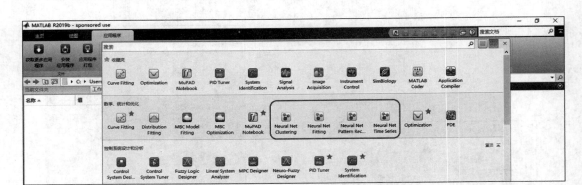

图 2-27　MATLAB 的菜单栏中神经网络的相关模块

可以看到,在下拉菜单中神经网络模块有 4 个,分别是 Neural Net Clustering(神经网络聚类)、Neural Net Fitting(神经网络拟合)、Neural Net Pattern Recognition(神经网络模式识别)、Neural Net Time Series(神经网络时间序列)。这 4 个模块的基本界面如图 2-28所示。

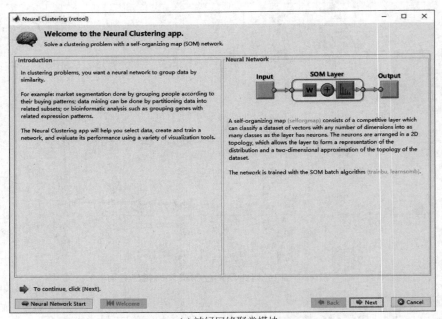

(a) 神经网络聚类模块

图 2-28　MATLAB 菜单栏中神经网络模块基本界面

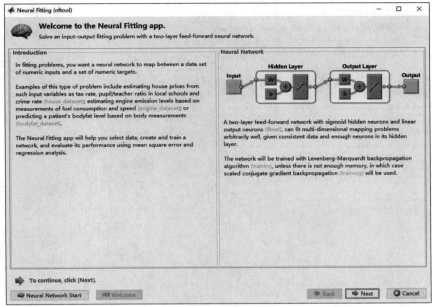

(b) 神经网络拟合模块

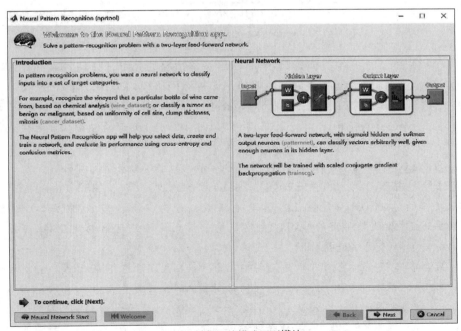

(c) 神经网络模式识别模块

图 2-28 （续）

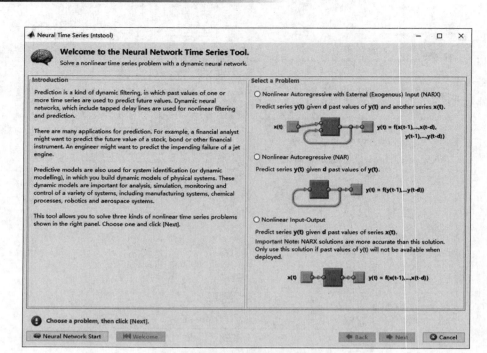

(d) 神经网络时间序列模块

图 2-28 （续）

这几个模块的界面基本类似,都包含有网络基本情况的介绍、网络基本结构图以及相应的操作按钮。下面将以数据拟合为例说明使用该神经网络模块进行拟合的情况。

【例 2.4】 使用 MATLAB 菜单中的 Neural Net Fitting 模块实现对数据的拟合。

（1）单击 Neural Net Fitting 子菜单,弹出如图 2-28(b)所示的界面。单击 Next 按钮,出现如图 2-29(a)所示的界面,进行数据选择。

（2）单击 Load Example Data Set 按钮,导入示例数据集,进行数据确认。

（3）继续单击 Next 按钮,弹出如图 2-29(b)所示的 Validation and Test Data 界面,其中有关于数据的说明。此处,MATLAB 软件将数据分为 3 类:有 70％的数据进行训练,15％的数据进行"确认",所谓的"确认"主要是用来检测该神经网络的泛化性,另有 15％的数据对训练好的神经网络进行检验。

（4）继续单击 Next 按钮,可以看到该神经网络（MATLAB 默认形式）的结构形式,如图 2-29(c)所示。从图中可以看到,该神经网络的输入/输出向量数为 1(拟合),隐含层的神经元数为 10。在该界面中,单击 Welcome 按钮,可以看到对于该神经网络的详细介绍,如图 2-29(d)所示。在拟合过程中,该神经网络具有目标数据集,因此也是一种有监督的学习模式。其网络类型选定为 BP(前馈型)神经网络,隐含层激活函数为 sigmoid 函数,输出层的激活函数为线性函数,训练算法为 Levenberg Marquardt 训练函数。

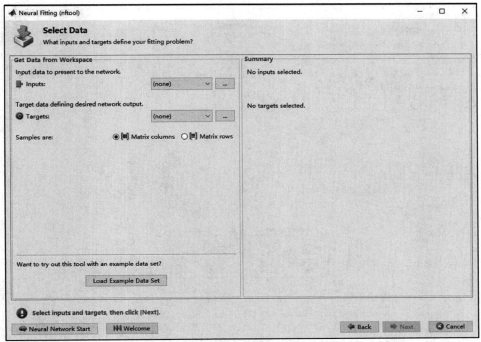

(a) 神经网络拟合子菜单

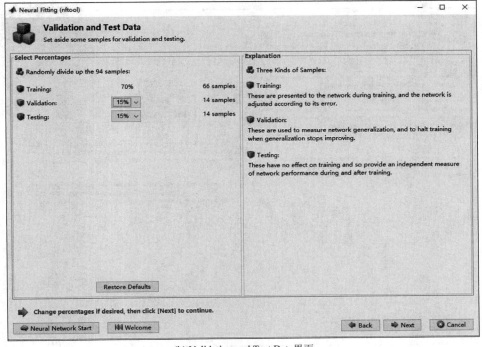

(b) Validation and Test Data界面

图 2-29　MATLAB 的菜单栏中神经网络数据拟合过程

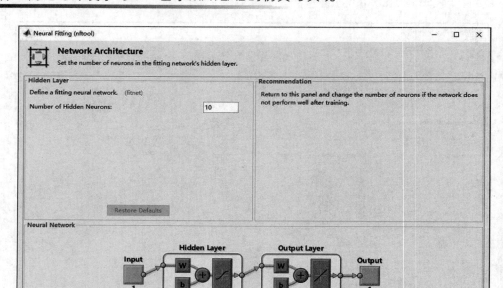

(c) 神经网络架构界面

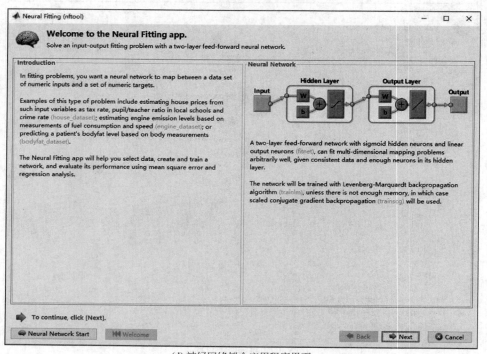

(d) 神经网络拟合应用程序界面

图 2-29 （续）

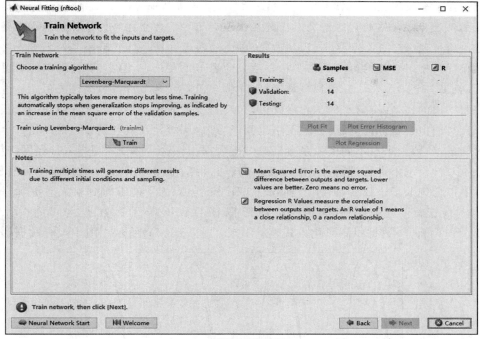

(e) 神经网络训练界面

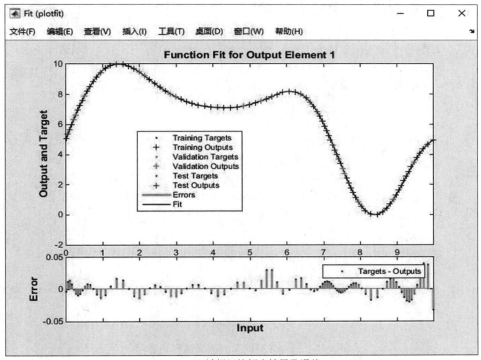

(f) 神经网络拟合结果及误差

图 2-29　（续）

(5) 继续单击 Next 按钮,对神经网络进行训练,可得到如图 2-29(e)所示的界面。在该界面上提供了神经网络的训练情况。同时在该界面的右半部分也给出了神经网络的训练结果。这些结果包含了 3 个数据集(训练、确认、测试)的运算结果。在这个界面上可单击 Plot Fit 按钮,得到使用神经网络对数据集拟合结果的图形化表示,如图 2-29(f)所示。从图中可以看出,数据与要求拟合的目标拟合得很好,在拟合图下方也给出了拟合误差图。

需要指出的是,在有监督的学习模式中,并不是所有的数据都能够训练成功的。很多数据由于自身或拟合目标的问题,神经网络也无能为力,从而导致拟合失败。下面是一个在工程上的例子,该数据来自不同极弧系数下的磁链数据。将这两部分数据导入神经网络后,按照例 2.4 对神经网络进行训练,单击 Plot Fit 按钮,得到如图 2-30 所示的结果。很明显,在此过程中拟合失败了。那么,为什么会出现这种情况呢?为了能够得到输入数据和目标数据的具体情况,不妨先考察一下准备进行拟合的数据与目标数据之间的关系。在MATLAB 中将两类数据以图形化方式表示出来,如图 2-30(a)所示。图中拟合数据和目标

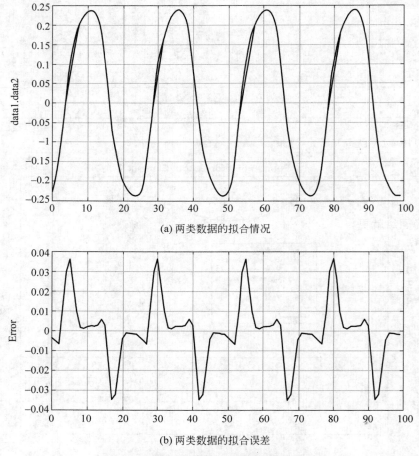

(a) 两类数据的拟合情况

(b) 两类数据的拟合误差

图 2-30 拟合失败情况的数据图形化表示

数据看上去好像差别不大,应该能完成拟合。但如果将两类数据的偏差按趋势绘制出来,就会发现这两类数据的差别还是很大的,如图 2-30(b)所示,两类数据的偏差仅为有界,但并不具有渐近收敛的趋势! 因此,不论采用何种训练函数和方式,都不可能达到使用神经网络进行数据拟合的目的,这是数据本身的问题而不是神经网络的问题,MATLAB 对此也给出了解释。

　　从以上对 MATLAB 神经网络模块的使用介绍可以看出,这几种方法各有优缺点。基于代码的方式比较灵活,对于实现较为复杂的功能有优势,但是可能对于初学者来讲,神经网络的结构形式不够直观,对于神经网络的运行机制不容易理解。基于图形界面的方式可以较为直观地观察到神经网络的结构,而且还可以观察到神经网络训练的过程进度,对于理解神经网络的结构和运行模式有一定的好处,适于初学者入门学习,但其网络形式、激活函数、训练方式等都只有 MATLAB 软件中限定的几种,不能进行改进和创新,不能适应对性能要求较高的场合。在 Simulink 中的神经网络模块大多是与控制工程相关的,这为基于神经网络的控制算法提供了方便。对于模型较为复杂和不易建模的控制对象,这无疑是一大优势,但是在 Simulink 中,无法直接使用图形化的方法对所建神经网络进行训练,还必须借助于其他代码化方法对神经网络进行训练,在一定程度上丧失了全局图形化编程的优势。在 MATLAB 菜单项中进行神经网络相关模块的应用是较晚出现的方式,这种方式继承了基于图形界面方式的优点,而且也在聚类、拟合、模式识别以及时间序列这些神经网络的典型应用上提供了方便。但可以看到,这种方式与图形化的方式一样,使用软件固有的函数进行训练,缺乏一定的灵活性。

　　对于使用 MATLAB 软件进行神经网络学习和工作的初学者,建议首先使用图形化的方法,搞清楚神经网络的基本结构和运行特点,进而了解神经网络在各技术领域的典型应用。在此基础上能够灵活应用基于代码的 MATLAB 工具箱对实际问题进行分析,提出解决方案。再进一步,可以利用 MATLAB 软件的指令代码编写出具有自我风格的、富有创新特点的神经网络就更好了。

第二部分
经典神经网络

第3章

CHAPTER 3

感 知 机

在人工智能这个大的范畴内,其学术思想基本可以分为两大派别———类是主张模仿人类(或最起码是一些高等动物)的行为模式进行研究,例如专家系统、蚁群算法等;而另一类则是从数学的逻辑和符号系统进行严格推证,以保证方法的数学严密性,例如统计学习方法等。毫无疑问,神经网络方法的基本思想是属于仿生智能的。神经网络方法的先行者们意识到仿生智能的优越性,受到人类神经元工作模式的启发首先提出了 M-P 模型。之所以称为 M-P 模型是用来纪念两位神经网络方法的开拓者 Warren Sturgis McCulloch 和 Walter Harry Pitts, Jr.,取他们姓氏的首个英文字母组成的。在第1章中介绍了 M-P 模型的基本结构,在 M-P 模型中,其激活(活化)函数取为符号函数,也称为开关特性函数,即

$$y = \text{sgn}\left(\sum_{i=1}^{n} w_i x_i - \theta\right) \tag{3-1}$$

式中,x_i——神经元的输入激励;

w_i——与输入激励相对应的权值;

θ——神经元的阈值;

sgn(·)——符号函数。

从这个模型中可以看出,这种模型具有以下特点:

(1) 每个神经元都是一个多输入单输出的系统。这表明了单个神经元可以接收多种信息的输入(激励),在一定程度上保留了生物神经元的特点。

(2) 神经元对于多个输入激励并不是等量齐观的,而是有所侧重的,这主要表现在对于各输入的权值 w_i 的不同上。对于神经元来讲,比较"重要的"的输入信息作为兴奋性输入,其权值设置得较大;而不太重要的输入信息作为抑制性输入,将其权值设置得较小,甚至为0。在 M-P 模型中,这些权值一般都预先由人指定,而且在运行过程中不会对这些权值进行更改。

(3) 神经元的输出状态有两种(根据符号函数的特点可以得出):一类是符号函数的正向性输出,此时表明神经元被激活(兴奋),另一类是符号函数的负向性输出,表明神经元被抑制。这也可以看作是激活函数的名称由来。

（4）神经元的激活运算中具有整合和阈值特性。在各种输入信息经过一定的加权运算后，首先要经过求和整合，然后将这些经过整合的数据信息与阈值进行比较，再交由激活函数（符号函数）进行运算，得到输出的状态。

在基本 M-P 模型的基础上，还可以衍生出一些改进型的 M-P 模型，例如带有延时特性的 M-P 模型等。M-P 模型是神经网络方法的一个萌芽性的模型，虽然它能够解决的问题非常有限（连简单非线性分类的"异或"问题都无能为力），但毕竟开启了仿生智能算法的时代。究其原因，是由于 M-P 模型中的各输入激励权值 w_i 为人为指定，而且一旦指定就不能进行调整，这大大限制了其应用的范围。为了解决这个问题，就必须让输入激励的权值能够进行调整，这样就诞生了具有一定学习功能的神经网络——感知机。

3.1　感知机的基本结构与算法基础

感知机神经网络的基本架构与 M-P 模型基本类似。但是正如前面所说，感知机进一步改进了 M-P 模型，使得新的模型结构可以调整输入激励信息的权值大小，也就是说有这样一个概念，即

M-P 模型＋可调整的权值＝感知机

权值调整的过程就被称为神经网络的学习过程。在学习的过程（也就是权值的调整过程）中需要遵守一定的规则进行。这种学习的规则同样根据仿生的原则确定。在生物学的细胞理论中，很多动物具有条件反射。例如在给动物喂食时先响铃，动物的条件反射就会将铃声和食物联系起来。受到这种模式的启发，感知机的学习方式就是将在同一时间被激活的神经元之间的联系强化；而如果两个神经元总是保持抑制状态，则将其之间的联系逐渐削弱。这种学习规则的思想是借鉴加拿大著名生理心理学家唐纳德·赫布（Donald Olding Hebb,1904—1985）的神经科学研究成果，因此被称为神经网络的 Hebb 学习规则。在这种学习规则下，神经网络的权值调整可以用以下的公式来表示

$$\Delta \boldsymbol{W}_i = K \times f(\boldsymbol{W}_i^{\mathrm{T}} \boldsymbol{X}) \boldsymbol{X} \qquad (3\text{-}2)$$

式中，$\boldsymbol{W}_i$——各权值向量；

$\quad K$——比例系数；

$\quad f(\cdot)$——激活函数；

$\quad \boldsymbol{X}$——外界输入向量；

$\quad f(\boldsymbol{W}_i^{\mathrm{T}} \boldsymbol{X})$——神经元的输出（阈值为 0 的情况）。

这个公式说明各权值的调整量是与神经元的输入、输出的乘积成正比关系的。如果输入、输出都比较大，那么就说明这种输入/输出模式将在神经元中占有比较大的比重，需要将其不断固化，作为神经网络的强化行为模式；而如果输入或输出的量只要出现比较小的情况，就认为这是一种被"抑制"的模式，逐渐将其移除。另一方面，从式（3-2）也可以看出，如果输入、输出一直被强化，则会导致权值的修正量不停地增长，因此在神经网络的 Hebb 学习规则中需要设定权值的饱和值。

可以看出，Hebb 学习规则与人（或某些高等动物）的认知和行为方式基本一致。在生物界，生物体就是不断地根据实践情况对自身的行为进行调整的，在这个过程中包含有一定的统计特征意义。Hebb 学习规则根据神经元之间连接的激活水平进行权值调整，这种方法被称为相关学习或联合学习。此外，从智能体的学习方式来看，Hebb 学习属于比较典型的无监督学习模式：根据神经网络自身的输入、输出情况进行学习而不是根据外在的评价标准进行学习。

3.1.1　单层感知机的基本结构

下面针对在智能研究领域中非常典型的分类问题，介绍单层感知机的基本工作原理。以二维线性分类问题为例，需要使用单层感知机将外部输入的数据分为两类。如图 3-1 所示，在二维平面上有两类点，对这两类点进行分类只需要找到图中所示的分类线就可以了。而外界输入新的数据也只要和这条分类线进行对比就可以得出相应的分类。这个分类线也称为分类判别线（对于高维的情况则称为分类判别面）。

由于只有二维数据，因此设置两个输入项即可构建一个单层感知机，如图 3-2 所示。这样，输入的数据经加权后进行融合（求和），即 $w_1 x_1 + w_2 x_2$，然后和阈值 θ 进行比较，则得

$$X = w_1 x_1 + w_2 x_2 - \theta \tag{3-3}$$

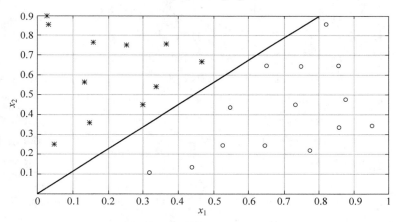

图 3-1　二维线性分类问题

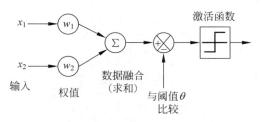

图 3-2　二维单层感知机结构

最后,代入式(3-1)的激活函数进行处理,就可以得到对外界输入数据的分类结果。可以看出,感知机在学习过程中对权值进行调整,实际上就是在对这条分类线的斜率进行调整。在调整过程中,分类线不断调整斜率以适应分类的需要,最终稳定下来,把斜率固定为某个数,从而完成对感知机的训练。权值的调整过程实际上就是学习的过程。但是从分类的任务角度来讲,这种学习实际上是一个有监督的学习过程,因此并不需要利用 Hebb 学习规则进行学习。

需要指出的是,在神经网络的调整过程中有"学习"和"训练"两种表达方法。实际上这两种表达并无本质上的区别,而且经常会有交叉使用的情况。但一般来讲,将有监督的学习过程称为"训练",表示其外部有训练的主体;而将无监督的学习过程称为"学习",以突出其自主进行权值调整的特点。对于上述单层感知机实现分类的算法,其训练的过程如下:

(1)首先对权值、阈值赋初值 $w_1(0),w_2(0),\theta(0)$。可以任意赋值,但一般都先赋较小的正值。

(2)输入样本对 $\{x_1,x_2;R\}$,R 为希望的分类结果。

(3)根据激活函数计算实际的输出结果。

(4)对比实际输出结果和希望的分类结果,对权值和阈值进行调整。

(5)返回步骤(2),输入新样本进行训练,直至所有的样本都分类正确为止。

在进行调整的过程中,不能进行漫无目的的试凑,而是要遵循一定的规则。例如,什么是好的分类结果呢?应该有一个标准。这就是在训练和学习中的目标函数。目标函数的选取带有某种主观性,并没有一种固定的程式和法则。但目标函数选取得适当与否又是很客观的,因为它直接关系到神经网络最后的运算结果以及在此过程中算法的复杂性。

感知机训练的目标函数通常使用损失函数。所谓损失函数是指被错误分类的数据点到分类判别线(面)的"距离"。设在分类的空间中有一点 x_0,则根据空间解析几何关系,该点到分类判别线的距离为

$$d_0 = \frac{|wx_0 + b|}{\|w\|} \tag{3-4}$$

式中,w——分类判别线(面)的斜率,即感知机的输入权值;

b——分类判别线(面)的截距,即感知机的阈值;

$\|\cdot\|$——欧几里得范数。

假设有一数据 (x_i,y_i) 被错误分类,则有

$$-y_i(wx_i + b) > 0 \tag{3-5}$$

则该错分数据点到分类判别线(面)的距离为

$$d_i = -\frac{y_i(wx_i + b)}{\|w\|} \tag{3-6}$$

这样可以得出,所有错误分类点到分类判别线(面)的距离总和为

$$D = -\frac{1}{\|w\|}\sum_{x_i \in C} y_i(wx_i + b) \tag{3-7}$$

式中,C 为所有错误分类数据组成的集合。由此可以得出感知机学习的损失函数为

$$L(\boldsymbol{W}, b) = -\sum_{x_i \in C} y_i(wx_i + b) \tag{3-8}$$

式中的 $L(\cdot)$ 为损失函数,$\boldsymbol{W}$ 表示权重向量,w 表示权重的具体数值,考虑到式(3-7)中的范数对于运算没有太大关系,因此可以简化为式(3-8)。

感知机的学习过程就是要寻找合适的 $\boldsymbol{W}, b$,能够使错误分类的损失函数达到最小。于是有

$$\min_{\boldsymbol{W}, b} L(\boldsymbol{W}, b) = \min\left\{-\sum_{x_i \in C} y_i(wx_i + b)\right\} \tag{3-9}$$

则

$$\begin{cases} \dfrac{\partial L(\boldsymbol{W}, b)}{\partial \boldsymbol{W}}\bigg|_{W = W^*} = -\sum_{x_i \in C} y_i x_i \\[3mm] \dfrac{\partial L(\boldsymbol{W}, b)}{\partial \boldsymbol{b}}\bigg|_{b = b^*} = -\sum_{x_i \in C} y_i \end{cases} \tag{3-10}$$

从理论上讲应该让式(3-10)都等于零才能达到损失最小,但在实际的运算过程中很难达到这样的要求。因此在实际的运算过程中,通常使用迭代算法使损失函数渐次达到最小值。迭代公式的一般形式为

$$h(k + 1) = h(k) - \eta\, \boldsymbol{\nabla}(h) \tag{3-11}$$

式中,$\boldsymbol{\nabla}(h)$——函数 h 的梯度;

η——梯度的修正系数,称为学习率。

式(3-11)表明了在最小化损失函数的计算过程中采用迭代计算的形式,而且每次迭代均与当前状态的梯度有关。学习率的大小决定了计算寻优过程的速度和效率。η 不能够过大,这样可以为输入向量提供一个比较稳定的权值、阈值估计,否则修正的估计值将会很大,不利于网络进入稳态。当然,η 也不能太小,否则每一步修正的作用体现得不明显。

在调整学习率时可以首先进行粗调,先将权值、阈值调整到一个合适的范围,然后再进行精调,最终确定合适的权值、阈值。

将式(3-10)中权值、阈值的表达式代入式(3-11)中,就得到了权值、阈值的计算形式,即

$$\begin{cases} \boldsymbol{W}(k + 1) = \boldsymbol{W}(k) + \eta y_i x_i \\ b(k + 1) = b(k) + \eta y_i \end{cases} \tag{3-12}$$

显然,式(3-10)是损失函数梯度的表达形式。

这种权值、阈值学习修正方法的基本思路是要将数据的误分类情况减小到最小。除此之外,还可以使用常见的最小二乘法的思想来进行权值、阈值的学习修正,会得到相同的结果。

下面以例 3.1 来说明单层感知机在线性分类问题中的应用。

【例 3.1】 如图 3-3 所示,在二维平面上给出了 4 个点,这 4 个点分为两种类型,在图中分别以"＊"和"。"表示,对这些数据点进行分类构造单层感知机,并最终确定感知机的相关参数。

解:现根据这 4 个点的坐标及分类情况建立以下模型,如表 3-1 所示。

表 3-1　例 3.1 数据集分类对应情况表

输入数据	分类情况
$\boldsymbol{x}_1 = (-1, -1)^{\mathrm{T}}$	＊ 为 $y_1 = -1$
$\boldsymbol{x}_2 = (0.5, -1)^{\mathrm{T}}$	＊ 为 $y_2 = -1$
$\boldsymbol{x}_3 = (1, 2)^{\mathrm{T}}$	。 为 $y_3 = 1$
$\boldsymbol{x}_4 = (2, 1)^{\mathrm{T}}$	。 为 $y_4 = 1$

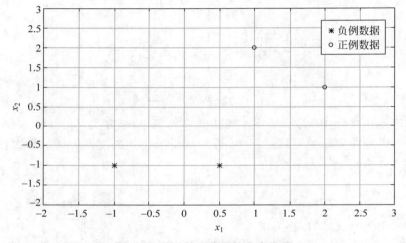

图 3-3　简单的二维线性分类问题

(1) 首先设定权值、阈值的初始值,不妨设

$$\boldsymbol{W}(0) = [1 \quad 1], \quad b = [1]$$

(2) 此时可计算这 4 个输入点所对应的分类值,利用分类评价的函数进行分类。如果分类评价函数大于 0 则表示分类正确,如果小于 0 则表示分类错误。为了表达方便起见,$\boldsymbol{W}(0)$ 用 $\boldsymbol{W}_0$ 表示。

$$y_1 (\boldsymbol{W}_0 \boldsymbol{x}_1 + b) = -1 \left([1 \quad 1] \begin{bmatrix} -1 \\ -1 \end{bmatrix} + 1 \right) = 1 > 0 \rightarrow 正确分类$$

$$y_2 (\boldsymbol{W}_0 \boldsymbol{x}_2 + b) = -1 \left([1 \quad 1] \begin{bmatrix} 0.5 \\ -1 \end{bmatrix} + 1 \right) = -0.5 < 0 \rightarrow 错误分类$$

$$y_3 (\boldsymbol{W}_0 \boldsymbol{x}_3 + b) = 1 \left([1 \quad 1] \begin{bmatrix} 1 \\ 2 \end{bmatrix} + 1 \right) = 4 > 0 \rightarrow 正确分类$$

$$y_4 (\boldsymbol{W}_0 \boldsymbol{x}_4 + b) = 1 \left([1 \quad 1] \begin{bmatrix} 2 \\ 1 \end{bmatrix} + 1 \right) = 4 > 0 \rightarrow 正确分类$$

在这一步中,得到的分类线为

$$\boldsymbol{x}_1 + \boldsymbol{x}_2 + 1 = 0 \tag{3-13}$$

从图 3-4 中可以明显地看到有一个错误分类,即将负例数据 $\boldsymbol{x}_2$ 错分为正例数据。于是进行权值、阈值的调整。调整方式根据式(3-12)进行,有

$$\begin{cases} \boldsymbol{W}(1) = \boldsymbol{W}(0) + 1 \times (-1) \times \begin{bmatrix} 0.5 & -1 \end{bmatrix} = \begin{bmatrix} 0.5 & 2 \end{bmatrix} \\ b(1) = b(0) + 1 \times (-1) = 0 \end{cases}$$

在此迭代计算中,学习率取 $\eta = 1$。

(3) 将更新后的权值、阈值进行检验,有

$$y_1 (\boldsymbol{W}_0 \boldsymbol{x}_1 + b) = -1 \left(\begin{bmatrix} 0.5 & 2 \end{bmatrix} \begin{bmatrix} -1 \\ -1 \end{bmatrix} + 0 \right) = 2.5 > 0 \rightarrow 正确分类$$

$$y_2 (\boldsymbol{W}_0 \boldsymbol{x}_2 + b) = -1 \left(\begin{bmatrix} 0.5 & 2 \end{bmatrix} \begin{bmatrix} 0.5 \\ -1 \end{bmatrix} + 0 \right) = 1.75 > 0 \rightarrow 正确分类$$

$$y_3 (\boldsymbol{W}_0 \boldsymbol{x}_3 + b) = 1 \left(\begin{bmatrix} 0.5 & 2 \end{bmatrix} \begin{bmatrix} 1 \\ 2 \end{bmatrix} + 0 \right) = 4.5 > 0 \rightarrow 正确分类$$

$$y_4 (\boldsymbol{W}_0 \boldsymbol{x}_4 + b) = 1 \left(\begin{bmatrix} 0.5 & 2 \end{bmatrix} \begin{bmatrix} 2 \\ 1 \end{bmatrix} + 0 \right) = 3 > 0 \rightarrow 正确分类$$

至此,经过一次迭代分类全部正确,计算终止。得到的分类直线为

$$0.25\boldsymbol{x}_1 + 2\boldsymbol{x}_2 = 0 \tag{3-14}$$

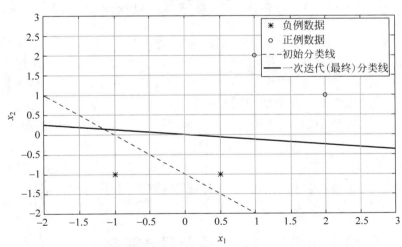

图 3-4　利用单层感知机进行简单的二维线性分类

从图 3-4 中可以看出分类线应该不止式(3-14)这一条,但是这却是一条最"好"的分类线。这是因为在整个迭代过程中,权值、阈值的调整过程遵循了式(3-10)的原则,使错误分类的损失函数达到最小。

单层感知机对于线性可分类问题处理得非常有效,不仅对于二维的情况是这样,对于

更高维的情况也是如此,只不过此时的线性分类判别线扩展为线性分类判别面(或超平面)了。一个单层感知机将空间分为两个区域,则 N 个单层感知机就可以将某模式空间分为 $2N$ 个区域。根据凸优化理论,这些区域都各自为一个凸区域。此外,这些凸区域可能会有一些共同的区域,形成交集。图 3-5 给出了 3 个单层感知机将二维空间(平面)划分区域的情况。

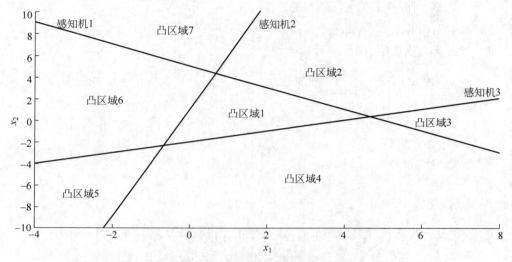

图 3-5 3 个单层感知机将二维(平面)空间划分区域的情况

从图 3-5 中可以看出,3 个单层感知机将二维空间(平面)划分为 7 个凸区域。虽然这些区域都是凸区域,但这些区域并不能全部由 3 个感知机所识别。这是因为每个单层感知机只能做有限的二分类,而不能做"且"运算。例如在凸区域 1 中的数据点,应该是小于感知机 1 的分类线,小于感知机 2 且大于感知机 3 的分类线,然而,在单层感知机的输出集合里却无法这样表达。单层感知机的输出集合一般以向量形式给出,如本例的情况,输出应该是一个三元组:$(y_1 \quad y_2 \quad y_3)$。通过判别在三元组中各个元素的 0、1 情况进行分类。因此,像凸区域 1 这种情况是无法进行有效识别的。由此可以看到,单层感知机只能进行线性可分类问题的处理。然而,在实际的应用中,线性不可分类问题也需要处理,这时就不能使用单层感知机进行了。

3.1.2 多层感知机的基本结构与算法基础

由前述可知,单层感知机对于线性不可分类问题无法进行正确的分类,需要进一步的研究。在线性不可分类问题中,最著名的例子就是"异或"问题。"异或"是一种数字逻辑运算,其基本输入/输出关系(真值表)在表 3-2 中给出。其示意图如图 3-6 所示。

从图 3-6 中看出,"异或"问题实际上是一个线性不可分类问题。也就是使用一条直线无法对这类问题进行正确分类;仅使用单层感知机,只有两个权值、一个阈值是不能对"异或"问题进行分类的。从图 3-6 可以看出,要对"异或"问题进行正确处理需使用两条直线才行。但从图中可以看出,这两条直线所构成的分类区域并不全是凸区域,使用两个单层感知机也是不行的。在神经网络发展的初始时期,这个问题曾引起了争论。

表 3-2　"异或"问题输入/输出关系(真值表)

输入数据		输出数据
x_1	x_2	y
0	0	0
0	1	1
1	0	1
1	1	0

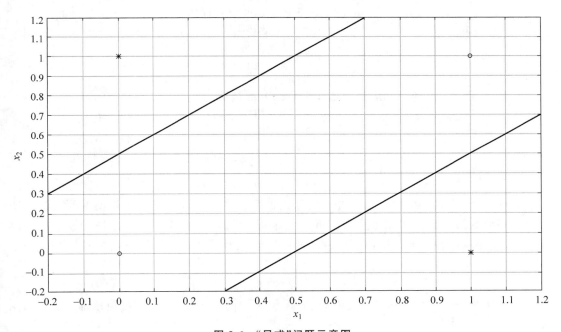

图 3-6　"异或"问题示意图

对于"异或"问题需要对原来的单层感知机进行修正,将其层数加大,变成多层感知机。不妨先修正为两层感知机,其结构如图 3-7 所示。很明显,这种两层结构的类型可以生成两条直线。在第一层,也就是输入层有两个神经元,分别输入二维数据;在第二层,也就是输出层有一个神经元。在输入层中的神经元首先绘制一条直线,随着权值、阈值的调整,这条直线可以任意变动,先分离出其中的一类点;如在图 3-7 中,可以将分类后剩下的结果再次输入另一个输入层的神经元,然后调整该神经元的权值、阈值,使另外一条直线进行调整,从而将图 3-6 中第一次分类左上部分的" * "类也分离出来。最后综合这两条直线的分类情

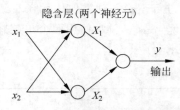

隐含层(两个神经元)

图 3-7 两层感知机结构示意图

况,达到对"异或"问题的求解。其具体步骤如下。

从图 3-7 中可以看出在隐含层有两个神经元,设第一个神经元对于两个输入的权值为$(1,-1)$,阈值为0.5,则其生成分类线为

$$x_1 - x_2 + 0.5 \tag{3-15}$$

经过隐含层第一个神经元运算后这 4 个点的分类情况为

$$x_1 - x_2 + 0.5 = 1 \times 0 - 1 \times 0 + 0.5 = 0.5 \rightarrow 正例\ X_1 = 1$$
$$x_1 - x_2 + 0.5 = 1 \times 0 - 1 \times 1 + 0.5 = -0.5 \rightarrow 负例\ X_1 = 0$$
$$x_1 - x_2 + 0.5 = 1 \times 1 - 1 \times 0 + 0.5 = 1.5 \rightarrow 正例\ X_1 = 1$$
$$x_1 - x_2 + 0.5 = 1 \times 1 - 1 \times 1 + 0.5 = 0.5 \rightarrow 正例\ X_1 = 1$$

很明显这里有个错误分类,可以不去管它,因为毕竟还有另外两个神经元还没有运行。接下来,考察隐含层第二个神经元的情况。对于隐含层中第二个神经元可设其权值为$(1,-1)$,阈值为-0.5,则其生成分类线为

$$x_1 - x_2 - 0.5$$

经隐含层第二个神经元运算后这 4 个点的分类情况为

$$x_1 - x_2 - 0.5 = 1 \times 0 - 1 \times 0 - 0.5 = -0.5 \rightarrow 负例\ X_2 = 0$$
$$x_1 - x_2 - 0.5 = 1 \times 0 - 1 \times 1 - 0.5 = -1.5 \rightarrow 负例\ X_2 = 0$$
$$x_1 - x_2 - 0.5 = 1 \times 1 - 1 \times 0 - 0.5 = 0.5 \rightarrow 正例\ X_2 = 1$$
$$x_1 - x_2 - 0.5 = 1 \times 1 - 1 \times 1 - 0.5 = -0.5 \rightarrow 负例\ X_2 = 0$$

这样来看,隐含层中第二个神经元的分类也有一个不正确。但输出层的神经元还没有运行。将隐含层输出的数据再重新组成二元组$(X_1 \quad X_2)$,将这个二元组作为输出层的输入,进入输出层的神经元。输出层的神经元权值设定为$(-1,1)$,阈值为0.5,则其生成分类线为

$$-X_1 + X_2 + 0.5$$

将隐含层中神经元的输出作为输出层的输入,经上述的输出层运算后,输出层神经元的输出应为

$$-X_1 + X_2 + 0.5 = -1 \times 1 + 1 \times 0 + 0.5 = -0.5 \rightarrow 负例\ y = 0$$
$$-X_1 + X_2 + 0.5 = -1 \times 0 + 1 \times 0 + 0.5 = 0.5 \rightarrow 正例\ y = 1$$
$$-X_1 + X_2 + 0.5 = -1 \times 1 + 1 \times 1 + 0.5 = 0.5 \rightarrow 正例\ y = 1$$
$$-X_1 + X_2 + 0.5 = -1 \times 1 + 1 \times 0 + 0.5 = -0.5 \rightarrow 负例\ y = 0$$

将这个过程列成表 3-3,可以清楚地看到各神经元的输入、输出情况。至此,"异或"这一典型的线性不可分问题得以解决。在此过程中,并没有演示各神经元的调整过程,而是直接给出了权值、阈值的最终结果。各神经元权值、阈值的具体调整过程可以参见单层感知机的情况,此处略去。

从二维空间将这种模式推广,可以得出:如果增加神经元的数量和层数,就可以得出更为多样的分类区域,甚至可以拟合曲线形式的非线性分类线。此外,在数据维度上将其进行推广,就可以得到有限维空间上的曲面非线性分类器。图 3-8 给出了多层感知机的基本结构。

表 3-3 两个神经元解决"异或"问题

输入		隐含层的输出(输出层的输入)		输出	分类情况
x_1	x_2	第一个神经元输出 X_1	第二个神经元输出 X_2	y	
0	0	1	0	0	负例
0	1	0	0	1	正例
1	0	1	1	1	正例
1	1	1	0	0	负例

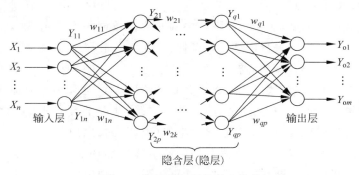

图 3-8 多层感知机的基本结构

在多层感知机中,所有的"层"被划分为三类:输入层、输出层以及隐含层(隐层)。输入层和输出层一般只有一个,隐含层的数目可以根据需要设置若干个。图中的圆圈代表各个神经元。输入层的神经元并不是严格意义上的神经元,只起信息的传递作用并无权值、阈值的连接,也没有激活函数。隐含层、输出层的各神经元与前述的单层感知机神经元的基本结构类似,但是其激活函数有了更多的选择范围,只要是非线性的函数都可以选择,例如第 2 章提到的在 MATLAB 软件中常用的激活函数,当然读者也可以自行定义。

前面已提到过,对于单层感知机权值、阈值调整需要进行学习(或训练),对于多层感知机同样需要进行学习(或训练)。多层感知机的学习规则与单层感知机有相似之处。在分类这个大范畴内,不论感知机层数的多寡,一般都采用有监督的学习(或训练)模式。在此过程中,对于输入感知机的数据样本都有相应的期望输出。在训练的初始阶段,可能感知机的输出与期望的输出之间差异会比较大,按照训练规则经过一定的调整后最终会达到期望的目标。对于简单的线性分类问题来讲,分类的误差最终会彻底消除。但是对于非线性分类问题来讲就可能存在一些问题,那就是虽然经过很多次调整可能不会使分类误差最终彻底消除,这时就需要事先设定好一个能够容忍的误差范围,使得网络训练的误差不超过某个值,这个值称为误差容限。一旦网络的训练误差进入误差容限范围内,就停止训练,固定当前的权值、阈值。在某些情况下也会出现经过大量的训练和调整权值、阈值,网络的误差仍然不能满足要求,出现这种情况的原因可能是感知机的架构存在问题:例如网络的层数和神经元的数目不太合适;或是在训练的初期权值、阈值设置不当。这时就需要重新对网络的结构和训练运算初值进行选择。

需要说明的是,对于神经网络的构建和训练并不是针对一些特定的数据样本的,而是要使用普通数据样本对神经网络进行训练,使得该神经网络对特征类型的数据很"敏感"。输入的外部数据样本虽然具体数据不同,但是其数据特征与样本数据相同时,神经网络能够很好地完成赋予它的任务。例如,对处理"异或"问题的神经网络进行训练后,它可以处理相应的线性不可分问题、非凸集数据分类问题,而不是仅解决"异或"问题。因此在一个神经网络经过学习或训练成功后,还需要对其进行一定的测试,使该神经网络能够很好地处理在数据集中的各种数据,这个过程称为神经网络的泛化。如果某个神经网络,在进行学习和训练之后只对典型类型数据起作用,而对于数据集中的非典型数据并不适用,这就是所谓的"过拟合"情况,说明神经网络对于进行训练的数据拟合(训练和学习)的程度太"过"了。

感知机对于数据分类处理非常有效,但是其本身结构也有一些问题,例如感知机的激活函数采用开关型的符号函数,致使其输出只有 0、1 两种状态,也限制了其应用。

感知机作为第一个从算法上完整描述的神经网络,开辟了人工神经网络的新型智能算法。它不仅简单易懂、概念清晰,而且包含了学习(训练)的思想和方法、损失函数求解以及优化方法。这些思想和基本方法为在其后神经网络及机器学习的发展奠定了基础。虽然现在感知机网络的实际应用逐渐在减少(被功能更为强大的神经网络所替代),但它是神经网络和智能算法的一个基础。

3.2　感知机的 MATLAB 实现

在了解感知机的基本结构和工作方式后,就可以利用 MATLAB 软件进行感知机网络的仿真了。在 MATLAB 软件中进行仿真,虽然距离神经网络的真正使用还有一段距离,但对于在更深程度上了解神经网络的运行方式是非常有帮助的。首先来看单层感知机的 MATLAB 仿真实现。

3.2.1　单层感知机的 MATLAB 仿真实现

在第 2 章中,曾经以一个例子说明在二维平面上进行线性分类的情况,如果能够将其进行推广,就可以得到在三维空间中的数据分类。

【例 3.2】　在三维平面上给出数据 $x = [0.8 \ -0.3 \ -0.4; 0.7 \ 0.3 \ 0.5; 0.8 \ -0.2 \ 0.3]$。这些数据分属于两个数据类别,其分类情况用 $y = [0 \ 1 \ 1]$ 表示。试使用单层感知机

对这些数据点进行分类并对网络进行仿真、绘制分类结果图形。

解：可按照例 2.1 中的模式，仅将数据维数扩充至三维即可。其代码如下（可与例 2.1 对比）：

```
x = [0.8 -0.3 -0.4; 0.7 0.3 0.5; 0.8 -0.2 0.3];
y = [0 1 1];
P = [-1 1; -1 1; -1 1]
net = newp(P,1);
net = train(net,x,y);
A = sim(net,x);
plotpv(x,A)
plotpc(net.iw{1},net.b{1})
grid on
```

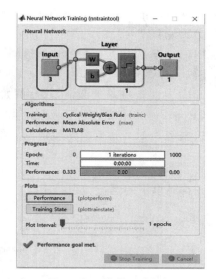

图 3-9　三维单层感知机

该感知机网络的基本情况如图 3-9 所示，从图中可以看到输入的维数已经改成了三维，输出的维数仍为 1，毕竟这还是属于分类情况。其运行结果如图 3-10 所示。

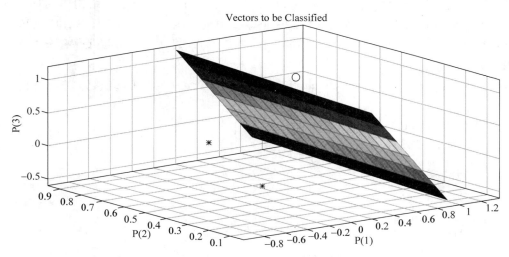

图 3-10　三维单层感知机对于三维线性可分类问题数据的分类情况

从这个图上可以清楚地看出，对于三维线性可分类问题，单层感知机仍然可以胜任，只不过分类线变为了分类平面。由此可以推知，即使对于高维线性可分类问题，单层感知机可以生成一个超平面将样本数据成功进行分类。这也是单层感知机的应用范围。

下面将对在感知机中用到的函数进行较详细的介绍。

1）newp 函数

函数名：newp。

基本格式：newp(PR，S，TF，LF)。

参数说明：

PR——输入数据向量的取值区间，一般为 R×2 矩阵，限定输入数据的最大值、最小值；

S——神经元的数目；

TF——神经网络的激活函数，例如可以是 hardlims 函数等；

LF——神经网络的学习函数，例如可以是 learnp 等。

根据例 3.2，可以观察所生成的感知机网络情况，这时需要输入指令：

```
>> whos
```

则得到以下的运行结果：

Name	Size	Bytes	Class	Attributes
P	3×2	48	double	
net	1×1	23337	network	
x	3×3	72	double	
y	1×3	24	double	

从这个结果，可以了解到各个数据的详细属性。如果需要对所建立的感知机再做深入了解，还可以查询各变量的信息。在 MATLAB 软件中，很多函数是以结构体的形式出现的。因此可以查看结构体的情况。例如，在例 3.2 中利用函数 newp(PR，S，TF，LF)建立的感知机 net 就是类别(Class)为 network 的结构体，因此可用以下方法了解感知机 net 的各项相关信息。

（1）输入：>> inputweights = net. inputweights{1} ——了解该感知机网络的权值情况。

可得到的属性列表：

```
inputweights =
    Neural Network Weight
delays: 0
initFcn: 'initzero'
initSettings: (none)
learn: true
learnFcn: 'learnp'
learnParam: (none)
size: [1 3]
weightFcn: 'dotprod'
weightParam: (none)
userdata: (your custom info)
```

（2）输入：>> biases=net. biases{1} ——了解该感知机网络的阈值情况。

可得到的属性列表：

```
biases =
```

```
     Neural Network Bias
  initFcn: 'initzero'
  learn: true
  learnFcn: 'learnp'
  learnParam: (none)
  size: 1
  userdata: (your custom info)
```

（3）输入：>> trainFcn＝net.trainFcn——了解该感知机网络的训练函数情况。可得到的属性列表：

```
trainFcn =
    trainc
```

由第 2 章的内容可知,这是循环训练函数,其基本的情况在第 2 章中有说明。对神经网络进行仿真,会弹出如图 3-9 所示的网络训练界面。除了前述的内容外,从图中还可以看出神经网络的训练状态以及性能情况。

2）sim 函数

网络仿真函数,其基本格式在第 2 章已有说明,此处不再赘述。

在这个例子中,网络的很多属性都使用了默认属性,例如延迟时间、初始化函数等,因此需要给出详细说明的地方并不多。

3）plotpv 绘图函数

这个函数用来绘制感知机的输入向量和目标向量。其基本格式为：

```
plotpv(X,T)
```

其中,X 为输入向量,T 为目标向量。输入向量和输出向量的列数相等。

4）plotpc 绘图函数

这个函数是用来绘制感知机的分类线(面)的。其基本格式为：

```
plotpc(W,b)
```

其中,W 为分类线(面)的权值,b 为分类线(面)的阈值。在此函数中,分类线的权值为 $S \times R$ 阶矩阵。一般来讲,R 应小于或等于 3(如果大于 3,则为超平面,不可能以图形的形式给出)。而分类线的阈值 b 为 $S \times 1$ 阶向量。

在第 2 章中提到过,除了使用 MATLAB 软件编写 m 文件实现神经网络的分析以外,还可以使用基于图形界面的 MATLAB 神经网络工具箱分析。在该工具箱中可以看到,对于单层感知机,MATLAB 软件提供了两种激活函数,分别是单极性开关特性激活函数和双极性开关特性激活函数。而学习函数也提供了两种,分别是 learnp 和 learnpn。learnp 函数在第 2 章中已介绍,learnpn 函数为标准化的学习函数。与 learnp 函数相比,learnpn 函数对于输入量大小变化不敏感。当输入的数据向量变化比较大时,使用 learnpn 函数,可以加快感知机的运算速度。

单层感知机网络结构简单,权值、阈值调节起来相对比较快,对于线性分类问题有着非常好的适应性,以上所举的例子比较简单,主要用来说明单层感知机的运行方式。下面将以对英文字母和阿拉伯数字的识别为例说明感知机的实际应用。

【例3.3】 试举例说明使用单层感知机如何识别基本英文字母。

解:为了能够实现对基本英文字母的识别,首先必须让 MATLAB 软件能够读懂输入的信息。因为当下计算机均为数字化计算机,因此需要将字母进行数字化处理。使用一种 7×4 的方格对英文字母进行数字化,如图 3-11 所示。可以规定字母笔画占据方格的记为 1,而没有占据方格的记为 0。这样,任何一个字母均可以用 7×4 的矩阵表示(如在小方格内为空白记 0,如在小方格内有笔画占用,则记为 1)。考虑到感知机的泛化问题,这里使用 3 种不同的字体对同一个字母进行训练。例如对于字母 E 的 Times New Roman 字体,其数字化表达为:

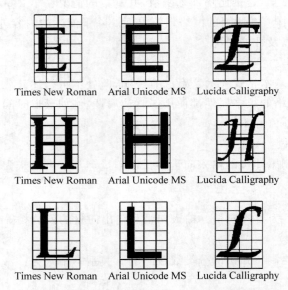

图 3-11 使用方格对英文字母进行数字化处理

$$E_1 = \begin{bmatrix} 0 & 0 & 0 & 0 \\ 1 & 1 & 1 & 0 \\ 1 & 0 & 0 & 0 \\ 1 & 1 & 1 & 0 \\ 1 & 0 & 0 & 0 \\ 1 & 1 & 1 & 0 \\ 0 & 0 & 0 & 0 \end{bmatrix}$$

则字母 E 相应的 Arial Unicode MS 字体及 Lucida Calligraphy 字体数字化表达为:

$$\boldsymbol{E}_2 = \begin{bmatrix} 0 & 0 & 0 & 0 \\ 1 & 1 & 1 & 1 \\ 1 & 0 & 0 & 0 \\ 1 & 1 & 1 & 1 \\ 1 & 0 & 0 & 0 \\ 1 & 1 & 1 & 1 \\ 0 & 0 & 0 & 0 \end{bmatrix}, \quad \boldsymbol{E}_3 = \begin{bmatrix} 0 & 0 & 0 & 0 \\ 1 & 1 & 1 & 1 \\ 1 & 1 & 0 & 0 \\ 0 & 1 & 1 & 1 \\ 0 & 1 & 0 & 0 \\ 1 & 1 & 1 & 1 \\ 0 & 0 & 0 & 0 \end{bmatrix}$$

对于字母 H 有:

$$\boldsymbol{H}_1 = \begin{bmatrix} 0 & 0 & 0 & 0 \\ 1 & 1 & 1 & 1 \\ 1 & 0 & 0 & 1 \\ 1 & 1 & 1 & 1 \\ 1 & 0 & 0 & 1 \\ 1 & 0 & 0 & 1 \\ 1 & 1 & 1 & 1 \end{bmatrix}, \quad \boldsymbol{H}_2 = \begin{bmatrix} 1 & 0 & 0 & 1 \\ 1 & 0 & 0 & 1 \\ 1 & 0 & 0 & 1 \\ 1 & 1 & 1 & 1 \\ 1 & 0 & 0 & 1 \\ 1 & 0 & 0 & 1 \\ 1 & 0 & 0 & 1 \end{bmatrix}, \quad \boldsymbol{H}_3 = \begin{bmatrix} 0 & 0 & 0 & 1 \\ 1 & 1 & 1 & 0 \\ 1 & 1 & 1 & 0 \\ 0 & 1 & 1 & 0 \\ 1 & 1 & 0 & 0 \\ 1 & 0 & 1 & 0 \\ 0 & 0 & 0 & 0 \end{bmatrix}$$

对于字母 L 有:

$$\boldsymbol{L}_1 = \begin{bmatrix} 1 & 1 & 0 & 0 \\ 1 & 0 & 0 & 0 \\ 1 & 0 & 0 & 0 \\ 1 & 0 & 0 & 0 \\ 1 & 0 & 0 & 1 \\ 1 & 1 & 1 & 1 \\ 0 & 0 & 0 & 0 \end{bmatrix}, \quad \boldsymbol{L}_2 = \begin{bmatrix} 1 & 0 & 0 & 0 \\ 1 & 0 & 0 & 0 \\ 1 & 0 & 0 & 0 \\ 1 & 0 & 0 & 0 \\ 1 & 0 & 0 & 0 \\ 1 & 1 & 1 & 1 \\ 0 & 0 & 0 & 0 \end{bmatrix}, \quad \boldsymbol{L}_3 = \begin{bmatrix} 0 & 0 & 1 & 1 \\ 0 & 1 & 1 & 1 \\ 0 & 1 & 0 & 0 \\ 0 & 1 & 0 & 0 \\ 0 & 1 & 0 & 0 \\ 1 & 1 & 1 & 1 \\ 0 & 0 & 0 & 0 \end{bmatrix}$$

下面开始编写 MATLAB 代码:

% 首先输入训练样本数据

% 字母 E 的 3 种字体的数字化样本

% (按照上述数字化表达以 MATLAB 数据输入的标准格式输入,此处考虑到篇幅问题不再展开)

E1 = […];

E2 = […];

E3 = […];

% 字母 H 的 3 种字体的数字化样本

H1 = […];

H2 = […];

H3 = […];

% 字母 L 的 3 种字体的数字化样本

L1 = […];

L2 = […];

```
L3 = [ … ];
% 选取字母的各种字体的数字化样本进行训练
p = [E1(1:end);E2(1:end);E3(1:end);H1(1:end);H2(1:end);H3(1:end);L1(1:end);L2(1:end);L3
(1:end)]';

% t 为目标输出,每个列向量对应一个样本的目标输出.其中向量[0 0 1]'代表字母 E,向量[0 1 0]'代
% 表字母 H,其中向量[1 0 0]'代表字母 L
t = [0 0 0 0 0 0 1 1 1;
     0 0 0 1 1 1 0 0 0;
     1 1 1 0 0 0 0 0 0];

% pr 初始化为 28 行,2 列的零矩阵
pr = zeros(28,2);

% 设定输入向量每个维度的最小值和最大值
pr(:,2) = 1;
% 感知机网络参数设置函数、激活函数、学习(训练)函数均为默认
net = newp(pr,3);

% 设置最大迭代次数为 20
net.trainParam.epochs = 20;

% 将训练集 p 和目标输出 t(分类结果)载入 net
net = train(net,p,t);
```

至此一个名为 net 的单层感知机就建立并训练完成了。在对上述代码运行后,会弹出如图 3-12 所示的界面。从图中可以看出,输入的数据量为 $7 \times 4 = 28$ 个,单层神经元的数目为 3 个,输出为 3 个(需要识别的字母),激活函数为单极性开关型激活函数。原来预计需要进行 20 步迭代,结果进行了 6 步迭代就进入稳态。如果想进一步了解迭代学习(训练)的过程,可单击 Performance 按钮,就可以看出各步迭代学习(或训练)的情况,如图 3-13 所示。

前面提及神经网络需要有一定的泛化能力,就是说神经网络仅能识别曾经训练过的数据样本是不够的,数据样本发生一些非特征性的变化也应该能够识别。因此可以选择一些不是已经训练过的,但是又具有基本特征的数据样本进行测试。

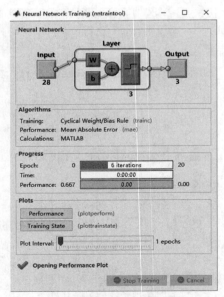

图 3-12 例 3.3 建立的单层感知机网络运行界面

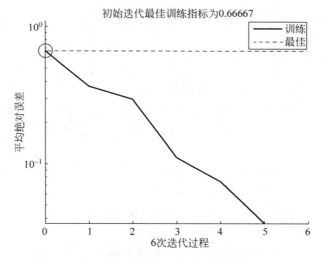

图 3-13 例 3.3 建立的单层感知机网络迭代情况

例如字母 E 的 Times New Roman 字体有些错印,变成:

$$E_4 = \begin{bmatrix} 0 & 0 & 0 & 0 \\ 1 & 1 & 1 & 1 \\ 1 & 0 & 0 & 0 \\ 1 & 1 & 1 & 0 \\ 1 & 0 & 0 & 0 \\ 1 & 1 & 1 & 1 \\ 0 & 0 & 0 & 0 \end{bmatrix}$$

而字母 L 的 Lucida Calligraphy 字体也错印,变成:

$$L_4 = \begin{bmatrix} 0 & 0 & 0 & 1 \\ 0 & 0 & 1 & 1 \\ 0 & 1 & 0 & 0 \\ 0 & 1 & 0 & 0 \\ 0 & 1 & 0 & 0 \\ 1 & 1 & 1 & 1 \\ 0 & 0 & 0 & 0 \end{bmatrix}$$

下面来考察单层感知机的泛化能力。在 MATLAB 软件中输入如下代码:

```
% 使用 sim 将错印样本进行测试,返回到 A
A1 = sim(net,E4(1:end)');
A2 = sim(net,L4(1:end)');
```

然后在命令行窗口,分别输入 A1 和 A2,得到以下结果:

```
>> A1
A1 =
    0
    0
    1
>> A2
```

```
A2 =
     1
     0
     0
```

由前述注释"向量[0 0 1]代表字母 E,向量[1 0 0]代表字母 L",可以看出该感知机成功识别了这两个非样本集中的字母,说明这个单层感知机有一定的泛化能力。

上例给出了单层感知机对于英文字母的识别情况,下面再举例说明单层感知机对于数字的识别。

对于数字的奇偶识别有很多种方法,此处使用感知机进行分类识别主要是为了再次展示其基本特点,同时也能从中发现问题所在。

【例3.4】 试举例说明使用单层感知机如何对小于 10 的阿拉伯数字进行奇偶识别分类。

解:与识别基本英文字母的相同,使用一定的平面方格划分对阿拉伯数字进行数字化,如图 3-14 所示。对于阿拉伯数字采用了 Times New Roman 字体。从上面的例子来看,其实采用哪种字体对识别结果的影响并不大。

图 3-14 阿拉伯数字的数字化

因为要进行奇偶识别,输出的结果只有两个:"奇"或"偶",因此对于阿拉伯数字的数字化方法可以进一步简化,即不再使用二维矩阵,而只使用一维向量即可。例如,0 数字化为:

$$[1\ 1\ 1\ 1\ 0\ 1\ 1\ 0\ 1\ 1\ 0\ 1\ 1\ 1\ 1]$$

这样可以在计算上提高一点效率。由此可得 10 以内阿拉伯数字的数字化结果如表 3-4 所示。

在有了上述准备后,可编写 MATLAB 代码如下:

```
%输入训练样本
p=[1 1 1 1 0 1 1 0 1 1 0 1 1 1 1;      %数字0
   1 1 0 0 1 0 0 1 0 0 1 0 1 1 1;      %数字1
   1 1 0 1 1 1 0 1 0 0 1 0 1 1 1;      %数字2
   1 1 1 0 1 1 0 1 1 0 0 1 1 1 1;      %数字3
   …;
   1 1 1 1 0 1 1 1 1 1 1 1 0;          %数字9
```

表 3-4　10 以内阿拉伯数字的数字化结果

阿拉伯数字	图像数字化结果
0	1 1 1 1 0 1 1 0 1 1 0 1 1 1 1
1	1 1 0 0 1 0 0 1 0 0 1 0 1 1 1
2	1 1 0 1 1 1 0 1 0 0 1 0 1 1 1
3	1 1 1 0 1 1 0 1 1 0 0 1 1 1 1
⋮	⋮
9	1 1 1 1 0 1 1 1 1 0 1 1 1 1 0

```
%输入目标向量,奇数为1,偶数为0
t = [0 1 0 1 0 1 0 1 0 1];

%设定输入向量每个维度的最小值和最大值
pr = [0 1;0 1;0 1;0 1;0 1;0 1;0 1;0 1;0 1;0 1;0 1;0 1;0 1;0 1;0 1];

%感知机网络参数设置函数、激活函数、学习(训练)函
数均为默认
net = newp(pr,1);

%设置最大迭代次数为20
net.trainParam.epochs = 20;

%将训练集 p 和目标输出 t(分类结果)载入网络 net
[net,Tr] = train(net,p,t);
```

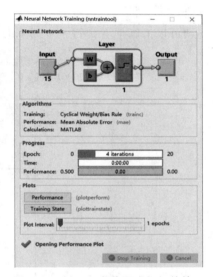

图 3-15　例 3.4 中单层感知机的情况

运行以上程序代码,可以得到如图 3-15 所示的结果。从图中可以看出由于输出的结果只是二分类:非奇即偶,因此网络的结果简单了一些。但是即使这个简单的感知机也有一定的泛化能力。例如由于一定的原因,1 数字化为:

"1"→ $[0 1 0 0 1 0 0 1 0 0 1 0 0 1 0]$'

此时来考察该感知机网络的泛化能力,输入:

```
>> a = [0 1 0 0 1 0 0 1 0 0 1 0 0 1 0]';
>> A = sim(net,a)
```

得到:

```
A =
    1
```

判断为奇数。证明这个感知机有一定的泛化能力。输入以下指令,还可以得到分类超平面的权值、阈值:

```
%给出分类超平面的权值、阈值
```

```
Weight = net.iw{1}
Bias = net.b{1}
```

得到：

```
Weight =
    1 0 3  - 5 1 0  - 3 3 2  - 5 0 1 0 0  - 2
Bias =
    0
```

由于是分类超平面，超过了三维，因此没有办法绘制分类图像。

单击图 3-15 界面中的 Performance 按钮，可以看到各步迭代学习（或训练）的情况，如图 3-16 所示。可以看到，在程序代码中预计需要 20 步的训练步数，实际上 4 步就完成了训练过程。如果在 MATLAB 界面中输入：

```
% 给出每一步训练的误差值
perf = Tr.perf
```

则可以清晰地看到每一步训练的误差情况，输出为：

```
perf =
        0.5000 0.5000 0.5000 0.1000 0
```

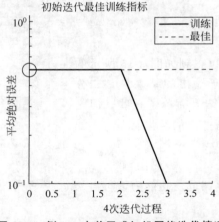

图 3-16　例 3.4 中单层感知机网络迭代情况

从以上例子可以看出，单层感知机的结构简单，学习、训练调整较为便捷。在能够进行线性分类的场合，单层感知机的表现非常良好，与维数问题无关。即使是看起来有些复杂的问题，但只要其是线性可分的，使用单层感知机就可以迎刃而解。

3.2.2　多层感知机的 MATLAB 仿真实现

单层感知机对于线性分类问题的处理得心应手，但是在很多场合，分类问题并不仅仅是线性可分的。面对线性不可分类问题，单层感知机就无能为力了。前面所说的"异或"问题就是一个典型的例子。在 3.1.2 节讨论了多层感知机的基本结构与算法基础,下面利用 MATLAB 实现多层感知机分类问题。

【例 3.5】　试使用 MATLAB 构建多层感知机,并利用该多层感知机解决"异或"这一线性不可分问题。

解：先来看下面的例子。其代码如下:

```
clear all        % 清空内存——在编写行数较多的代码时最好添加此代码,以避免变量混淆等问题
clc              % 清屏——可使 MATLAB 编辑页面整洁

% 建立隐含层感知机并对其进行初始化
pr1 = [0 1; 0 1];               % 设置输入变量的值域
net1 = newp(pr1,3);             % 建立隐含层感知机
% 对隐含层的权值、阈值进行初始化,均为随机函数
net1.inputweights{1}.initFcn = 'rands';
net1.biases{1}.initFcn = 'rands';
% 对隐含层进行初始化
net1 = init(net1);
iw1 = net1.iw{1};
b1 = net1.b{1};

% 对隐含层进行仿真,产生输出
p1 = [0 0; 0 1; 1 0; 1 1]';     % 输入被识别的向量
[a1, pf] = sim(net1,p1);        % 仿真输出

% 对输出层进行初始化
pr2 = [0 1; 0 1; 0 1];          % 设置输出层输入变量的值域
net2 = newp(pr2,1);             % 建立输出层感知机

% 对输出层进行训练
net2.trainParam.epochs = 10;    % 设置训练步数为 10
net2.trainParam.show = 1;       % 在每一步迭代后都显示迭代的结果,以监控每一步训练的情况
p2 = ones(3,4);                 % 产生一个全为 1 的 3×4 的矩阵,以便与隐含层输出结果进行运算
p2 = p2. * a1;                  % 将隐含层输出结果作为输出层的输入向量
t2 = [0 1 1 0];                 % 设置输出层的输出目标向量
[net2,tr2] = train(net2,p2,t2); % 对输出层进行训练
epoch2 = tr2.epoch              % 输出训练每一步的标号
perf2 = tr2.perf                % 输出每一步的训练误差

% 给出输出层最终的权值、阈值
iw2 = net2.iw{1};
b2 = net2.b{1};
```

然后,在 MATLAB 软件中运行此程序,得到如下结果:

```
epoch2 =
    0    1    2    3    4    5    6    7    8    9    10
```

```
perf2 =
    0.5000   0.5000   0.5000   0.2500   0.2500   0.2500   0.2500   0.2500   0.2500   0.2500
0.2500
```

从以上结果可以看出,这个两层感知机经过 10 步训练后并不渐近收敛,仿真结果如图 3-17 所示。

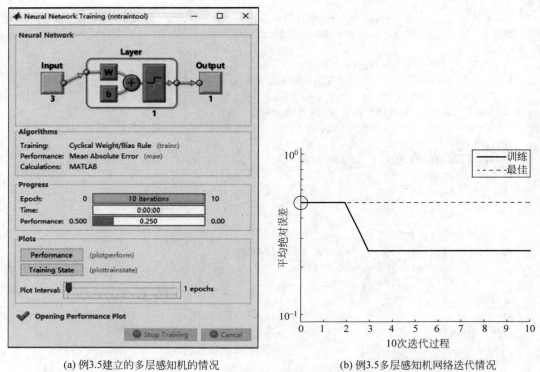

(a) 例3.5建立的多层感知机的情况 (b) 例3.5多层感知机网络迭代情况

图 3-17　例 3.5 建立的多层感知机在 MATLAB 中第一次仿真结果

那么,这样能达到对"异或"问题的正确分类吗? 可以对其输出进行考察,输入:

```
>> a2 = sim(net2,p2)
```

得到以下结果:

```
a2 =
    0   1   0   0
```

从程序的运行结果来看并没有实现对"异或"问题的正确分类,这是什么原因导致的呢? 是否因为在例 3.5 的代码中设置的训练步数(为 10)太少了呢? 不妨把步数增加为 1000 次,再次运行以上代码得到如图 3-18 所示的结果。从这个结果中可以看到,虽然将训练的步数增加为 1000 次,但是得到的结果还是最小误差为 0.25。再次考察其运行结果,得到:

```
a2 =
   1    1    1    0
```

这次的运行不但没有实现对"异或"问题的正确分类,而且和上次的运行结果也不一样。

那么问题究竟在什么地方呢?分析例 3.5 所给出的代码可以发现,在对隐含层的权值、阈值进行初始化时,均采用了随机函数,这使得在隐含层感知机的输出变为随机的,因此整个网络的运行很难人为控制,很有可能达不到训练的要求;而且每次的运行结果也不尽相同。在实际的仿真运算过程中需要不断地运行以上代码,才能逐渐进入稳态,达到训练要求,如图 3-19 所示。

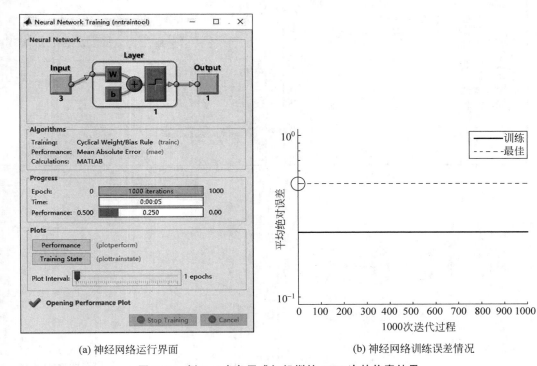

(a) 神经网络运行界面   (b) 神经网络训练误差情况

图 3-18 例 3.5 中多层感知机训练 1000 次的仿真结果

图 3-19 给出了运行例 3.5 代码 5 次、6 次和 9 次后的结果界面和误差性能。

从图上可以看出,在运行多次以后整个多层感知机的性能越来越好,误差性能均在 10 步之内进入稳态,其误差达到了 0。在第 9 次运行时竟然可以在 3 步达到要求。在此基础上可以检验这个多层感知机的输出。这 3 次运行的结果均为:

```
a2 =
   0    1    1    0
```

至此,该神经网络已完全实现"异或"功能,达到了训练的要求。根据运行结果,将这 3 次运行的权值、阈值结果列于表 3-5 中。

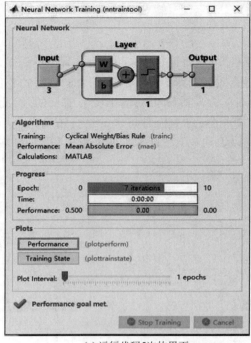

(a) 运行代码5次的界面

(b) 运行代码6次的界面

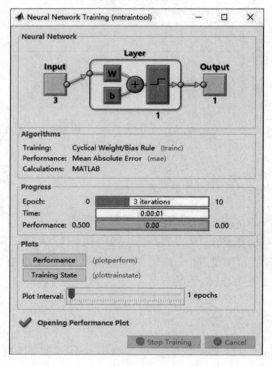

(c) 运行代码9次的界面

(d) 运行代码5次后的误差性能

图 3-19　多次运行例 3.5 中代码的结果界面

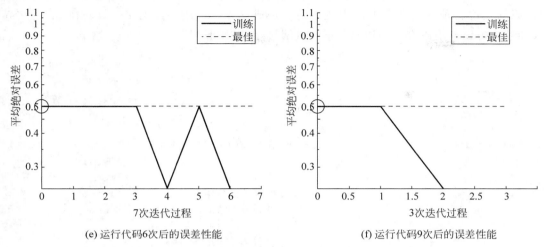

(e) 运行代码6次后的误差性能　　　　　(f) 运行代码9次后的误差性能

图 3-19 （续）

表 3-5　例 3.5 代码运行多次的权值、阈值

项 目		第 5 次运行	第 6 次运行	第 9 次运行
权值	隐含层 iw1	−0.8324　−0.6952 −0.5420　0.6516 0.8267　0.0767	−0.3246　−0.7776 0.8001　0.5605 −0.2615　−0.2205	−0.9140　0.4634 −0.6620　0.2955 0.2982　−0.0982
	输出层 iw2	−2　　−1　　−2	2　　1　　0	2　　−1　　0
阈值	隐含层 b1	0.3784 0.4963 −0.0989	0.8896 −0.0183 −0.0215	−0.2937 0.6424 −0.9692
	输出层 b2	2	−3	0

　　从表 3-5 中可以再一次看出，虽然这 3 次的运行结果都达到了神经网络的训练目的，但是每次运行结果的权值、阈值都不同，说明对于"异或"问题的分类线有很多种，而且都可以达到分类要求。这不禁会让人产生疑问和困惑，关于这一点将会在随后的内容中进行讨论。

　　通过编写代码(.m)构建多层感知机解决"异或"问题之后，再来使用基于图形界面的 MATLAB 神经网络工具箱的方法构建多层感知机解决"异或"问题。在命令行窗口下输入指令：

```
>> nntool
```

会出现神经网络工具箱的图形化界面。选择创建感知机，出现神经网络各参数界面。从这个界面可以看出并不能构建两层及以上的感知机！这是因为在基于图形界面的 MATLAB 神经网络工具箱中默认"感知机"就是单层感知机，并不支持多层感知机的构建！

在 MATLAB 中另一种构建神经网络的方法是使用神经网络工具箱中的定制网络方法,原则上说这种方法几乎可以构建任何一种成熟和经典的神经网络。针对例 3.5 的"异或"问题,可以利用该方法构建两层感知机网络,代码如下:

```
clear all
clc
% 设置网络的基本结构
net = network;
net.numInputs = 1;
net.numLayers = 2;                          % 构建两层感知机网络

% 设置隐含层的连接
net.biasConnect = [1;1];                    % 设置网络阈值
net.inputConnect = [1;0];                   % 设置网络的输入权值
net.LayerConnect = [0 0 ;1 0];              % 各层的权值
net.outputConnect = [0 1];                  % 设置输出连接情况

% 隐含层的相关设置
net.layers{1}.size = 2;                     % 设置隐含层规模
net.layers{1}.transferFcn = 'hardlim';      % 隐含层激活函数为单极性开关特性激活函数(硬限函数)
net.layers{1}.initFcn = 'initnw';           % 初始化隐含层函数

% 输出层的相关设置
net.layers{2}.size = 1;                     % 设置输出层规模
net.layers{2}.transferFcn = 'hardlim';      % 输出层激活函数为单极性开关特性激活函数
net.layers{2}.initFcn = 'initnw';           % 初始化输出层函数

% 网络相关参数设置
net.adaptFcn = 'trains';                    % 使用自适应函数在线学习
net.performFcn = 'mse';                     % 两层感知机网络的性能指标函数选用均方误差
net.trainFcn = 'trainlm';                   % 训练算法选为 Levenberg - Marquardt 算法
net.initFcn = 'initlay';                    % 逐层进行初始化

% 对网络总体进行初始化
net = init(net);

% 进行网络输入和目标输出的设置
P = [0 0; 0 1; 1 0; 1 1]';
T = [0 1 1 0];

% 设置训练步数并开始对网络进行训练
net.trainParam.epochs = 1000
net = train(net, P, T);
```

运行以上程序代码会得到关于该两层感知机网络的相关信息如下。

```
net =

    Neural Network

    name: 'Custom Neural Network'          % 网络名称
    userdata: (your custom info)           % 应用数据

    dimensions:                            % 输入/输出的各种参数
            numInputs: 1
            numLayers: 2
           numOutputs: 1
       numInputDelays: 0
       numLayerDelays: 0
    numFeedbackDelays: 0
   numWeightElements: 5
           sampleTime: 1

    connections:                           % 感知机各层的连接情况
        biasConnect: [1; 1]
       inputConnect: [1; 0]
       layerConnect: [0 0; 1 0]
      outputConnect: [0 1]

    subobjects:                            % 感知机各层的数据情况
             input: Equivalent to inputs{1}
            output: Equivalent to outputs{2}

            inputs: {1x1 cell array of 1 input}
            layers: {2x1 cell array of 2 layers}
           outputs: {1x2 cell array of 1 output}
            biases: {2x1 cell array of 2 biases}
      inputWeights: {2x1 cell array of 1 weight}
      layerWeights: {2x2 cell array of 1 weight}

    functions:                             % 感知机各层使用到的各种函数情况
           adaptFcn: 'adaptwb'
         adaptParam: (none)
           derivFcn: 'defaultderiv'
          divideFcn: (none)
        divideParam: (none)
         divideMode: 'sample'
            initFcn: 'initlay'
         performFcn: 'mse'
       performParam: .regularization, .normalization
           plotFcns: {}
         plotParams: {1x0 cell array of 0 params}
           trainFcn: 'trainlm'
         trainParam: .showWindow, .showCommandLine, .show, .epochs,
```

```
            .time, .goal, .min_grad, .max_fail, .mu, .mu_dec,
          .mu_inc, .mu_max

weight and bias values:                              % 感知机各层权值、阈值情况
          IW: {2x1 cell} containing 1 input weight matrix
          LW: {2x2 cell} containing 1 layer weight matrix
           b: {2x1 cell} containing 2 bias vectors


methods:                                             % 感知机相关函数的应用情况
          adapt: Learn while in continuous use
      configure: Configure inputs & outputs
         gensim: Generate Simulink model
           init: Initialize weights & biases
        perform: Calculate performance
            sim: Evaluate network outputs given inputs
          train: Train network with examples
           view: View diagram
    unconfigure: Unconfigure inputs & outputs


       evaluate: outputs = net(inputs)               % 输出评价情况
```

　　同时,也会弹出如图 3-20 所示的窗口。从图中可以清晰地看到两层感知机的网络结构、连接情况、激活函数以及训练函数、性能指标函数等,比编写代码构建感知机形象得多。在有了上述准备后,可以对网络进行检验。输入指令:

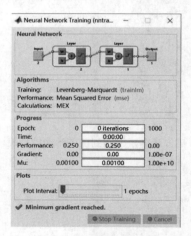

图 3-20　网络构建方法所得到的
两层感知器运行界面

```
>> a = sim(net,P)
```

可以得到结果:

```
a =
    0  0  1  0
```

　　很明显,该方法并没有能够完全解决"异或"问题,这一点与编写代码构建的两层感知机神经网络的情况是一致的,同样也需要进行多次运行才能达到对"异或"问题的完全解决。

　　从以上两种方法对于"异或"问题的解决,可以引发我们思考一些问题。对于线性可分类问题,单层感知机的表现非常良好,训练速度快,而且还具有一定的泛化能力。从例 3.2～例 3.4 就可以看出,只要是线性可分类问题,不论其维度有多高,都可以使用单层感知机进行处理。但是一旦所面临的是线性不可分类问题,单层感知机就无法解决。这时可以将感知机的层数增大,由单层感知机变为两层感知机或多层感知机是可以解决问题的。然而感知机的训练过程过于漫长,而

且每次得到的结果(分类线)几乎都不相同。那么这些分类线之间究竟是什么关系呢？哪种分类线又是"最佳"的呢？神经网络(感知机)方法对于简单的"异或"问题都尚且如此(如例3.5)，更别提其他更为复杂的非线性分类问题了。这个问题一出现就引起了人们对于人工智能方法的争议。

本章开篇就提到，人工智能领域存在两个学术派别。对神经网络方法有争议的学派提出了很多质疑，他们认为"神经网络算法不能被证伪""神经网络设计者用高超的工程技巧弥补了数学上的缺陷""神经网络不像一门科学，更像一门工程技巧"。学术争鸣往往会在很多方面促进学术发展。这两个学派别分别在不同的方向上进行深入研究，各自都取得了很多学术成果。统计学习理论学派从数学的逻辑和符号严格推证方法出发，逐渐形成了统计学习方法，支持向量机方法就是这一学派的优秀成果之一。而受到质疑的神经网络方法则在不断地改进，形成了具有很多独特风格的神经网络，在各种类型的工程实践上都有广泛的应用。

第 4 章

线性神经网络

线性神经网络是由自适应线性神经元（Adaptive Linear Neurons，ADALINE）所构成的神经网络。这种神经元及网络形式是由斯坦福大学的 Bernard Widrow 和 Marcian（Ted）Hoff，Jr. 在 1960 年提出的。线性神经网络与感知机相比，其激活函数与学习算法均有较大不同，在神经网络算法中占有一定的地位，而且其工程应用也比感知机更为广泛。

从网络的结构上看，线性神经网络与感知机相似，既可以用单一神经元完成一定的任务，也可以构成多层的网络结构。在感知机中，其激活函数为开关特性函数（也称为硬限函数，hard limitation），基本的学习规则为 Hebb 学习规则；而在线性神经网络中，激活函数为线性函数（pureline），其学习规则为最小均方差（Least Mean Squares，LMS）算法或 W-H（Widrow-Hoff）学习规则。感知机网络所采用的开关特性函数是一种"非此即彼"的方式，在非线性分类的过程中表现得不是很好（例如第 3 章的"异或"问题）。而线性神经网络采用线性函数作为激活函数，分类表现不至于很"硬"！在处理"异或"问题上有较好的表现。线性神经网络学习模式采用 LMS 模式，对于扰动有了一定的抵抗能力。此外，除了分类问题，线性神经网络还有更为广泛的工程应用。

4.1　线性神经网络的基本结构与算法基础

线性神经网络的基本单元为自适应线性神经元，其基本结构与感知机类似。只不过是激活函数改成了线性函数。图 4-1 给出了单个线性神经元的结构示意图。

参照式（2-5）可得出单个线性神经元的输出：

$$y = f(\boldsymbol{X}) = K\left(\sum_{i=1}^{n} w_i x_i + \theta\right) \tag{4-1}$$

式中，K——比例系数，通常可以取为 1；

　　　w_i——权值；

　　　θ——阈值。

从图 4-1 中可以看出线性神经元不再使用"非此即彼"的硬限开关特性函数作为激活函

图 4-1 单个线性神经元结构示意图

数,输出为线性激活函数。

在感知机神经网络中,一个感知机的神经元可以形成一个独立单元,完成特定的任务。线性神经元当然也可以做到这一点,但是这并不体现线性神经网络的优势。一般来讲,线性神经网络由多个线性神经元构成,能够完成较复杂的功能。由多个线性神经元组成的线性神经网络也称为 Madaline(Multiple Adaline)网络。

4.1.1 线性神经网络基本结构及学习算法

线性神经网络的基本结构与多层感知机的基本结构类似,也分为输入层、隐含层与输出层。其中,输入层、输出层各有一个,而隐含层可以有多个。其权值、阈值的调整是属于有监督的学习范畴的。当输入的数据样本经过线性神经网络运算,输出与理想的输出相同时,将权值固化;如果不相同时,开始对当前的权值进行调整。对于仅有一个隐含层的线性神经网络,按照"最小扰动原则"进行权值的修正,即在所有需要进行修正的线性神经元中,选定输出最接近于 0 的那个神经元进行调整,具体的调整方法遵循 LMS 学习规则(该规则随后展开讨论)。当该神经元调整完毕后,再从剩下的神经元中选取最接近于 0 的神经元进行调整,如此循环进行。在很多较早的神经网络文献中把这种调整规则称为 MRI(Map Reduce Iteration,映射约简迭代)规则。对于具有多个隐含层的线性神经网络,在对隐含层神经元的权值进行调整时,首先要调整第一隐含层中线性神经元中输出最接近于 0 的那个神经元的权值,同样需遵循 LMS 学习规则。在调整后,整个神经网络的输出误差应该减小,然后再调整同在第一隐含层的其他神经元;在第一隐含层神经元权值调整完后,再依次处理各层的权值,直到整个网络满足要求。在早期的文献中,这种调整规则称为 MRII(Map Reduce Incremental Iteration,映射约简增量迭代)规则。一般来讲,这两种规则都是收敛的。

线性神经网络的学习算法为最小均方差(Least Mean Square,LMS)算法,这种算法的目标是使神经网络的实际输出与理想的期望输出间的误差平方和的均值最小,即

$$\text{mse} = \frac{1}{N}\sum_{k=1}^{N} e^2(k) = \frac{1}{N}\sum_{k=1}^{N}(d(k) - y(k))^2 \qquad (4\text{-}2)$$

式中,N——训练样本数;

$d(k)$——神经网络的期望输出;

$y(k)$——神经网络的实际输出。

根据求极值的基本原理,有

$$\frac{\partial \mathrm{mse}}{\partial (w,\theta)} = \frac{\partial \left(\frac{1}{N}\sum_{k=1}^{N}e^2(k)\right)}{\partial (w,\theta)} \tag{4-3}$$

从上面两式可以看出最小均方差为二次函数,因此存在极值点,而且是极小值点。

考虑到式(4-1)对于某神经元,可有

$$\begin{aligned}
\frac{\partial e(k)}{\partial w_{ij}} &= \frac{\partial (d(k)-y(k))}{\partial w_{ij}} \\
&= \frac{\partial \left(d(k)-\left(\sum_{i=1}^{n}w_i x_i+\theta\right)\right)}{\partial w_{ij}} \\
&= \frac{\partial (d(k)-(Wx(k)+\theta))}{\partial w_{ij}} \\
&= -x(k)
\end{aligned} \tag{4-4}$$

对于阈值 θ 有

$$\begin{aligned}
\frac{\partial e(k)}{\partial \theta} &= \frac{\partial (d(k)-y(k))}{\partial \theta} \\
&= \frac{\partial \left(d(k)-\left(\sum_{i=1}^{n}w_i x_i+\theta\right)\right)}{\partial \theta} \\
&= -1
\end{aligned} \tag{4-5}$$

对于单个线性神经元考虑到

$$\frac{\partial e^2(k)}{\partial w_{ij}} = 2e(k)\frac{\partial e(k)}{\partial w_{ij}} \tag{4-6}$$

$$\frac{\partial e^2(k)}{\partial \theta} = 2e(k)\frac{\partial e(k)}{\partial \theta} \tag{4-7}$$

结合式(4-4)、式(4-5),同时进行近似,使用误差平方的梯度(参见多变量微积分)代替均方误差的梯度,有

$$\frac{\partial \mathrm{mse}}{\partial w_{ij}} \approx \frac{\partial e^2(k)}{\partial w_{ij}} = 2e(k)\frac{\partial e(k)}{\partial w_{ij}} = -2e(k)x(k) \tag{4-8}$$

$$\frac{\partial \mathrm{mse}}{\partial \theta} \approx \frac{\partial e^2(k)}{\partial \theta} = 2e(k)\frac{\partial e(k)}{\partial \theta} = -2e(k) \tag{4-9}$$

在寻找极小值点的过程中,向负梯度的方向进行,并采用迭代算法的形式给出,则有

$$W(k+1) = W(k) + 2\eta e(k)x(k) \tag{4-10}$$

$$\theta(k+1) = \theta(k) + 2\eta e(k) \tag{4-11}$$

上面两式中出现的参数 η 被称为学习率。如果 η 为 1,则和普通的算法没有不同。而

如果将 η 的值进行一些调整,就可以看出每次迭代计算的效果都不一样。具体来说,如果将 η 调得比较大,则每次迭加的量比较大,就会更快地向极值点靠近,网络收敛速度较快;相应地,如果 η 值调得比较小,则网络收敛的速度就会比较慢。但是如果学习率 η 过大,就会使修正过度,很容易引起振荡或网络不稳定。

4.1.2　最小均方差算法中关于学习率 η 的讨论

学习率 η 的大小对于线性神经网络的收敛情况和性能有很大的影响,因此有必要对最小均方差算法中的学习率的取值情况进行讨论。

在要求不是很高的情况下,学习率 η 的选择往往是根据经验来进行的。可以在一定的范围内进行试凑,最终获得比较满意的值。但是这样就有了比较大的随意性,而且也比较耗费时间。经过多年的研究,相关研究人员总结出了不少行之有效的学习率选取办法。下面分别进行介绍。

(1) 相关函数法。

相关函数法是利用输入数据向量的自相关函数确定学习率。有学者指出,如果学习率 η 满足式(4-12),学习算法即可保证收敛。

$$0 < \eta < \frac{2}{\lambda_{\max}} \tag{4-12}$$

式中,$\lambda_{\max}$ 为输入数据向量的自相关函数矩阵 $\boldsymbol{R}$ 特征值的最大值。对于多个输入的神经网络,其输入数据的自相关函数矩阵的特征值比较难以计算,因此在实际工作中常常使用自相关函数矩阵的迹 $\operatorname{tr}(\boldsymbol{R})$ 进行替代运算。由于矩阵的迹等于矩阵所有特征值之和,因此有:$\operatorname{tr}(\boldsymbol{R}) > \lambda_{\max}$。结合式(4-12),有

$$0 < \eta < \frac{2}{\operatorname{tr}(\boldsymbol{R})} < \frac{2}{\lambda_{\max}} \tag{4-13}$$

自相关矩阵的主对角线元素记为输入数据的均方值,因此式(4-12)比较容易计算。

(2) 损失函数法。

损失函数法是对试凑法的改进。首先,取比较小的学习率开始对网络进行训练,并在每个批次的迭代过程中按照指数规律逐渐提高学习率,如图 4-2(a)所示。在此过程中,将每批训练过的样本的学习率和训练的损失情况记录下来,将学习率和训练损失的情况记录下来,学习率与训练损失的大致情况如图 4-2(b)所示。

从图 4-2(b)中可以看出,在学习率从小到大的过程中训练损失并不是单调的。随着学习率的增大,损失函数先减小后增大。在超过 1 时,学习率的增大导致损失函数迅猛增加,从而使整个训练过程发散。从图中可以看出,在 $5 \times 10^{-2} < \eta < 5 \times 10^{-1}$ 时,训练损失函数较小。

与相关函数法相比,损失函数法进一步缩小了学习率的取值范围,提高了学习率 η 的选取效率。

在实际工作中,发现在训练神经网络时,选用动态的学习率要比选用静态学习率更加有

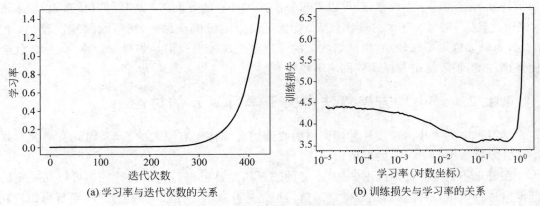

(a) 学习率与迭代次数的关系　　　　　　(b) 训练损失与学习率的关系

图 4-2　学习率选择的损失函数法示意图

效率。所谓动态学习率就是在训练过程中学习率 η 并不是一个不变的参数,而是随着训练的不断进行也在进行调整。在神经网络训练的初期,使用比较大的学习率可以使训练过程尽快收敛,相当于粗调;在神经网络收敛到一定程度后,将学习率减小可以避免学习过程的振荡,保证训练过程收敛,相当于精调。这样,粗调与精调相互结合,可以得到比较好的训练效果。在学习率调整方案中,一种是随着训练过程的迭代次数的线性下降,即

$$\eta = \frac{\eta_0}{n} \tag{4-14}$$

式中,η——当前学习率;

　　　η_0——初始学习率;

　　　n——迭代次数。

如果对这种下降的规律不满意,还可以使用指数型下降的学习率

$$\eta = c^n \eta_0 \tag{4-15}$$

式中,$0 < c < 1$。此外,还有更为灵活的调整方法,如有的学者而提出的学习率调整公式

$$\eta = \frac{\eta_0}{1 + \frac{n}{\tau}} \tag{4-16}$$

与式(4-14)相比,该公式又多了一个参数,即线性的修正因子 τ。从这个公式可以看出,迭代次数较小时,当前的学习率与初始学习率比较接近,而当迭代次数增大时,学习率开始降低。与式(4-14)不同的是,当迭代次数足够大时,式(4-16)分母的 1 就可以忽略不计,这样就有

$$\eta = \frac{\tau \eta_0}{n} \tag{4-17}$$

在神经网络的训练过程中,对于学习率 η 的讨论是一个经久不衰的研究课题,很多学者为此做出了贡献,创建了很好的方法。有兴趣的读者可以查阅相关的文献资料。

4.1.3 线性神经网络的训练

线性神经网络的训练与学习紧密相连,前面的章节提到过训练和学习的区别,两者区别并不大,训练多是在有监督的情况下进行。4.1.1 节所述的学习算法主要是指线性神经网络进行权值、阈值调整时的性能指标和调整方法。这里所说的训练主要侧重于调整的过程。一般来讲,线性神经网络对于权值、阈值的调整(训练过程)分为如下 3 个步骤:

(1) 要进行神经网络的计算,得出网络的实际输出结果,即 $y = K\left(\sum\limits_{i=1}^{n} w_i x_i + \theta\right)$。在此基础上得出实际输出的结果与理想的期望输出之间的误差:$e = d - y$。

(2) 设定训练终止条件。将实际输出的结果与理想的期望输出结果进行比较,如果两者误差在设定的误差范围之内则停止训练,否则继续进行迭代。神经网络的权值、阈值调整需要设定终止计算的误差范围。虽然从理论上讲,应该使网络实际输出的结果和理想的期望结果完全吻合才能停止计算,但是实际的工程问题中能做到这一点的几乎微乎其微,因此应该设定一个相对比较现实的终止计算的条件,这就是神经网络的期望误差范围。一旦神经网络的误差小于这个设定值时,就停止训练,将当前的权值、阈值固化下来。

有的文献中,将训练次数也作为终止训练的一个条件,这是明智之举。如果进行了很多次迭代训练仍然没有达到理想的误差要求,那么就应该适时地终止训练计算,检查网络的构建情况有何不妥,而不是漫无目的不停地重复毫无意义的迭代计算。

(3) 权值、阈值的调整规则遵循学习算法。在 4.1.1 节中所提到的最小均方差(LMS)算法不仅是线性神经网络的基本学习算法,也是很多其他神经网络学习算法的基础和原型。有的文献也将最小均方差(LMS)算法称为 W-H 学习规则,是为了纪念线性神经网络的提出者 Bernard Widrow 和 Marcian(Ted) Hoff,Jr.。

在神经网络的训练中,非常重视网络的泛化问题。前面章节也提到过这个问题,所谓泛化是指在神经网络的训练过程完成之后,网络不但对于曾经训练过的数据有良好的处理能力,而且对于没有出现在训练集中的数据也能进行"联想"处理。这才能使得神经网络真正走向"智能"。

4.2 线性神经网络的 MATLAB 实现

由于线性神经网络在激活函数、学习训练算法上相较感知机有了改变,因此 MATLAB 使用的函数也较为丰富。在第 2 章中曾经简要介绍过线性神经网络的创建函数、激活函数及 Widrow-Hoff 权值、阈值学习函数。线性神经网络的仿真和实现可能还会用到更多的函数,当使用到这些函数时将会进行介绍。

线性神经网络的建构方法可分为如下几个步骤:

(1) 利用 newlin 函数创建一个线性神经网络。newlin 函数在第 2 章中已有简要介绍,此处不做赘述。

除了通用的 newlin 函数可以创建线性神经网络外，MATLAB 还提供了另外一个 newlind 函数创建线性神经网络。与 newlin 不同的是，newlind 函数所创建的线性神经网络不需要人为进行训练。newlind 函数的基本情况如下。

函数名：newlind。

基本格式：newlind(P,T,Pi)。

参数说明：

P——输入数据向量（矩阵）；

T——目标数据向量（矩阵）；

Pi——初始输入层状态。

（2）使用 train 函数对所创建的网络进行训练。除了使用这个较为通用的函数外，还可以使用神经网络工具箱中的 adapt 函数对网络的权值、阈值进行适应性的调整。adapt 函数的基本情况如下。

函数名：adapt。

基本格式：[net,Y,E,Pf,Af,tr] = adapt(net,P,T,Pi,Ai)。

参数说明：

net——神经网络名；

P——神经网络的输入；

T——神经网络的目标输出；

Pi——初始输入延迟条件（默认值为 0）；

Ai——初始层延迟条件（默认值为 0）。

返回值说明：

net——权值、阈值更新后的神经网络；

Y——神经网络的输出；

E——神经网络的误差；

Pf——最终输入延迟条件；

Af——最终网络层延迟条件；

tr——训练记录（训练步数及每次训练偏差）。

（3）使用 sim 函数对网络进行仿真。

在有了这些准备后，就可以动手设计一个线性神经网络了。为了说明线性神经网络和感知机网络的区别，首先以分类问题为例对比二者的区别。

4.2.1　线性神经网络在分类问题中的应用

【例 4.1】　试设计感知机与线性神经网络，并使用这两种网络对数字逻辑中的"与"问题进行分类，对比分析二者的不同。

解：在第 3 章中曾经讲到过数字逻辑的"异或"问题，由此可以推知数字逻辑的"与"问题。首先给出数字逻辑"与"问题的真值表,如表 4-1 所示。其分类情况如图 4-3 所示。很明显,这是一个线性分类的问题,因此使用单层感知机就可以进行分类。线性神经网络也可以只使用一层。具体代码如下:

表 4-1 "与"问题输入/输出关系(真值表)

输入数据		输出数据
x_1	x_2	y
0	0	0
0	1	0
1	0	0
1	1	1

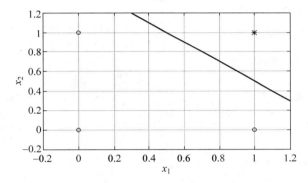

图 4-3 "与"问题分类示意图

```
clear all
clc
%"与"问题数据分布散点图
x = [0,0,1];
y = [0,1,0];
plot(x,y,'o')
hold on
a = [1];
b = [1];
plot(a,b,'*')
hold on

% 设置数据
p = [0 0 1 1; 0 1 0 1];              % 输入数据
t = [0 0 0 1];                       % 输出目标数据

% 使用单层感知机实现分类
net0 = newp([-1 1;-1 1], 1);         % 创建一个单层感知机
```

```matlab
net0 = train(net0,p,t);                    % 对该感知机进行训练

% 列出感知机分类线权值、阈值
w0 = [net0.iw{1,1}, net0.b{1,1}]

% 设定分类线自变量范围
x = -0.2:0.2:1.2;                          % 设定分类线自变量范围

% 绘制感知机分类线
y0 = -w0(1)/w0(2) * x - w0(3)/w0(2);
plot(x,y0,'——')
hold on

% 使用线性神经网络实现分类
net1 = newlin(p,t);                        % 创建单层线性神经网络
net1 = train(net1,p,t);                    % 对该单层线性神经网络进行训练
% 列出线性神经网络分类线权值、阈值
w1 = [net1.iw{1,1}, net1.b{1,1}]
% 绘制线性神经网络分类线
y1 = 1/2/w1(2) - w1(1)/w1(2) * x - w1(3)/w1(2);
plot(x,y1)
hold on
% 设置坐标范围,同时显示网格
axis([-0.2 1.2 -1 2.5])
grid on
```

运行上述代码后,得到如下结果:

```
w0 =
     2     1     -3
w1 =
 0.4993    0.4993    -0.2492
```

同时给出神经网络的训练情况以及分类结果,如图 4-4 所示。

从图 4-4 中可以看出,感知机的分类线正好位于数据类型 2(＊)上,也就是刚刚把两类数据勉强区分开来,而线性神经网络的分类线距离两类数据的"远近"则更为合适。对两种神经网络进行多次训练后,依然是这个结果。出现这种情况的原因在于感知机所使用的激活函数为开关特性函数(硬限函数),而线性神经网络使用的激活函数为线性函数。感知机一旦能够区分两类线性可分的数据后,就不再进行运算了,而线性神经网络采用了最小均方差(LMS)算法,使得分类线能够位于距两类数据点都比较适当的地方。此外,还可以将两种神经网络的训练误差绘制出来,单击神经网络训练界面的 Performance 按钮,可以得到如图 4-5 所示的结果。

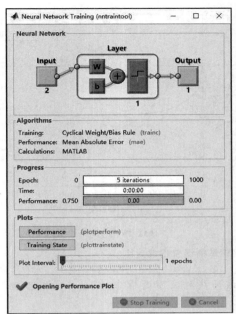 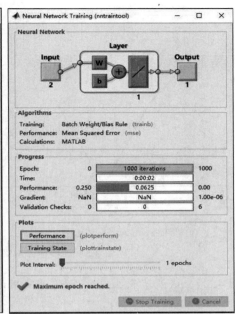

(a) 感知机训练情况　　　　　　　　　(b) 线性神经网络训练情况

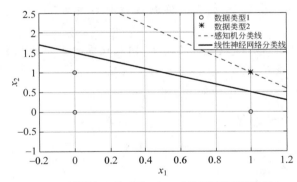

(c) 两种神经网络对于"与"分类问题的处理结果

图 4-4　感知机和线性神经网络对于"与"分类问题的分类情况

结合图 4-5(a)、图 4-5(b)可以看到两种网络训练的过程和步数。感知机可以将平均绝对误差(Mean Absolute Error,MAE)训练至 0,但是很快就出现了反弹,最终性能指标为 0.5;而线性神经网络经过 1000 步以后,稳定地将系统的均方差(Mean Square Error,MSE)误差控制在 0.0625(perf=0.0625)。由此可见,线性神经网络的分类性能明显优于感知机神经网络。

"与"逻辑的分类问题是线性分类问题,在这个问题上已经显示出了线性神经网络的优势。那么,对于在前面一再提出的以"异或"逻辑为代表的非线性分类问题,线性神经网络是如何处理呢?

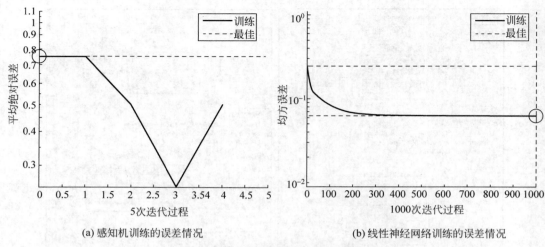

(a) 感知机训练的误差情况　　　　　　(b) 线性神经网络训练的误差情况

图 4-5　两种神经网络训练的误差情况对比

【**例 4.2**】　试设计线性神经网络,并使用该网络对数字逻辑中的"异或"问题进行分类,分析其工作过程,并与感知机进行对比。

解:使用两种方法来构建线性神经网络,对此问题进行分析处理。

第一种方法:采用多个线性神经元组成线性神经网络,即构建 Madaline(Multiple Adaline)网络。

单个线性神经元很难解决非线性分类问题,因此也需要多个线性神经元组成 Madaline 网络进行非线性"异或"逻辑的分类。其基本的解决思路与第 3 章的思路相似,也是进行两次分类,构建两条分类直线。其代码如下:

```
% 第一种方法:构建 Madaline 网络
clear all
clc
% 绘制"异或"逻辑散点图
a = [0,1];
b = [0,1];
plot(a,b,'o')
hold on
c = [1,0];
d = [0,1];
plot(c,d,'*')
hold on

% 构建第一个线性神经元
p0 = [0 0 1 1; 0 1 0 1];          % 输入数据
t0 = [1 0 1 1];                    % 设置输出目标向量
net0 = newlin(p0,t0);             % 创建第一个线性神经元
net0 = train(net0,p0,t0);         % 对该线性神经元进行训练
```

```
% 对第一个线性神经元进行仿真,并输出其结果
y0 = sim(net0,p0)
y0 = y0 >= 0.5                                          % 对输出进行舍入处理

% 列出第一个线性神经元分类线的权值、阈值
w0 = [net0.iw{1,1}, net0.b{1,1}];

% 构建第二个线性神经元
p1 = [0 0 1 1; 0 1 0 1];                                % 输入数据
t1 = [1 1 0 1];                                         % 设置输出目标向量
net1 = newlin(p1,t1);                                   % 创建第一个线性神经元
net1 = train(net1,p1,t1);                               % 对该线性神经元进行训练

% 对第一个线性神经元进行仿真,并输出其结果
y1 = sim(net1,p1)
y1 = y1 >= 0.5                                          % 对输出进行舍入处理

% 列出第一个线性神经元分类线的权值、阈值
w1 = [net0.iw{1,1}, net0.b{1,1}];

% 综合两个神经元的输出为总的输出
Y = ~(y0&y1)

% 绘制分类线
x = -0.2:0.2:1.2;                                       % 设定分类线自变量范围
z0 = 1/2/w0(2) - w0(1)/w0(2)*x - w0(3)/w0(2);           % 绘制第一条分类线
plot(x,z0,'——')
hold on
z1 = -1/2/w1(2) - w1(1)/w1(2)*x + w1(3)/w1(2);          % 绘制第二条分类线
plot(x,z1,'-')
grid on
```

运行上述代码可得出下列结果:

```
y0 =
    0.7494   0.2499   1.2499   0.7504
y0 =
    1    0    1    1
y1 =
    0.7494   1.2499   0.2499   0.7504
y1 =
    1    1    0    1
Y =
    0    1    1    0
```

同时给出该线性神经网络的运行情况及分类线,如图 4-6 所示。

从上面的运行结果可以看到,两个线性神经元的首次输出并不是 0、1 的数字量,而是在小数点以后还有 4 位数字,这也是由于使用了线性函数导致的,即输出量是以逼近目标量进

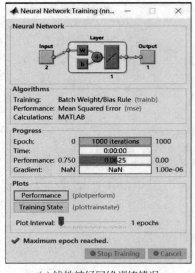

(a) 线性神经网络训练情况

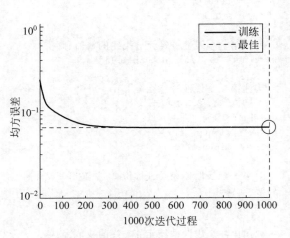

(b) 线性神经网络训练误差

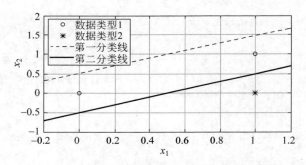

(c) 线性神经网络对"异或"问题进行分类

图 4-6　使用线性神经网络对"异或"问题进行分类

行训练,而不是以达到目标量为标准进行训练。在随后的过程中做了舍入处理,使其最终变为数字量。此外,还可以看到,在使用线性神经网络解决"异或"分类问题时可以一次成功解决,而不像感知机那样需要进行多次训练才能达到正确的分类,节约了运行开支。系统的均方误差(MSE)同样为:perf=0.0625。

以上的方法是基于进行多重线性分类的方法,这种方法受到过统计学习理论的质疑。第二种方法不妨借用统计学习理论对于非线性分类问题的基本思路:在低维空间中不能进行线性分类的还可以向高维空间进行映射,在高维空间可以进行线性分类。首先将低维空间的"异或"问题映射到高维空间,然后再使用线性神经网络对其进行分类。其代码如下:

```
% 第二种方法:向高维空间映射,然后再进行分类
clear all
clc
```

```
% 绘制"异或"逻辑散点图
a = [0,1];
b = [0,1];
plot(a,b,'o')
hold on
c = [1,0];
d = [0,1];
plot(c,d,'*')
hold on

p0 = [0 0 1 1; 0 1 0 1];                    % 输入数据

% 进行数据处理——向高维空间进行映射
p1 = p0(1,:).^2;
p2 = p0(1,:).*p0(2,:);
p3 = p0(2,:).^2;

% 形成高维空间的数据集
P = [p0(1,:); p1; p2; p3; p0(2,:)]
T = [0 1 1 0];                              % 目标数据

% 在高维空间中构建线性神经网络进行分类
net = newlin(P,T);
[net,tr] = train(net,P,T);
Y = sim(net,P)
Y = Y >= 0.5
perf = tr.perf % 观察训练过程的误差情况

% 绘制分类线
x = -0.2:0.01:1.2;                          % 设定分类线变量范围
y = -0.2:0.01:1.2;
N = length(x);
X = repmat(x,1,N);                          % 数据处理
Y = repmat(y,N,1);
Y = Y(:);
Y = Y';
q = [X; X.^2; X.*Y; Y.^2; Y];              % 高维空间的映射数据
y0 = net(q);
y1 = reshape(y0, N, N);
[C,h] = contour(x, y, y1);                  % 绘制高维空间分类面,并投影至原空间
grid on
```

运行以上代码,可以得到如下的运行结果。

```
P =
     0    0    1    1
     0    0    1    1
     0    0    0    1
     0    1    0    1
     0    1    0    1
Y =
    0.1009   0.9326   0.9326   0.0521
```

```
Y =
    1×4 logical 数组
 0   1   1   0
```

　　最终也实现了"异或"问题的非线性分类。网络运行及训练情况、误差情况及最终分类线如图 4-7 所示。

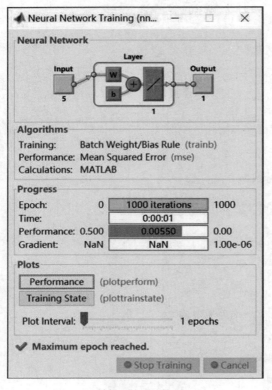

(a) 神经网络训练情况

(b) 神经网络训练误差情况

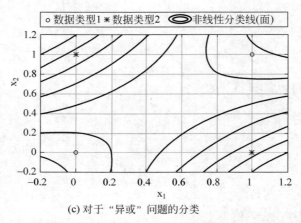

(c) 对于"异或"问题的分类

图 4-7　数据进行非线性预处理的线性神经网络对"异或"问题的分类

与图 4-6(a) 相比，图 4-7(a) 中可以明显看出输入数据的维数由原来的二维变成了五维，在训练误差上也有了进一步的提高：perf＝0.0055（相较于原来的 perf＝0.0625）。从分类线（面）上来看，这种带有数据非线性预处理的神经网络方法显得更加科学。这种借鉴其他学科的方法以提高神经网络运行性能的思路为以后的深度学习和深度神经网络奠定了基础。

4.2.2　线性神经网络在拟合（回归）问题中的应用

数据的拟合在理论和工程上都有重要的意义，特别是在系统建模和辨识领域更是有举足轻重的地位。在很多书中，使用"回归"一词对建模的过程进行描述。而回归的意思是说数据可能表现出各种情形，但终究会回到所给出的模型上来。然而这个词汇并没有很清楚地将这些工作的内容反映出来，以至于很多人对此都大为疑惑，影响了实际工作。因此，本书使用了"拟合"描述建模的过程。

拟合的一般做法是首先要明确过程对象的模型结构，然后使用一定的数学方法确定其模型结构中的参数。根据过程对象的类型不同，其模型结构一般分为线性和非线性两大类。在传统的拟合过程中，使用比较多的是利用最小二乘法进行拟合。对过程对象进行拟合、建模是神经网络方法的重要应用之一。首先看使用线性神经网络对线性过程对象的拟合和建模的方法。

【例 4.3】 创建一个线性神经网络，利用其对所给出的一组数据进行拟合建模。

解：为了说明线性神经网络对于数据的拟合效果，预先给出过程的模型，然后使用随机噪声对数据污染，再使用线性神经网络对污染后的数据进行建模。

不妨设某直线方程为

$$y = 2x + 5 \qquad\qquad (4-18)$$

使用随机噪声污染后形成新的数据，再利用线性神经网络拟合。代码如下：

```
clear all
clc

% 预先设定模型方程
x = -5:5;
y = 2 * x + 5;

% 加入随机噪声污染
y = y + rand(1,length(y)) * 1.618;          % 噪声污染
plot(x,y,'x')                               % 绘制噪声污染后的数据散点图
hold on

% 创建线性神经网络并进行仿真
net = newlind(x,y);                         % 使用 newlind 函数无须进行训练

X = -5:0.2:5;% 选取一段数据样本
```

```
Y = sim(net,X);          % 对上述数据进行仿真
k = net.iw               % 给出神经元的权值、阈值
b = net.b

plot(X,Y)                % 绘制拟合直线
grid on
```

对上述代码运行,得到如下结果:

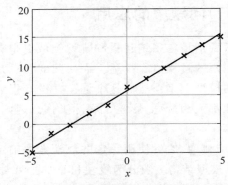

图 4-8　线性神经网络拟合直线型数据

```
k =
    1 × 1 cell 数组
      {[1.9663]}
b =
    1 × 1 cell 数组
      {[5.7497]}
```

可以得出其拟合直线方程为:

$$y = 1.9663x + 5.7497 \qquad (4\text{-}19)$$

与式(4-18)相比较,基本达到了拟合的要求。同时给出数据散点图和拟合直线,如图 4-8 所示。

　　需要说明的是,线性神经网络对于线性拟合是很成功的,但是对于非线性拟合表现就比较差了。如图 4-9 所示,说明对于指数型数据的拟合完全失败。这时,如果要想使用线性神经网络进行非线性拟合,可以采用分段线性化的方法进行近似拟合,或者可以借鉴使用幂级数展开的方法进行拟合,但其拟合的效果并不是很好。对于非线性拟合问题的彻底解决,需要有其他功能更为强大的神经网络进行处理。

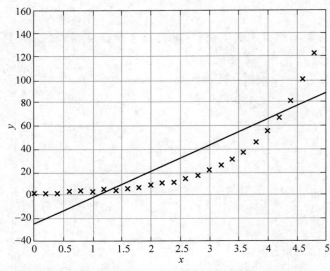

图 4-9　线性神经网络拟合指数型数据(失败)

4.2.3 线性神经网络在信号处理中的应用

线性神经网络在信号处理方面也有一定的应用,主要在自适应滤波和信号的预测方面。

滤波的主要任务是将混有噪声的信号进行处理,提取其中的有用信号,并将噪声信号去除。其基本结构如图 4-10 所示。图中,$v(k)$ 为输入的有用信号,$n(k)$ 为噪声信号。噪声信号经信道滤波器滤波后的信号 $c(k)$ 与 $v(k)$ 混叠后形成需要进行再次滤波的信号 $m(k)$。$c(k)$ 与 $v(k)$ 混叠的情况有很多种,但一般认为是线性叠加的情况。信号 $m(k)$ 经自适应滤波后输出信号 $e(k)$。自适应滤波是一个反馈的过程。

在进行滤波时,采用时域滤波方式。即通过线性迭代的方式进行,而不是采用频域滤波方式将阻带频段内的噪声信号增益尽量减小。

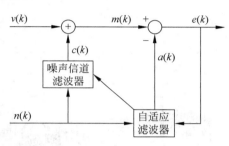

图 4-10 自适应滤波结构示意图

采用线性神经网络进行自适应滤波时,首先将有用信号置 0,然后对该神经网络进行训练,调节网络权值、阈值,使其达到预定的目的和效果;在训练结束后以同样的方式加入系统进行应用。网络工作时,由于噪声信号已经被抑制,只剩下了有用信号,因此达到了滤波的要求。

【例 4.4】 创建一个线性神经网络,利用其进行自适应滤波。

解:为了能够直观地观察到线性神经网络的滤波效果,仿照例 4.3 的方法,首先给出设定的有用信号,再用噪声信号与有用信号叠加形成待滤波信号,然后将此待滤波信号输入线性神经网络滤波,由此观察神经网络的滤波效果。根据滤波原理,编写代码如下:

```
clear all
clc
% 设定待滤波信号
t = 0.01:0.01:13;
T = sin(t);                          % 设定两个多周期的正弦信号为有用信号
n = (rand(1,1300) - 0.5) * 4;        % 设定随机信号为噪声信号
p = T + n;                           % 有用信号与噪声信号叠加形成待滤波信号

% 构建线性神经网络
net = newlin([ - 1 1], 1, 0, 0.0005);

% 对该网络进行训练
net.adaptParam.passes = 10;
[net, y, output] = adapt(net, p, T);   % 输出调整误差

% 绘制信号波形图
subplot(3,1,1);
plot(t, T, 'b');                      % 绘制有用信号图
```

```
ylabel('有用信号');
subplot(3,1,2);
plot(t, p, 'm');                    % 绘制带有噪声的输入信号图
ylabel('输入信号');
subplot(3,1,3);
plot(t, output, 'r');               % 绘制经滤波后的输出信号图
ylabel('输出信号');
```

运行上述代码,可以得出利用线性神经网络进行滤波后的波形,如图 4-11 所示。

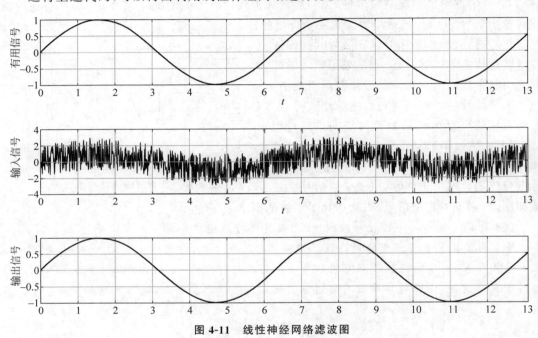

图 4-11　线性神经网络滤波图

从图 4-11 中可以看出,两个多周期的正弦波信号与随机噪声信号叠加形成了输入信号,经线性神经网络滤波后得到的输出信号几乎全部消除了随机噪声所带来的影响,很好地复现了未经污染的信号。

在信号处理学科中,依据所观测数据与被估状态在时间上的对应关系,可区分为平滑、滤波和预报 3 种情形。为了估计 t 时刻的状态 $x(t)$,如果可用的信息包括时刻 t 以前的观测值,属于平滑问题;如果可用的信息是时刻 t 当前的观测值,估计可以实时地进行,这就是上例 4.4 的滤波问题;如果必须用时刻 $(t-\Delta)$ 以前的观测来估计经历了 Δ 时间之后的状态 $x(t)$,则是预报问题。可见,在信号处理领域有关时间的问题是很重要的。为了有效地进行信号处理,需要给出系统的模型,也就是输入、输出关系。通常以时间序列的形式给出,即:

$$y(k) = f(x(k-n), x(k-n+1), \cdots, x(k)) \qquad (4\text{-}20)$$

如果是线性系统或过程,应该有

$$y(k) = \alpha_n x(k-n) + \alpha_{n-1} x(k-n+1) + \cdots + \alpha_1 x(1) \tag{4-21}$$

在有了线性模型的基础上,就可以通过系统在$(k-1)$及以前的时刻的状态进行外推,得出k时刻的状态,这就是进行信号预测的基本原理。利用神经网络进行信号预测的原理如图 4-12所示。

图中,z^{-1}为一步延迟(推移)因子,表示时刻的推移。进行预测的目的就是对神经网络进行训练,根据当前数据进行运算,使得:

$$e(k) = x(k) - \alpha(k) = 0$$

在预测过程中,确定某时刻预测的输出可以利用前一个时刻或前几个时刻的数据,这就是预测的阶次或步数。在工程实践中,预测过程的定阶问题

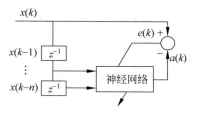

图 4-12 神经网络进行信号预测原理图

是一个很重要的问题。与传统的时间序列预测方法相比,利用线性神经网络进行预测往往能收到事半功倍的效果。

【例 4.5】 创建一个线性神经网络,利用该神经网络进行两步线性预测。

解:首先输入一个随机信号序列,然后构建线性神经网络对其进行预测,并绘制预测的波形图、源信号与预测误差图。其代码如下:

```
clear all
clc
% 定义输入和输出向量
t = 0.5:0.5:20;
n = (rand(1,40) - 0.5) * 4;              % 以随机信号为输入源信号
p = con2seq(n);                          % 数据转为串行输入
delays = [1 2];                          % 设定延迟量,即预测阶次(依题意为两步预测)
T = p;

% 构建线性神经网络
net = newlin(minmax(n), 1, delays, 0.0005);

% 对网络进行训练
net.adaptParam.passes = 10;
[net, y, output] = adapt(net, p, T);     % 输出调整误差

% 绘制信号波形图
subplot(3,1,1);
plot(t, n, 'b * - ');                     % 绘制随机信号图
xlabel('t');
ylabel('随机信号');
grid on

output = seq2con(output)
subplot(3,1,2);
```

```
plot(t,output{1},'mo - ');                    % 绘制输出信号图
xlabel('t');
ylabel('输出信号');
grid on

e = output{1} - n;
subplot(3,1,3);
plot(t,e,'r');                                % 绘制偏差信号图
xlabel('t');
ylabel('偏差信号');
grid on
```

运行上述代码,可得到用线性神经网络进行预测的信号波形及误差曲线,如图 4-13 所示。

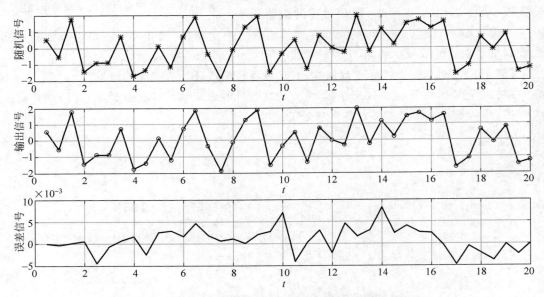

图 4-13   用线性神经网络进行预测的信号波形及误差曲线

从图中可以看出,预测信号的波形与源信号的波形基本一致,两者的误差基本控制在 $[-5\times10^{-3},10^{-2}]$ 区间内,还是比较满意的。

在信号预测中经常会遇到对于变频率信号的预测,下面使用线性神经网络对变频率信号进行预测。

【例 4.6】   创建一个线性神经网络,利用该神经网络对变频率信号进行预测。

解:首先输入一个幅值不变的变频率信号序列,然后构建线性神经网络对其进行多步预测,绘制相关图形,并考察其预测效果。其代码如下:

```
clear all
clc
% 设定时间段
```

```
t1 = 0:0.05:8;                                          % 前 8 秒阶段
t2 = 8.05:0.05:10;                                      % 后 2 秒阶段
time = [t1 t2];                                         % 设定全时长

% 设定变频信号
signal = [sin(t1 * 5 * pi) sin(t2 * 9 * pi)];
plot(time,signal)
xlabel('t');
ylabel('y');
grid on

% 信号转换为元胞数组
signal = con2seq(signal);

% 以前 9 个值作为延迟输入
Xi = signal(1:9);
X = signal(10:end);
timex = time(10:end);

% 设定 9 步预报
T = signal(10:end);

% 构建线性神经元
net = linearlayer(1:9,0.1);                             % 该函数为 R2014b 后的新创建函数
view(net)

% 对网络进行训练
[net,Y] = adapt(net,X,T,Xi);

% 绘制输出预测情况
figure
plot(timex,cell2mat(Y),timex,cell2mat(T),'+')
xlabel('t');
ylabel('输出 - 目标值 +');
grid on

% 绘制误差曲线
figure
E = cell2mat(T) - cell2mat(Y);
plot(timex,E,'r')
hold off
xlabel('t');
ylabel('预测误差');
grid on
```

在上述代码中，使用了 linearlayer 函数，这个函数是在 MATLAB R2014b 版本后出现的，可用于设计动态的线性神经网络。

基本格式：linearlayer(inputDelays, widrowHoffLR)。

参数说明：

inputDelays——输入延迟(行向量)，默认值为 1：2；

widrowHoffLR——Widrow-Hoff 学习率，默认值为 0.01。

运行上述代码可得到如图 4-14 所示的结果。图 4-14(a)为输入信号，图 4-14(b)为线性神经网络的结构，从这个图中可以明显地看到延迟的步数，体现了 linearlayer 函数对于动态网络的设计能力。从图 4-14(d)网络的预测误差曲线中可以看出，在信号频率发生变化的时间段，预测误差明显增大，这说明了线性预测的局限性，也在一定程度上说明多步预测(长期预测)的精度与短期预测相比较差。

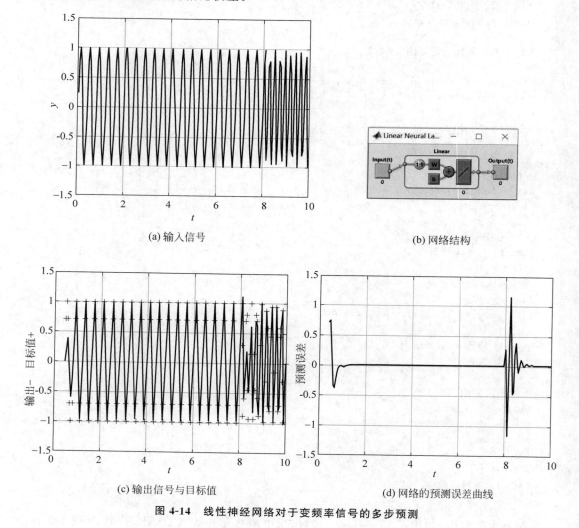

(a) 输入信号　　　　　　　　　　　　(b) 网络结构

(c) 输出信号与目标值　　　　　　　　(d) 网络的预测误差曲线

图 4-14　线性神经网络对于变频率信号的多步预测

4.3 关于线性神经网络的几点讨论

与感知机神经网络相比,线性神经网络采用了线性函数作为激活函数,而且采用最小均方差(LMS)算法进行训练,使得神经网络在一些性能上有了提高。但同时也应该看到,对于 LMS 学习规则,其训练(学习)的误差不一定能收敛到 0,这是由于在算法规则中采用了二次型的性能指标所导致的,这一点可以从式(4-2)中看出。对于单变量,二次型性能指标体现为抛物线,对于多变量,二次型性能指标体现为抛物面,如图 4-15 所示。从图中可以看出在整个神经网络的训练过程中,可以使误差达到最小值,即抛物线(面)的最小点(极值点),但也不一定能达到 0。

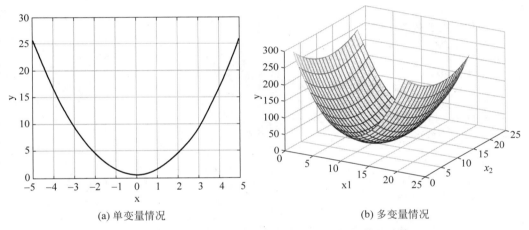

(a) 单变量情况　　　　　　　　　　　　(b) 多变量情况

图 4-15　采用最小均方差(LMS)算法的性能指标的误差情况

在前面章节中,曾经从理论和经验角度讨论过线性神经网络的学习率问题。下面将以例 4.3 线性拟合的数据为例来讨论学习率的问题。

【例 4.7】 以例 4.3 线性拟合的数据为例,考察线性神经网络学习率对于结果的影响,并绘制相关曲线。

解：先导入数据,构建线性神经网络;然后选择两种学习率进行训练,绘制出相应的曲线。具体代码如下:

```
clear all
clc
% 引入例 4.3 的数据
p = -5:5;
y = 2 * p + 5;
t = y + rand(1,length(y)) * 1.618;

% 绘制三维误差曲面图
```

```
[R,Q] = size(p);
[W,B] = size(t);
wv = -10:1:10;                                      % 设置横纵坐标范围
bv = -10:1:10;
es = errsurf(p,t,wv,bv,'purelin');                  % 绘制误差曲面图
mesh(es,[60 30])
set(gcf,'color','w')
grid on

% 构建线性神经网络
figure;
net = newlind(p,t);
dw = net.iw{1,1};                                    % 列出理想权值、阈值
db = net.b{1};

% 绘制偏差等高线图
[C,h] = contour(wv,bv,es);
clabel(C,h);
colormap cool;
axis('equal');
hold on
plot(dw,db,'rp')
xlabel('w'); ylabel('b');
grid on

% 对两种学习率进行分析
lr = menu('选择下列两种学习率:', … )
             '1.2 * maxlinr', …
             '10 * maxlinr');
disp_freq = 1;
max_epoch = 50;
err_goal = 0.001;
if lr == 1
    lp.lr = 1.2 * maxlinlr(p,'bias');                % 学习率为1.2倍的 maxlinlr
else
    lp.lr = 10 * maxlinlr(p,'bias');                 % 学习率为10倍的 maxlinlr
end
a = W + p + B;
A = purelin(a);
e = t - A;
sse = sumsqr(e);
err = [sse];
for epoch = 1:max_epoch
    if sse < err_goal
        epoch = epoch - 1;
        break;
    end
```

```
        lw = W; lb = B;
        dw = learnwh([ ],p,[ ],[ ],[ ],[ ],e,[ ],[ ],[ ], lp, [ ]);    % 对权值、阈值进行训练(学习)
        db = learnwh(B, ones(1,Q),[ ],[ ],[ ],[ ],e,[ ],[ ],[ ], lp, [ ]);
        W = W + dw;
        B = B + db;
        A = purelin(a);
        e = t - A;
        sse = sumsqr(e);                                    % 计算均方误差
        err = [err sse];
        if rem( epoch, disp_freq) == 0
            plot([lw,W], [lb,B], 'g - ');
            drawnow
        end
    end
end
hold off
m = W * p + B;
a = purelin(m);                                            % 绘制训练误差图
plot(a)
```

　　运行上述代码可以得到如图 4-16 所示的结果。在图 4-16 中分别给出了误差曲面图、误差曲面的等高线图,1.2 倍学习率与 10 倍学习率的训练过程和记录。从图中可以看出对于比较大的学习率,可以比较快地修正权值、阈值,同时修正幅度也比较大,但是在修正过程中容易产生比较大的振荡,有发散的危险。而对于比较小的学习率,可能修正幅度会小些,但是在调整过程中基本能够保证学习和训练过程的收敛性。在实际过程中可以参照 4.1.2 节所述内容初步选定学习率,然后再做进一步调整。

　　MATLAB 也提供了基于图形界面的线性神经网络设计方法,其操作流程与感知机的基本相同。与感知机一样,在基于图形界面方法中,MATLAB 也并不支持多层线性神经网络的设计,而仅仅是将线性神经元作为神经网络的线性层来提供设计,如图 4-17 所示。在下拉菜单选项中,有两种线性层可选,即 Linear layer(design)和 Linear layer(train)。其中,Linear layer(design)不具有延时输入的功能;而 Linear layer(train)不但具有延时输入的功能,而且还可以设定学习率。其基本使用方法可以参照编写代码的形式,此处不做赘述。

　　线性神经网络是感知机网络的进一步发展。从神经元及神经网络的结构来看,两者的差别并不大。但是线性神经网络采用线性函数作为激活函数,而没有使用感知机"非此即彼"的硬限开关函数是一个大的进步。这意味着线性神经网络的输出不再是二值化的输出。感知机的输出只有两个值,可以处理二值分类问题。而线性神经网络的激活函数为线性函数,不仅对于分类有了一些"余地",而且还可以完成更多的工作,例如预测、参数拟合等。在处理非线性分类的问题上,感知机显得相当"笨拙",而线性神经网络与感知机相比就显得更为灵活和"智能"。

　　在学习和训练过程中,感知机的处理方式比较刻板,而线性神经网络对于权值、阈值的调整采用了"最小扰动原则",保证了对权值、阈值修正的稳健性。以分类问题为例,感知机的分类边界往往没有考虑到一定的容限,使得系统对于误差较为敏感。线性神经网络采用

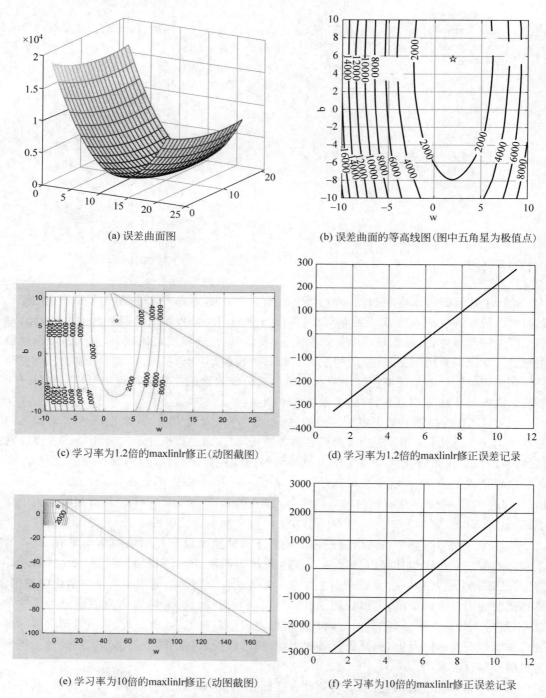

(a) 误差曲面图

(b) 误差曲面的等高线图(图中五角星为极值点)

(c) 学习率为1.2倍的maxlinlr修正(动图截图)

(d) 学习率为1.2倍的maxlinlr修正误差记录

(e) 学习率为10倍的maxlinlr修正(动图截图)

(f) 学习率为10倍的maxlinlr修正误差记录

图 4-16　线性神经网络在不同学习率下的误差情况

了最小均方差（LMS）算法，使得分类边界能够尽量处于各类模式的中间，优化了损失函数，使经验风险达到了最小化，对于神经网络的进一步发展起到了很大的作用。

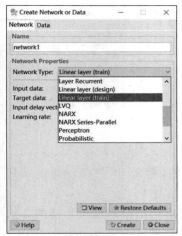 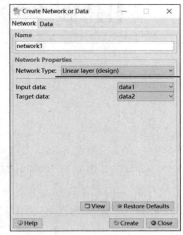 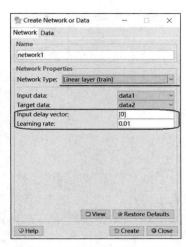

(a) 线性神经网络的Linear layer(train))　(b) 线性神经网络的Linear layer(design))　(c) 线性神经网络的输入向量及学习率

图 4-17　基于图形界面的线性神经网络设计

此外，在线性神经网络学习过程中的最小均方差（LMS）算法为此后神经网络的进一步发展提供了良好的思路。随着解决实际问题的要求不断提高，更为强大和应用广泛的 BP（前馈型）神经网络就随之出现了。

第 5 章

BP 神经网络

如果说感知机和线性神经网络是神经网络发展初期出现的,那么 BP 神经网络的出现就表明神经网络方法已经逐渐走向成熟,并在诸多方面开始大显身手了。

1974 年美国研究人员 Paul J. Werbos 在其博士论文中提出使用误差反向传播的方法对多层神经网络进行训练,深入讨论了非线性分类问题,并获得 IEEE Neural Network Pioneer 奖,为 BP 神经网络的产生和发展奠定了基础。但当时神经网络方法正受到一些质疑,处于低谷时期,因此并没有受到多少重视。到了 1986 年,David E. Rumelhart 和 James L. (Jay) McClelland 为首的科学家团队对这一方法进行了深入研究,并出版了 *Parallel Distributed Processing* 一书。在这本书中,详细描述了 BP 神经网络算法,并给出了数学上较完整的推导过程,解决了很多此前神经网络没有能够解决的问题,一扫学术界对于神经网络的悲观评价,大大促进了神经网络方法的发展。从此神经网络方法焕发了勃勃生机,并不断推进,在很多理论和实践问题中均有大量优秀的应用范例,极大地丰富了人工智能领域的内涵。

之所以称为 BP 神经网络,是因为这种神经网络是一种多层的神经网络,而且秉持误差的修正方向是后向传播(Back Propagation)的原则。信息前向传播、误差修正后向传播构成了这种神经网络的独特特点。BP 神经网络的出现使得神经网络方法有了很大程度的提高,为神经网络的进一步发展奠定了基础。BP 神经网络是应用最多的一种神经网络的形式,甚至在当前深度学习网络的基本架构上也能看到它的影响。与其他方法相比,BP 神经网络具有以下特点。

(1) 较强的非线性映射能力:BP 神经网络实现了从输入到输出的非线性映射功能,有相关的理论证明 3 层 BP 神经网络几乎逼近任何非线性函数。对于机制不明朗的系统建模问题有很好的解决方案。

(2) 自适应和自学习能力:BP 神经网络在训练时,采用最速下降法,通过误差的反向传播进行权值、阈值调整,能够对输入、输出数据间的规律进行优化提取,具备自适应和自学习能力。

(3) 较好的泛化和容错能力:神经网络的泛化能力是神经网络的一个重要指标。与感知机和线性神经网络相比,BP神经网络的泛化能力有了很大提高。此外,局部的神经元受到破坏后对于整个神经网络工作的影响并不大,体现了具有一定的容错能力。

5.1 BP神经网络的基本结构与算法基础

BP神经网络的基本结构与感知机和线性神经网络不同。感知机和线性神经网络可以构成多层结构进行工作,也可以使用单独的神经元进行工作。而BP神经网络是一个多层的结构,通常以3层结构为典型形式。这3层结构一般为输入层、隐含层(简称为"隐层")、输出层。在每个层级可以拥有多个神经元。各个层级的神经元结构基本相同,激活函数可以相同,也可以有不同的选择。其基本结构如图5-1所示。

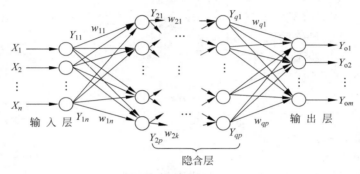

图5-1 BP神经网络的基本结构

从图中可以看出,由于BP神经网络的信息是前向传播的,因此属于前馈型的神经网络。这与BP(后向传播)的名字似乎有些矛盾,但后向传播是指误差修正的传播方向是后向的,这一点应该明确。

5.1.1 BP神经网络基本结构及学习算法

前已述及,BP神经网络一般是以多层网络的形式出现的。BP神经网络中神经元基本结构也是经由输入数据融合、阈值比较,送入激活函数进行运算,然后输出的。虽然BP神经网络更强调误差修正的后向传播特点,对激活函数并没有特别多的要求,但一般来讲组成BP神经网络神经元的激活函数多采用sigmoid函数,如图5-2所示。

sigmoid函数是指图像类似于生长曲线的函数,而不是哪个特定的函数。这种类型的函数是带有饱和特性的缓和上升的曲线,例如反正切函数,以及第2章提到过的双曲正切函数等。

BP神经网络的特点可以归纳如下。

(1) 神经网络中各神经元节点的输出为:

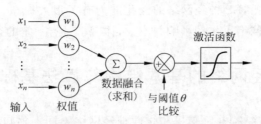

图 5-2　组成 BP 神经网络的神经元结构(激活函数多采用 sigmoid 函数)

$$y_j = f_{\text{sigmoid}}\Big(\sum_i w_{ij}x_i + \theta_j\Big) \tag{5-1}$$

式中，y_j——第 j 个神经元的输出；

f_{sigmoid}——激活函数，通常采用 sigmoid 函数；

w_{ij}——第 j 个神经元的 i 个输入权值；

x_i——第 j 个神经元的第 i 个输入；

θ_j——第 j 个神经元的阈值。

(2) 性能指标函数均方误差最小化为

$$\min\{E(e^2)\} = \min\{E(t-y)^2\} \tag{5-2}$$

式中，t——神经元期望的输出值；

y——神经元实际的输出值。

(3) 学习过程模型。

BP 神经网络的学习可以是无监督(无导师)型的过程，也可以是有监督(有导师)型的。其学习过程也是调整各神经元的权值、阈值的过程。监督型学习模型为

$$\Delta W_{ij}(k+1) = h \times e_i \times y_i + \alpha \Delta W_{ij}(k) \tag{5-3}$$

式中，$\Delta W_{ij}(k+1)$——第 $(k+1)$ 步的权值修正量；

$\Delta W_{ij}(k)$——第 (k) 步的权值修正量；

h——学习因子；

e_i——输出神经元节点 i 的偏差。

结合图 5-1 BP 神经网络的基本结构，以 3 层 BP 神经网络为例，权值、阈值调整算法的过程推导如下：

设 $X_1, X_2, \cdots, X_n$ 为输入；$Y_{11}, Y_{12}, \cdots, Y_{1n}$ 为输入层(第 1 层)的输出(同时也是隐含层的输入)；$Y_{21}, Y_{22}, \cdots, Y_{2p}$ 为隐含层(第 2 层)的输出(同时也是输出层的输入)；$Y_{o1}, Y_{o2}, \cdots, Y_{om}$ 为输出层的输出，也是整个神经网络的输出。$w_{11}, w_{12}, \cdots, w_{1n}$ 为输入层到隐含层的权向量；$w_{21}, w_{22}, \cdots, w_{2n}$ 为隐含层到输出层的权向量。

对于输出层，有

$$Y_{oj} = f_{\text{sigmoid}}(\text{net}_j), \quad j = 1, 2, \cdots, m \tag{5-4}$$

$$\text{net}_j = \sum_{\alpha=1}^{i} w_{\alpha j} Y_{1j}, \quad j = 1, 2, \cdots, m \tag{5-5}$$

对于隐含层,有

$$Y_{1i} = f_{\text{sigmoid}}(\text{net}_i), \quad i = 1, 2, \cdots, p \tag{5-6}$$

$$\text{net}_i = \sum_{\beta=1}^{n} w_{\beta j} X_i, \quad i = 1, 2, \cdots, p \tag{5-7}$$

在上面的式子中,net_*为各层激活函数的输入。在 sigmoid 函数的选择上可以根据实际情况灵活选择,可以是单极性的也可以是双极性的。在构建好 BP 神经网络的结构,各神经元的输入、输出情况明确之后,就可以着手训练 BP 神经网络了。

首先出发点还是要使 BP 神经网络实际输出与期望输出的偏差(误差)平方和最小,这实际上也是最小二乘思想在神经网络上的应用。先确定训练网络的目标,使偏差平方和最小,即

$$\min_{w_i, \theta_i}(E) = \min_{w_i, \theta_i}\left(\sum_{i=1}^{n} e_i^2\right) = \min_{w_i, \theta_i}\left(\sum_{i=1}^{n}(h_i - r_i)^2\right) \tag{5-8}$$

式中,h_i——期望的输出;

r_i——实际的输出;

w_i——为神经元的权值;

θ_i——为神经元的阈值。

BP 神经网络训练的整个过程就是求网络中每层各个神经元的权值、阈值,使网络实际的偏差平方和最小。

首先进行权值的更新。根据误差后向传播的原则,对于隐含层向输出层的权值进行调整,有

$$\Delta w_{2j} = \frac{\partial E}{\partial w_{2j}}, \quad j = 1, 2, \cdots, m \tag{5-9}$$

然后,对于输入层到隐含层的权值进行调整,有

$$\Delta w_{1i} = \frac{\partial E}{\partial w_{1i}}, \quad i = 1, 2, \cdots, p \tag{5-10}$$

同理,也可以得到阈值的调整

$$\Delta \theta_{2j} = \frac{\partial E}{\partial \theta_{2j}}, \quad \Delta \theta_{1i} = \frac{\partial E}{\partial \theta_{1i}} \tag{5-11}$$

在训练网络的过程中,应该按照负梯度方向进行,同时可以添加学习率 η。由此考虑式(5-4)、式(5-5),可将式(5-9)展开,有

$$\Delta w_{2j} = -\eta \frac{\partial E}{\partial w_{2j}} = -\eta \frac{\partial E}{\partial \text{net}_j} \frac{\partial \text{net}_j}{\partial w_{2j}} \tag{5-12}$$

将(5-10)展开,有

$$\Delta w_{1i} = -\eta \frac{\partial E}{\partial w_{1i}} = -\eta \frac{\partial E}{\partial \text{net}_i} \frac{\partial \text{net}_i}{\partial w_{1i}} \tag{5-13}$$

在式(5-12)中,有

$$\frac{\partial \boldsymbol{E}}{\partial \mathrm{net}_j} = \frac{\partial \boldsymbol{E}}{\partial \boldsymbol{Y}_o} \frac{\partial \boldsymbol{Y}_o}{\mathrm{net}_j} = \frac{\partial \boldsymbol{E}}{\partial \boldsymbol{Y}_o} \frac{d \left[f_{\mathrm{sigmoid}}(\mathrm{net}_j) \right]}{d(\mathrm{net}_j)} \tag{5-14}$$

而

$$\frac{\partial \boldsymbol{E}}{\partial \boldsymbol{Y}_o} = \frac{\partial \left[\sum\limits_{j=1}^{m} (h_j - \boldsymbol{Y}_o)^2 \right]}{\boldsymbol{Y}_o} = -\sum\limits_{j=1}^{m} (h_j - \boldsymbol{Y}_o) \tag{5-15}$$

同时，由式(5-5)可得

$$\frac{\partial \mathrm{net}_j}{\partial w_{2j}} = \frac{\partial \left(\sum\limits_{\alpha=1}^{i} w_{\alpha j} Y_{1j} \right)}{\partial w_{2j}} = \boldsymbol{Y}_1 \tag{5-16}$$

在式(5-15)中适当调整求导过程中的系数并不影响最终结果，因此可使结果系数为1。将式(5-14)、式(5-15)、式(5-16)代回式(5-12)可得隐含层到输出层的权值调整公式

$$\Delta w_{2j} = -\eta \frac{\partial \boldsymbol{E}}{\partial w_{2j}} = -\eta \frac{\partial \boldsymbol{E}}{\partial \mathrm{net}_j} \frac{\partial \mathrm{net}_j}{\partial w_{2j}}$$

$$= \eta \sum\limits_{j=1}^{m} (h_j - Y_o) \frac{d \left[f_{\mathrm{sigmoid}}(\mathrm{net}_j) \right]}{d(\mathrm{net}_j)} Y_1$$

$$= \eta \boldsymbol{\delta} \boldsymbol{Y}_1 \tag{5-17}$$

式中

$$\boldsymbol{\delta} = \sum\limits_{j=1}^{m} (h_j - Y_o) \frac{d \left[f_{\mathrm{sigmoid}}(\mathrm{net}_j) \right]}{d(\mathrm{net}_j)}$$

可以看作是从隐含层到输出层的总的偏差。同理，可以处理式(5-13)，得从输入层到隐含层的权值调整公式

$$\Delta w_{1i} = -\eta \frac{\partial \boldsymbol{E}}{\partial w_{1i}} = -\eta \frac{\partial \boldsymbol{E}}{\partial \mathrm{net}_i} \frac{\partial \mathrm{net}_i}{\partial w_{1i}}$$

$$= \eta \sum\limits_{i=1}^{p} (h_i - \boldsymbol{Y}_{1i}) \frac{d \left[f_{\mathrm{sigmoid}}(\mathrm{net}_i) \right]}{d(\mathrm{net}_i)} \boldsymbol{X}$$

$$= \eta \boldsymbol{\delta}' \boldsymbol{X} \tag{5-18}$$

同样地，式中

$$\boldsymbol{\delta}' = \sum\limits_{i=1}^{p} (h_i - \boldsymbol{Y}_{1i}) \frac{d \left[f_{\mathrm{sigmoid}}(\mathrm{net}_i) \right]}{d(\mathrm{net}_i)}$$

为输入层到隐含层的总的偏差，只不过此处的学习调整速率 η 与隐含层到输出层的学习调整速率不一定相同。

从上面的结果可以看出，对于权值的修正量包含了3部分：学习调整速率、输出偏差以及当前层的输入，这说明了权值的修正充分考虑到了信息在传播过程中的误差积累。另外，还可以看出权值的修正方向是负梯度方向的，这保证了在整个调整过程中误差是逐步减少的。由于 BP 神经网络是一个多层的神经网络，调整权值应该遵从一定的顺序。从 BP 网络

的名字就可以看出来,这是一个后向传播的神经网络。反向传播的意思是指误差的传播方向是从输出层向输入层反向传播的,而权值的调整过程也是反向传播的,即按照偏差平方和最小的准则先调整输出层的权值,然后再调整隐含层的权值,逐渐向前一级反向传递进行。前馈型网络是指信息的流向是从输入层向输出层的,是前馈的;而反向传播是指误差的传播方向、权值的修正方向是由输出层向输入层反向传播的,所以称为 BP 神经网络。了解了这个过程就可以得出 BP 神经网络的算法流程,如图 5-3 所示。

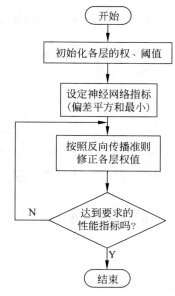

图 5-3　BP 神经网络的算法流程图

这里还有一个问题:前面提到了权值、阈值的调整,但是在随后的讨论中只讨论了关于权值的调整,那么阈值的调整是怎样的呢?

BP 神经网络的神经元结构设置参考了感知机的结构,只是激活函数选用了非线性的 sigmoid 函数,因此对每个神经元,输入激活函数前的信息应为

$$\mathrm{net}_i = w_i x_i - \theta_i \tag{5-19}$$

式中,θ_i 为阈值。如果要进行阈值的调整,参照式(5-12)~式(5-17),有

$$\Delta \theta_i = \frac{\partial \boldsymbol{E}}{\partial \theta_i} = -\eta \, \frac{\partial \boldsymbol{E}}{\partial \mathrm{net}_i} \, \frac{\partial \mathrm{net}_i}{\partial \theta_i} \tag{5-20}$$

而由式(5-19)可知

$$\frac{\partial \mathrm{net}_i}{\partial \theta_i} = -1 \tag{5-21}$$

带入式(5-20),有

$$\Delta \theta_i = \frac{\partial \boldsymbol{E}}{\partial \theta_i} = \eta \, \frac{\partial \boldsymbol{E}}{\partial \mathrm{net}_i} \tag{5-22}$$

对比式(5-17)可知,阈值的调整和输入没有关系。如果在调整阈值的过程中,首先计算出 $\eta\delta$ 项,则可以顺便得出阈值的调整方式,而乘以输入就可以得出权值的调整情况。因此,没有必要再对阈值的调整进行讨论了。事实上,在很多情况下阈值被置为 -1,并作为输入的扩展一并进入输入层,这样对最终的计算结果并没有影响。

从上面的推导可以看出,BP 神经网络的训练过程基本可以分为下面两个阶段:

(1)输入数据样本,设置网络结构及权值、阈值,从第一层向后逐层计算各层神经元的输出。这是信息的前向传播,也是所有前馈型神经网络信息传输的特征。

(2)对权值、阈值进行修正,从输出层开始,逐层计算各权值、阈值对整个网络误差的影响,然后根据计算结果对各层神经元的权值、阈值进行修正。这是误差修正的后向传播,也是 BP 神经网络得名的原因。

5.1.2 BP 神经网络的构建

BP 神经网络是由输入层、隐含层以及输出层构成的多层神经网络。各层所承担的任务也不尽相同,那么如何设计和安排不同的神经网络层就是构建 BP 神经网络的一个问题。

虽然神经网络方法经过了很多年的探讨、研究和应用实践,但是对神经网络设计并没有固定的模板。这种情况给高级设计人员留下了巨大的创新和想象空间,但对于神经网络的初学者来讲又感到无所适从,不知怎样下手。在神经网络计算领域的从业人员经过较长时间的积累、实践和探索,初步得到了一些对于神经网络设计的基本规律,可以设计出较为实用的 BP 神经网络结构,虽然还不是最优的,但是广大的初学者可以此作为起点,逐渐达到较高的设计水准。

1. 网络规模的设计

BP 神经网络是一个多层神经网络,其处理问题的能力与网络的信息容量相关。对于 BP 神经网络,可以使用权值和阈值总数 n、w 表征网络信息容量。根据经验公式,网络需要训练的样本数 N 与网络给定的训练误差 e 之间有下列关系

$$N = \frac{nw}{e} \tag{5-23}$$

在处理实际问题时,神经网络的训练样本往往关系到神经网络的性能。对于确定的样本数,如果网络参数数量太少,则很难反映出数据间的基本规律,这就容易发生所谓的"欠拟合"问题;而网络参数太多,会造成网络的泛化能力变差,即所谓"过拟合"的问题。式(5-23)给出了网络的规模、误差与所需样本数量之间的基本关系。在实际工作中可以参照该公式进行调整。

2. 样本数据集的相关问题

在 BP 神经网络的设计中,选择进行训练的样本数据集是一个重要因素,相应数据的选择和处理关系到整个网络运行情况。虽然第一手的原始数据很重要,但是进行训练的样本数据并不完全等同于原始数据,还需要进行一系列的数据处理工作。训练数据还要经过数据分析、变量选择以及预处理等工作。

1) 对于输入、输出量的选择

输入量的选择一般秉承对输出量有较大影响的原则,而且各输入量之间应该互不相关,或只有很微弱的相关性。输出量的选择要有突出的代表性,应该是整个系统的性能指标或典型特征数据。

如果输入、输出量均为数据量,可以直接引用;如果是非数据量,则需要将其转换为数据变量,例如平面数据分类问题、感知机辨识数字问题等,就需要进行这样的转换(可以参考第 3 章的例子)。

此外,还需要对输入量进行预处理,例如归一化处理。BP 神经网络的神经元大多采用 sigmoid 型激活函数。这种激活函数既不是 0/1 型的开关函数,也不是线性函数,其输出值

限定在[0,1](或[-1,1])区间,而且在区间内也不是线性的关系。如果不进行归一化处理,会造成权值调整不均匀。进行归一化处理可以使数据分布更趋合理。此外,当数据的分布不合理时,还可以通过分布变换来改善数据的分布规律。

2) 对样本数据集的选择

通常,大量的训练样本数据可以更好地逼近真实情况,更加正确地反映内在规律。但样本数据的获取又往往受限于各种客观条件,样本数据量加大很有可能引入线性相关的数据,而且也会对网络的精度形成不利影响。样本数据的量加大,网络的规模以及训练的复杂性也随之增大。通常将参与训练的样本数量控制在网络连接权数的 5～10 倍。

另外,样本数据需具有一定的代表性,应该使各种类型的数据大致保持均衡,避免网络对某一类数据的训练非常好,而对另一类数据的训练不足,很容易引起训练过程出现反复振荡或加长训练的时间。

3) BP 神经网络的结构

BP 神经网络是多层神经网络,至少有 3 层:输入层、隐含层、输出层。隐含层的数量应该怎样确定,各隐含层所拥有的神经元数量应该怎样确定是必须解决的一个问题。

输入层和输出层的神经元数量选择相对来说比较简单。对于输入层,如果输入的是离散型数据,则可以根据数据的维度和数量来设置输入层的神经元数量;如果输入的是连续型的变量,则首先要进行离散化,然后根据离散化后的结果来确定神经元的个数。

对于输出层,神经元的数量则可以根据项目要求来进行设定。例如在分类问题中,如果分类的模式类别有 n 个,那么输出层神经元的个数应该设定为 n 个或 $\log_2 n$ 个。

对于 BP 神经网络来说,隐含层的层数可以任意设置,但实际上隐含层的层数越多,网络结构就会越复杂,计算的复杂度也就随之增大。一般来讲,对于很多工程问题单个隐含层就足够了。有相关的证明结论表明:在拟合问题上,3 层 BP 神经网络就可以完成几乎所有映射关系的拟合任务。

关于隐含层神经元个数的确定是一个比较复杂的问题,在很多情况下也是依赖于设计者的经验并经过多次调整而得来的。隐含层的神经元数目过少固然不能很好地完成任务,但隐含层神经元数目过多则会导致学习时间延长,网络精度也会下降。经过研究人员的总结,得到了一些经验公式。

(1)设 k 为样本数,n 为输入层的神经元数目,n_1 为隐含层的神经元个数,有

$$\sum_{i=0}^{n} C_{n_i}^{i} > k \tag{5-24}$$

如果 $i > n_1$,则 $C_{n_i}^{i} = 0$。

(2)若 n 为输入层的神经元数目,m 为输出层的神经元数目,且 a 为[0,10]的常数,则有

$$n_1 = \sqrt{n+m} + a \tag{5-25}$$

(3)若 n 为输入层的神经元数目,则

$$n_1 = \log_2 n \tag{5-26}$$

需要说明的是,以上 3 个经验公式所得出的结果有可能不是整数,这就需要在实际的工作中根据网络的运行情况适当调整,使其达到最好的运行状态。

另外,还可以直接根据经验预先设定隐含层神经元的数目,然后根据神经网络的运行情况再进行增减,直至达到满意为止。

5.1.3 BP 神经网络算法问题的改进讨论

在神经网络的基本架构设计好之后,就需要对神经网络进行训练(或学习)。前面对于神经网络的学习算法进行了简要介绍。算法是一种基本的理论,在实际的工程实践中存在着一些问题,需要对基本的算法进行进一步的改进。目前,这方面已经有不少的研究成果,下面介绍几种经过改进的算法。

1. 增加动量项修正权值增量

在 BP 神经网络的训练过程中,通常会添加学习率 η,学习率 η 控制着神经网络的收敛速度,如果将学习率 η 增大就会使网络的收敛速度加快,但是 η 过大则会引起网络的不稳定;而 η 太小则又会使网络的收敛速度过慢。为了平衡这种矛盾,可以加入动量项,即

$$\Delta w_{12}(k) = \alpha \Delta w_{12}(k-1) + \eta \delta(t) w_{23}(k) \tag{5-27}$$

式中,$\Delta w_{12}(k)$——从输入层到隐含层权值的第 k 步修正量;

α——动量项;

$\Delta w_{12}(k-1)$——从输入层到隐含层权值的第 $k-1$ 步修正量;

η——学习率;

$\delta(t)$——网络偏差;

$w_{23}(k)$——从隐含层到输出层权值的第 k 步修正量。

将式(5-27)改写为以 t 为变量的时间序列表达形式,也就是让动量项成为动态的、与时间有关的系数,有

$$\Delta w_{12}(k) = \eta \sum_{t=0}^{k} \alpha^{k-t}(t) \delta(t) w_{23}(k) \tag{5-28}$$

结合式(5-10)并考虑到负梯度方向,有

$$\Delta w_{12}(k) = -\eta \sum_{t=0}^{k} \alpha^{k-t}(t) \frac{\partial E(k)}{\partial w_{12}(k)} \tag{5-29}$$

从式(5-29)中可以看出,权系数的修正量是加权的幂函数序列的和,根据序列收敛的条件可知,动量项系数应该为:$0 < |\alpha(t)| < 1$。一般来讲,$\alpha(t)$ 不会为负值,而当 $\alpha(t) = 0$ 时则退化为无动量项。式(5-29)中的偏导数项对于网络的运行也有着影响:如果在相邻的两步偏导项是同号(同为正数或同为负数)的,则说明两次修正都促使修正量向同一方向变化,加快了网络的收敛速度;而如果相邻的两步偏导项为异号,则说明两次调整的方向不同,从而使修正量变化较小,这在一定程度上可以遏制网络的发散,有助于系统的稳定性。

2．对学习率的动态调整

随着网络结构的不断复杂，学习率也需要进行动态调整。一方面，很难一次选定一个合适的学习率；另一方面，在网络运行过程中，固定的学习率对于网络的性能也有不利影响，因此有必要对学习率也进行动态调整。对学习率进行调整的基本原则是考查权值的变化对于误差的影响：如果对学习率调整后，网络的误差变小了，说明学习率调整的方向是正确的，可以在原来的学习率基础上进一步追加；如果网络的误差增大，说明学习率的调整有些"过"了，产生了超调，这时就需要将学习率的调整减弱或向相反的方向调整。这样，可以保持网络始终以一种最合适的学习率进行调整，会加快网络运行的收敛速度。学习率调整的方式可以简要表示为

$$\eta(k+1) = \begin{cases} K_{\text{inc}}\eta(k), & e(k+1) \leqslant e(k) \\ K_{\text{dec}}\eta(k), & e(k+1) > e(k) \end{cases} \tag{5-30}$$

式中，K_{inc}——学习率增大的系数；

K_{dec}——学习率减小的系数。

3．变梯度算法

在 BP 神经网络中，权值的修正是按照梯度减小最快的方向进行的，这种方法的误差减小速度是最快的，但收敛的速度却不一定最快。为了能够让网络运行的收敛速度也能得到提高，有必要对梯度进行处理。其基本思想是首先让第一步迭代沿着最陡的梯度方向进行

$$\boldsymbol{p}(0) = -\boldsymbol{g}(0) \tag{5-31}$$

然后在随后的迭代过程中按照线性搜索的方法不断修正搜索方向

$$\boldsymbol{p}(k) = -\boldsymbol{g}(k) + \beta\boldsymbol{p}(k-1) \tag{5-32}$$

式中，$\boldsymbol{p}(k)$——第 $k+1$ 次迭代的搜索方向；

$\boldsymbol{g}(k)$——第 $k+1$ 次梯度方向；

β——修正系数。

对于 β 的选择，很多研究人员做了探讨，形成了不同的选择方法。典型的方法如表 5-1 所示。

表 5-1　变梯度算法的修正系数选择

算法名称	修正系数的选择	特　　点
Fetcher-Reeves 算法	$\beta(k) = \dfrac{\boldsymbol{g}(k)^{\mathrm{T}}\boldsymbol{g}(k)}{\boldsymbol{g}(k-1)^{\mathrm{T}}\boldsymbol{g}(k-1)}$	收敛速度快，所需内存空间小，适用于连接权数目多的情况
Polak-Ribiere 算法	$\beta(k) = \dfrac{\Delta\boldsymbol{g}(k-1)^{\mathrm{T}}\boldsymbol{g}(k)}{\boldsymbol{g}(k-1)^{\mathrm{T}}\boldsymbol{g}(k-1)}$	与 Fetcher-Reeves 算法类似，但所需内存空间较大
Powell-Beale 算法	若 $\|\boldsymbol{g}(k-1)^{\mathrm{T}}\boldsymbol{g}(k)\| \geqslant 0.2\|\boldsymbol{g}(k)\|^2$，复位 $\boldsymbol{p}(k) = -\boldsymbol{g}(k)$	性能优于前两种算法，内存空间较大

续表

算法名称	修正系数的选择	特　　点
SCG（量化共轭梯度）算法	与线性搜索算法类似，但不需要每次进行搜索	计算量较小

4. 弹性梯度算法

BP 神经网络通常使用 sigmoid 函数作为其激活函数。sigmoid 函数是具有饱和非线性特性的一种函数，从其图像上可以看出，当进入饱和区之后，该函数的自变量变化对输出的影响很小。也就是说在 BP 神经网络中，当输入的值比较大时，其输出值基本保持不变，梯度近乎不变。而这对于整个网络的权值、阈值修正将会带来不利影响。为了解决这个问题，可以不用去考虑偏导数的大小，而仅考虑其符号，因为偏导数的符号决定了其修正的方向。如果连续两次迭代的结果对于权值的偏导数符号一致，则将其乘以一个增量因子，使修正量增加；反之，如果两次迭代运算后的偏导数符号不一致，则乘以一个减量因子，使修正量减少，即

$$\Delta x(k+1) = F(k)\Delta x(k) = \begin{cases} \mathrm{sgn}(\boldsymbol{g}(k))K_{\mathrm{inc}}\Delta x(k), & \text{两次迭代梯度相同} \\ \Delta x(k), & \boldsymbol{g}(k)=0 \\ \mathrm{sgn}(\boldsymbol{g}(k))K_{\mathrm{dec}}\Delta x(k), & \text{两次迭代梯度相反} \end{cases} \tag{5-33}$$

式中，$\boldsymbol{g}(k)$——第 k 次迭代的梯度值；

　　K_{inc}——增量因子；

　　K_{dec}——减量因子。

这两个因子可以人为设定。这样，梯度的修正就有了"弹性"，因此这种算法也称为弹性梯度算法。在实际的工作中，弹性梯度算法体现了良好的性能，尤其在快速性方面优于上述几种算法。

5. 拟牛顿算法

牛顿算法是基于二阶 Taylor 级数的迭代算法，其迭代公式为

$$x(k+1) = x(k) - \boldsymbol{A}^{-1}(k)\boldsymbol{g}(k) \tag{5-34}$$

式中，$\boldsymbol{g}(k)$——第 k 次迭代的梯度值；

　　$\boldsymbol{A}$——性能指标函数在当前权值、阈值下的 Hesse 矩阵

$$\boldsymbol{A}(k) = \nabla^2 F(x)\big|_{x=x(k)} \tag{5-35}$$

牛顿算法的收敛速度快，很适于要求进行快速求解的场合，但是在牛顿算法中要涉及求二阶导数的 Hesse 矩阵，计算量比较大。因此需要做一种保持式(5-34)的迭代形式和性能，而不需要求式(5-35)的方法，将其称为"拟牛顿算法"。拟牛顿算法并不仅是单一算法，只要满足上述牛顿算法的条件就可以。因此很多研究人员对于怎样快速便捷地使用拟牛顿算法进行了大量研究，比较成熟和常用的是 BFGS(Boryden，Fletcher，Goldfarb，Shannon)算法和 OSS(One Step Secant)算法。而 OSS 算法所需的计算量和内存需求均比较小。对于这

些算法的具体步骤和评述,读者可以参阅相关文献,在此不做赘述。

6．L-M(Levenberg-Marquardt)算法

L-M 算法的基本迭代形式与拟牛顿算法相同,而且其基本思想也是避免求 Hesse 矩阵。当性能指标函数具有平方和误差的形式时,Hesse 矩阵可以近似表达为

$$H = J^{\mathrm{T}} J \tag{5-36}$$

式中,H——Hesse 矩阵;

J——性能指标函数的 Jocobi 矩阵。

使用性能指标函数的 Jocobi 矩阵近似 Hesse 矩阵,则梯度的表达形式为

$$g = J^{\mathrm{T}} e \tag{5-37}$$

式中,g——梯度;

e——网络偏差向量。

这样一来,大大简化了计算的复杂程度。参考式(5-34),可得 L-M 算法的基本迭代公式为

$$x(k+1) = x(k) - [J^{\mathrm{T}} J + \mu I]^{-1} J^{\mathrm{T}} e \tag{5-38}$$

式中,μ——修正参数。

可见,当 $\mu = 0$ 时,就退化为近似的牛顿算法;当 μ 较大时,即变为梯度下降法。牛顿算法的逼近速度和精度更好,因此在算法进行过程中尽可能地使 μ 减小;而在尝试迭代的误差增大后才加大参数 μ,这样可以保证在每一步的迭代过程中,网络的偏差总是减少的。

以上所述的几种算法都是比较成熟和有效的算法,在实际工程问题中有着广泛的应用,在 MATLAB 的神经网络工具箱中也有相应的函数。

5.2　BP 神经网络的 MATLAB 实现

BP 神经网络是一种比较成熟的神经网络,自出现以后就在很多领域得到广泛的应用。因此,在 MATLAB 中,相应的函数比较丰富。在第 2 章中介绍了几种比较常见的函数,下面将对其应用进行介绍。同时增加介绍一些针对 BP 神经网络的其他函数。

1．BP 神经网络的创建函数

1) newff 函数

在第 2 章中介绍了 MATLAB 中的 newff 函数,这个函数是用来创建 BP 神经网络的。其基本格式在第 2 章中已经给出,下面举例说明其应用。

【例 5.1】　试设计 BP 神经网络,并使用该网络对数字逻辑中的"与"问题进行分类,对比分析与其他神经网络的不同。

解:数字逻辑中的"与"问题的真值表在第 4 章表 4.1 中给出,其理想的分类情况在图 4.3 也已经说明,此处不再重新列出。针对此问题,利用 BP 神经网络进行解决,其代码如下:

```
clear all
clc

% 设置数据,逻辑"与"问题
p = [0 0 1 1; 0 1 0 1];               % 输入数据
t = [0 0 0 1];                         % 输出目标数据

% 创建 BP 神经网络
% 设置 3 层神经网络,即输入层、隐含层、输出层,隐含层、输出层的激活函数均为 logsig,训练算法使
% 用最速梯度下降法
net = newff(minmax(p),[2,1],{'logsig' 'logsig'},'traingd');
net.trainParam.goal = 0.001;          % 设置训练目标
net.trainParam.epoch = 1000;          % 设置训练迭代次数

% 对网络进行训练
[net,tr] = train(net,p,t);

% 输出训练结束后的权值、阈值
iw1 = net.iw{1}                        % 隐含层权值、阈值
b1 = net.b{1}
iw2 = net.iw{2}                        % 输出层权值、阈值
b2 = net.b{2}
```

运行上述代码,得到:

```
iw1 =
   - 2.9194    - 7.3866
     7.8468    - 1.1068
b1 =
   9.0812
   0.3765
iw2 =
   [ ]
b2 =
   - 2.1307
```

同时,弹出了如图 5-4 所示的界面。单击界面中的 Performance 及 Training State 按钮,可以看到如图 5-5 所示的结果。

从图 5-5 中可以看出,网络运行过程经过 1000 次迭代后收敛情况较好,达到了训练的目的。

接下来,可以对网络进行测试,输入样本数据:

```
x = [0 0 1 1; 0 1 0 1];
a = sim(net,x)
b = a > 0.5
```

得到:

```
a =
   0.0754   0.0379   0.3361   0.8391
b =
   0   0   0   1
```

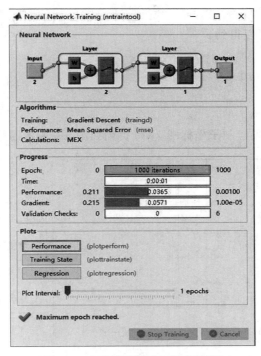

图 5-4　BP 神经网络"与"问题界面

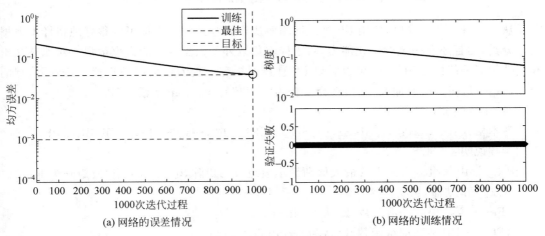

(a) 网络的误差情况　　　　　　　　　　(b) 网络的训练情况

图 5-5　BP 神经网络解决"与"问题的性能指标与训练情况

　　从运行结果可以看到,BP 神经网络的运行结果通常具有一定的容限,经数据整形后得到了期望的结果。

　　此外,还可以对 BP 神经网络的泛化性进行考核。再次输入测试用新数据:

```
x = [0.3 0.4 1.4 1.35; 0.2 0.78 0.42 1.31];
```

对网络进行测试,可以得到:

```
a =
    0.2653   0.3396   0.4282   0.9098
b =
    0    0    0    1
```

将这两次的测试结果绘制于坐标图上,可得到如图 5-6 所示的结果。

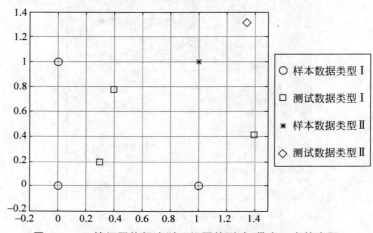

图 5-6   BP 神经网络解决"与"问题的测试(带有一定的容限)

从图 5-6 中可以看出,使用 BP 神经网络解决逻辑"与"问题不但可以很好地将样本数据进行分类,而且还有一定的泛化能力,对于样本集以外的数据处理能力也很强。对比感知机和线性神经网络的处理情况,可以看出 BP 神经网络有了较为长足的进步。究其原因,有两个方面:一是网络层数加大,二是选择了较为"柔和"的 sigmoid 激活函数。

2)newcf 函数

基本格式:newcf(PR,[S1,S2,…,SN],{TF1,TF2,…,TFN1},BTF,BLF,PF)。

参数说明:

PR——由每组输入元素的最大值和最小值组成的矩阵,输入有 R 组,故矩阵为 R×2;

Si——第 i 层的长度;

TFi——第 i 层的激活函数,默认为 tansig;

BTF——BP 网络训练函数,默认为 trainlm;

BLF——权值、阈值学习算法,默认为 learngdm;

PF——性能指标函数,默认为 mse。

newcf 函数创建的是级联型 BP 神经网络,这种网络与 newff 函数创建的网络大同小异,下面举例说明。

【例 5.2】 试设计 BP 神经网络,并使用 newcf 函数进行创建,对比分析与 newff 函数所创建的 BP 神经网络的不同。

解：利用 newcf 函数创建 BP 神经网络实现简单拟合，其代码如下：

```
clear all
clc
P = [0 1 2 3 4 5 6 7 8 9 10];              % 设置输入、输出数据
T = [0 1 2 3 4 3 2 1 2 3 4];
net = newcf(P,T,5);                        % 使用 newcf 函数创建 BP 神经网络
Y = net(P);
subplot(2,1,1)                             % 绘制未经训练的散点图
plot(P,T,P,Y,'o')
net.trainParam.epochs = 50;                % 设置网络训练参数
net = train(net,P,T);                      % 对网络进行训练
Y = net(P);
subplot(2,1,2)                             % 绘制训练后的散点图
plot(P,T,P,Y,'o')
```

运行以上代码，可以得到如图 5-7 所示的结果。

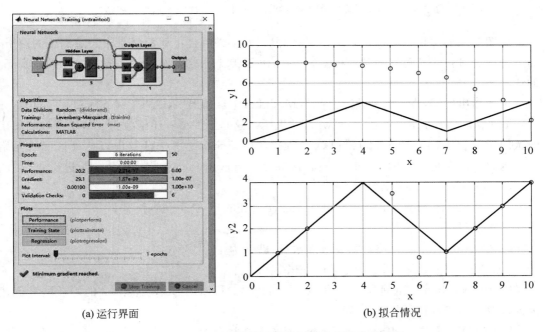

(a) 运行界面 　　　　　　　　　　　　　　(b) 拟合情况

图 5-7　用 newcf 函数创建神经网络进行拟合的结果

很明显，这是一个使用前向神经网络对数据进行拟合的例子。从图 5-7(b)中可以看出，经过训练后的网络拟合效果明显比未经训练的网络好。此外，从图 5-4 和图 5-7 中可以看到，两种函数所创建的 BP 神经网络的结构略有差异。同时，在学习函数、训练函数以及性能指标函数上也不尽相同。虽然有这些不同，但都属于前馈型神经网络，基本架构和算法

是一致的。同样地,单击图 5-7(a)界面中的 Performance 及 Training State 按钮,得到如图 5-8 所示的结果,可与用 newff 函数创建神经网络的情况作对比。

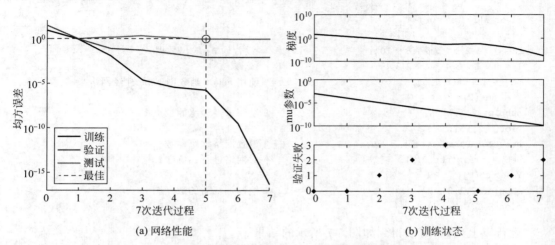

(a) 网络性能　　　　　　　　　　(b) 训练状态

图 5-8　用 newcf 函数创建神经网络进行拟合的性能指标与训练情况

从图 5-8(a)中也可以看出,经过训练的网络在误差性能上明显优于未经过训练的网络,而且网络经过 7 步就可以收敛。图 5-8(b)给出了神经网络的梯度及泛化能力(交叉验证)的情况。

需要指出的是,在上述代码运行时,MATLAB 会弹出"NEWCF(NEWFF)used in an obsolete way. used in an obsolete way"的提示。这是因为 newff 函数与 newcf 函数均属于旧版的函数。从 MATLAB 2010a 以后的版本中,又推出了两个函数用以替代这两个网络创建函数。这就是 feedforwardnet 函数和 cascadeforwardnet 函数。下面分别进行介绍。

(1) feedforwardnet 函数。

基本格式:feedforwardnet(hiddenSizes,trainFcn)。

参数说明:

hiddenSizes——隐含层神经元节点数目,默认为 10;

trainFcn——训练函数,默认为 trainlm。

feedforwardnet 函数是用来替代 newff 函数的。可以通过修改例 5.2 的神经网络创建函数,观察二者有何不同。

【例 5.3】 使用 feedforwardnet 函数对例 5.1 进行改造,观察其异同。

解:代码如下:

```
…(代码与例 5.1 相同)
net = feedforwardnet(10);                % feedforwardnet 创建神经网络
…(代码与例 5.1 相同)
```

除创建神经网络的函数外,其他代码均与例 5.1 相同。

运行代码可以得到如图 5-9 所示的结果。

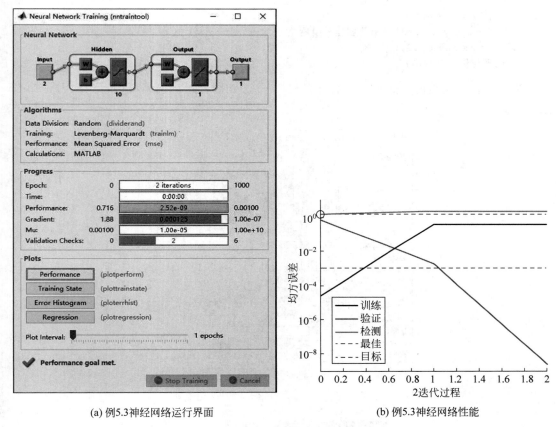

(a) 例5.3神经网络运行界面　　　　　　(b) 例5.3神经网络性能

图 5-9　用 feedforwardnet 函数创建神经网络的情况

对比图 5-4、图 5-5、图 5-9，可以看出在 newff 函数中，其默认的训练函数为 traingdx，其学习率可自动确定，并且是附加有动量因子的最速下降法。在新版 feedforwardnet 函数中默认的训练函数为 trainlm，训练速度会更快，当然也占用了比较大的内存。此外，在神经网络工具箱里还提供了 trainrp 和 trainbfg 两个函数用来解决内存溢出的问题。

（2）cascadeforwardnet 函数。

基本格式：cascadeforwardnet(hiddenSizes,trainFcn)。

参数说明：

hiddenSizes——隐含层神经元节点数目，默认为 10；

trainFcn——训练函数，默认为 trainlm。

cascadeforwardnet 函数是用来替代 newcf 函数的，可以通过修改例 5.2 的神经网络创建函数，观察二者有何不同。

【**例 5.4**】　使用 cascadeforwardnet 函数对例 5.2 进行改造，观察其异同。

解：代码如下：

```
…(代码与例5.2相同)
% 使用cascadeforwardnet函数创建神经网络
cascadeforwardnet (10);
…(代码与例5.2相同)
```

除创建神经网络的函数外，其他代码均与例5.2相同。运行代码可以得到如图5-10所示的结果。

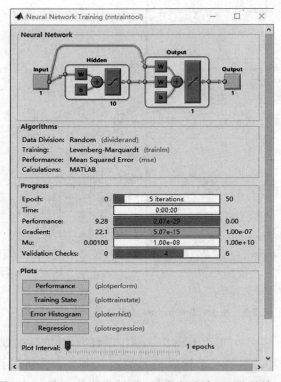

图5-10 用**cascadeforwardnet**函数创建神经网络的情况

从图中可以看出，该函数创建的神经网络与例5.2的结构相同，但是在训练速度上比newcf函数有所提高。

2. BP神经网络的训练/学习函数

在第2章中，已介绍过一些BP神经网络的训练/学习函数，下面补充介绍一些。

1）训练函数

trainbfg函数：此为准牛顿算法函数，trainbfg函数使用线性搜索方法。

基本格式：[net,TR]= trainbfg(Net，Tr，trainV，valV，test)

这是带有返回值的函数。

返回值参数说明：

net——经过训练后的神经网络；

TR——进行训练时的相关信息。

函数参数说明：

Net——需要进行训练的神经网络；

Tr——有延迟的输入向量；

trainV——训练向量；

valV——验证向量；

test——测试向量。

这种训练函数要求神经网络的主要函数可微。此外，训练函数还包含了很多常规参数和线性搜索参数，其本格式为：

```
net.trainParam.****.
```

例如：

```
net.trainParam.epochs                    % 训练次数
net.trainParam.goal                      % 训练性能目标
...
```

这些参数可以通过 MATLAB 的帮助文件获取。

在 MATLAB 神经网络工具箱中 BP 神经网络常用的训练函数如表 5-2 所示。

表 5-2　BP 神经网络常用的训练函数

常用的训练函数	基本功能
trainbr	贝叶斯归一法训练函数
trainb	以权值、阈值的学习规则，采用批处理的方式进行训练
trainbu	无监督 trainb 训练
trainc	以学习函数依次对学习样本进行训练的函数
traincgb	Powell-Beale 共轭梯度反向传播训练函数
traincgf	Fletcher-Powell 变梯度反向传播算法训练函数
traincgp	Polak-Ribiere 变梯度反向传播算法训练函数
traingd	梯度反向传播算法训练函数
traingdm	附加动量因子的梯度反向传播算法训练函数
trainlm	LM 反向传播算法训练函数
trainoss	OSS 反向传播算法训练函数
trainrp	RPROP 反向传播算法训练函数
trainscg	SCG 反向传播算法训练函数
trainr	以学习函数随机对输入样本进行训练的函数
traingx	自适应调节并附加动量因子的梯度反向传播算法训练函数

这些训练函数算法各有优势，但很多时候在小规模和较为简单的神经网络中并不明显，只有在较为繁杂或具备某种特点的情况下才能显出各自的优势。关于这些算法的对比在很

多专业刊物上有详细论证,此处不做讨论。

2)学习函数

"学习和训练"也并没有那么严格的区分,这一点前面已经提到过了。也有人认为,"训练"是对于全局的权值、阈值调整,而"学习"是调整局部的神经元的权值、阈值。在第 2 章中介绍了不少学习函数,和 BP 神经网络相关的常用学习函数主要是 learngd 和 learngdm。这两个函数在第 2 章中已经进行了介绍,此处不再详述。

3)激活函数

一般来讲,BP 神经网络使用 sigmoid 激活函数,包括在第 2 章提到过的单极性 sigmoid 激活函数 logsig(N)和双极性 sigmoid 激活函数 tansig(N),其参数及用法在第 2 章中均已介绍,此处不再详述。

4)性能指标函数

(1) mse 函数。

mse 函数是 mean square error 首字母的缩写,是使用均方误差对神经网络的计算精度进行评价的。其基本格式为:

perf=mse(net,t,y,ew)。

参数说明:

net——需要评价的神经网络;

t——网络的目标向量或矩阵;

y——实际输出的向量或矩阵;

ew——误差权重。

该性能指标函数不仅用在 BP 神经网络中,很多其他网络的性能也使用其进行衡量。

(2) msereg 函数。

msereg 函数是均方误差规范化函数。该函数通过两个因子的加权和对网络的性能进行评价。其基本格式为:

perf=msereg(E,Y,X,FP)。

参数说明:

E——网络的误差向量或矩阵;

Y——网络的输出向量;

X——权值、阈值向量;

FP——性能参数。

(3) mae()函数。

mae()函数是平均绝对误差函数。其基本格式为:

perf=mae(E,Y,X,FP)。

参数说明:

E——网络的误差向量或矩阵;

Y——网络的输出向量;

X——权值、阈值向量；

FP——性能参数。

除了这些比较关键和常用的函数以外，MATLAB 还提供了很多绘图函数，以便于观察神经网络的运行情况。但这些函数与神经网络运行机制的关系并不太大，此处不再详述。

5.2.1　BP 神经网络在分类问题中的应用

神经网络的一个重要应用就是分类。在前面所讲过的几类神经网络中已经对分类问题进行了一些讨论。本章也利用 BP 神经网络对"与"问题分类进行了分析说明。"与"问题属于线性分类问题，而非线性分类问题通常是考核一个分类算法的效率的，因此下面仍以"异或"问题为例看一下 BP 神经网络的处理方式。

【例 5.5】　试设计 BP 神经网络，使用该网络对数字逻辑中的"异或"问题进行分类，并对比分析与其他神经网络的不同。

解："异或"问题的真值表也已熟悉，此处不再赘述。针对此问题，利用 BP 神经网络进行解决，其代码如下：

```
clear all
clc

% 设置数据,"异或"问题
p = [0 0 1 1;0 1 0 1];
t = [0 1 1 0];

% 创建级联网络,参数采用默认值.也可用 cascadeforwardnet 函数使用创建网络
net = cascadeforwardnet();

net.trainParam.goal = 0.001;          % 设置训练目标
net.trainParam.epochs = 1000;         % 设置训练迭代次数

% 对网络进行训练
LP.lr = 0.1;
net.trainParam.show = 20;
net = train(net,p,t);

% 输出训练结束后的权值、阈值
iw1 = net.iw{1}                       % 隐含层权值、阈值
b1 = net.b{1}
iw2 = net.iw{2}                       % 输出层权值、阈值
b2 = net.b{2}
```

运行上述代码，得到：

```
iw1 =
    2.9961    - 3.2593
```

```
        2.8874      3.3566
      - 2.7962      3.4328
        4.4244    - 0.1565
        1.7631      4.0736
      - 3.2172    - 3.0332
      - 4.2131    - 1.4357
        0.4946      4.3978
        3.7214      2.3939
        3.1423      3.1052
b1 =
      - 4.4272
      - 3.4396
        2.4570
      - 1.4757
      - 0.4694
      - 0.5821
      - 1.4370
        2.4610
        3.4531
        4.4336
iw2 =
      - 0.0403    - 0.4297
b2 =
      - 0.0944
```

同时,弹出如图 5-11 的界面。在此基础上可以观察其性能指标及训练情况,如图 5-12 所示。

从图中可以看出,使用 BP 神经网络解决"异或"问题训练的迭代过程较短,在很短时间内就可以达到收敛,而且也满足指标的要求。

接下来,仿照例 5.1,对网络进行测试,输入样本数据:

```
x = [ 0 0 1 1; 0 1 0 1 ];
a = sim ( net, x )
b = a > 0.5
```

得到:

```
a =
      0.0007      1.0186      1.2409    - 0.0857
b =
          0           1           1           0
```

从结果可以看出,BP 神经网络的运行结果仍然保持了相当的容限,数据经整形后得到了期望的结果。

对照例 5.1,并使用相同的测试数据对 BP 神经网络处理"异或"分类问题的泛化性进行考核。输入例 5.1 的测试数据:

```
x = [ 0.3 0.4 1.4 1.35; 0.2 0.78 0.42 1.31 ];
```

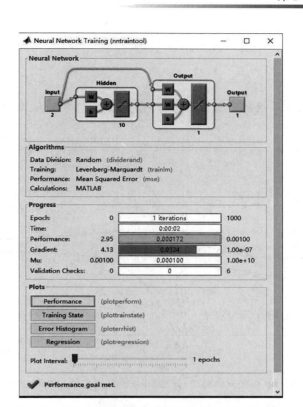

图 5-11 使用 BP 神经网络解决"异或"问题训练界面

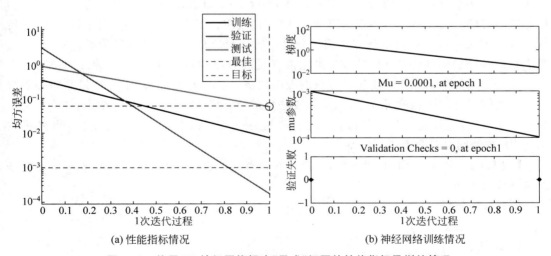

(a) 性能指标情况   (b) 神经网络训练情况

图 5-12 使用 BP 神经网络解决"异或"问题的性能指标及训练情况

对网络进行测试，可以得到：

```
a =
   0.2073   1.2095   0.8294   - 0.1381
b =
     0     1     1     0
```

将这两次的测试结果绘制于坐标图上，可得如图 5-13 所示的结果，图中也给出了非线性分类线。

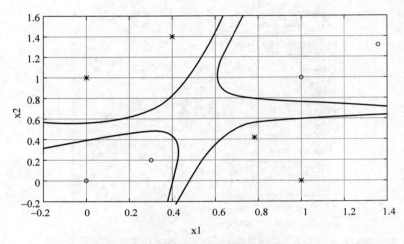

图 5-13 BP 神经网络处理"异或"非线性分类问题（带有一定的容限）

以上所讨论的分类基本都属于二分类的范畴。在实际的工作和实践过程中，有很多情形属于多元多重分类。所谓的多元多重分类是说在一个分类任务中，不仅只有一类数据集，同时这一类的分类任务中也不仅只有两类数据，而是包含了更多的类别。对于这种情况，传统的分类方法一般是通过统计方法将二分类进行嵌套应用：不断进行二分类，最终达到对数据集彻底分类的目的。这样的方法虽然很直观，但是分类效率却不高。神经网络对于多元多重分类的效率明显比传统统计方法的效率要高，这是因为神经网络方法只需要提供数据集和足够充分的训练就可以了，而不需要进行复杂的统计运算。在第 3 章中，讨论了对于数字和字母的识别，其实对数字和字母的识别就是一种一元数据集的多重分类。此处可以构建 BP 神经网络对数字进行识别。

【例 5.6】 试设计 BP 神经网络，并使用该网络对数字进行识别，对比分析与第 3 章感知机网络的不同。

解：代码如下：

```
clc
clear all
% 输入训练样本
p = [1 1 1 1 0 1 1 0 1 1 0 1 1 1 1;        % 数字 0
  ...
  1 1 1 1 0 1 1 1 1 0 1 1 1 1 0]';         % 数字 9
```

```
%输入目标向量
t = [ 0 1 2 3 4 5 6 7 8 9 ];          %由于识别(分类)结果不仅只有两类,因此属于多重分类


%设定输入向量每个维度的最小值和最大值
pr = [ 0 1; 0 1...; 0 1 ];

%建立 BP 神经网络,学习(训练)函数均为默认
net = feedforwardnet( );

%设置最大迭代次数为 50
net.trainParam.epochs = 50;

%将训练集 p 和目标输出 t(分类结果)载入网络 net
[ net, Tr ] = train( net, p, t );

%输出训练结束后的权值、阈值
iw1 = net.iw{1}                       %隐含层权值、阈值
b1 = net.b{1}
iw2 = net.iw{2}                       %输出层权值、阈值
b2 = net.b{2}
```

运行上述代码,得到如图 5-14 所示的结果。

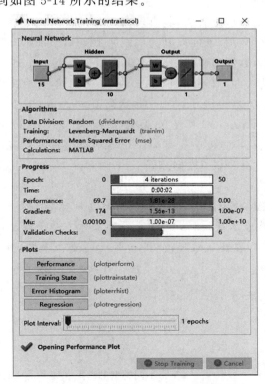

图 5-14　例 5.6 中 BP 神经网络识别数学的情况

　　将图 5-14 与图 3.16 做对比,可以看出网络的结构、算法都不尽相同。那么具体表现在什么地方呢? 可以输入数据对其进行测试。输入:

```
x = [ 0 1 1 1 1 0 1 1 1 1 0 1 1 1 1 ]';          %数字 6
a = sim(net,x)
```

　　经训练后,得到如表 5-3 所示的结果。

表 5-3　例 5.6 中 BP 神经网络识别数字的结果

运行次数	1	2	3	4	5	6	7	8
识别结果(a=)	5.9654	5.9683	5.9716	5.9992	5.9938	6.0016	6.0000	5.9997

　　从表 5-3 中可以看出,程序代码的输出结果并不是“标准”的数字 6,而是在某个小的范围内进行波动。这仍然是由于采用了 sigmoid 激活函数所带来的优势,并不是网络的精度降低了,而是为网络提供了一定的容限。

　　以上所提到的分类通常是在一维的数据输入情况下进行分类。在实际的应用中,有很多情况会有多维数据分类的,这就是所谓的多元多重的分类。传统的多元多重分类方法通常借助于多元统计分析的方法进行,其数学推导较为复杂,需要较为深入的统计学知识,而且计算量也比较大。而使用神经网络的方法对其进行分类,不需要过多的统计学知识,计算量仅与神经网络本身的复杂程度有关,具有较为明显的优势。在多元多重分类中通常以鸢尾花数据集分类为例进行介绍,下面以其为例说明 BP 神经网络对于多元多重分类的处理。

　　鸢尾花(俗称蝴蝶兰)数据集(Iris flower data set,Fisher's iris data set)是英国统计学家、生物学家罗纳德·费舍尔(Ronald Fisher)在其 1936 年的论文中提出的一种多元数据集,用来作为多元多重分类的例子,有一批鸢尾花可分为 3 个品种,分别为刚毛鸢尾(setosa)、弗吉尼亚鸢尾(virginica)和花斑鸢尾(versicolor)。不同品种的鸢尾花的花萼长度、花萼宽度、花瓣长度、花瓣宽度会有差异。现需根据这些花的花萼长度、花萼宽度、花瓣长度、花瓣宽度的数据进行分类(数据来源: http://en. wikipedia. org/wiki/Iris_flower_data_set)。

　　【例 5.7】　试设计 BP 神经网络,使用该网络对鸢尾花数据集进行分类。

　　解:首先将数据下载至本地,然后进行下一步工作。对于数据的读取可以根据第 2 章所给出的方法,也可将其存在默认路径,使用指令代码读取。将代码读取后,进行分类。代码如下:

```
%将训练数据分为列向量
f1 = trainData(:,1)
f2 = trainData(:,2)
f3 = trainData(:,3)
f4 = trainData(:,4)
class = trainData(:,5)          %将不同类型的鸢尾花编号,分别为1,2,3
```

```
%特征值归一化
[input,minI,maxI] = premnmx( [f1, f2, f3, f4 ]') ;

%构造输出矩阵
s = length( class) ;
output = zeros( s, 3 ) ;
for i = 1 : s
output( i, class( i ) ) = 1 ;
end

%创建级联型神经网络,隐含层有 8 个神经元
net = cascadeforwardnet(8)

%设置训练参数
net.trainparam.show = 50 ;
net.trainparam.epochs = 500 ;
net.trainparam.goal = 0.01 ;
net.trainParam.lr = 0.01 ;
%对该神经网络进行训练
net = train( net, input, output' ) ;
```

运行上述代码得到如图 5-15 所示的结果。

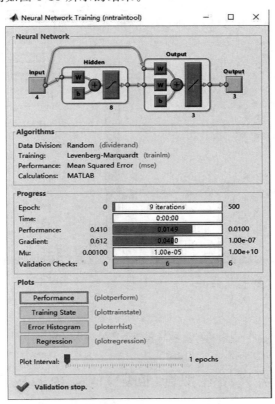

图 5-15　鸢尾花数据集多元多重分类情况

另取数据对该网络进行验证,读取测试数据并进行归一化处理后,对测试数据进行仿真验证,有:

```
% 测试数据归一化
testInput = tramnmx ( [t1,t2,t3,t4]', minI, maxI ) ;
% 对测试数据进行仿真验证
Y = sim( net, testInput )
```

运行结果为:

```
Y =
    0.9859    0.9844    0.0033    - 0.0441    - 0.0025    - 0.0443
    0.0075    0.0101    0.9940    - 0.0965    0.0465    0.4158
    0.0309    0.0659    - 0.0422    1.1744    0.9831    0.5751
```

从运行结果中可以看出,当前的鸢尾花到底应该属于哪个类别,神经网络给出的是可能性(可以理解为概率)。此外,如果单击图 5-15 界面中的 Error Histogram 可以得到如图 5-16 所示的误差直方图。从图中可以看出,整个误差的外轮廓线基本服从正态分布。图中的实心条形柱代表训练数据,横虚线条形柱代表验证数据,斜实线条形柱代表测试数据。直方图提供了离群值的指示,离群值是拟合度明显比大多数数据差的数据点。在这种情况下,可以看到大多数误差都在-0.59 到 0.55 区间。

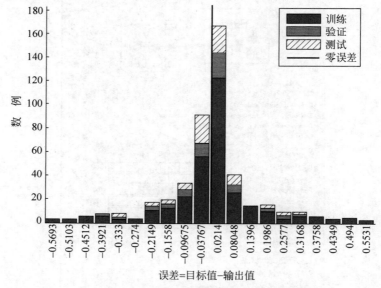

图 5-16 鸢尾花数据集分类误差图

5.2.2 BP 神经网络在拟合(回归)问题中的应用

很多情况下,实际问题的解决需要获得一个系统模型,简单地说就是系统的输入、输出关系。在一些书中,使用"回归"一词来描述系统模型的建模过程。回归的意思是说数据尽管有些变化,但终究会回到所给出的模型上。但这个词会产生很多歧义,有的学者(Richard A. Johnson 等)认为这个词"既没有充分反映这种方法的重要性,也没有反映这种方法的广泛性"。因此,在本书中使用了"拟合"来表达获取输入、输出模型建立的过程,同时也说明在本书中所谓的"回归"和"拟合"指的是同样的方法。

系统模型通常有两种类型:一是解析型模型,一是非解析型模型。所谓的解析型模型是指经过数据拟合后得出的模型可以使用一个数学公式表达;而非解析模型则只给出输入、输出之间的对应关系,并不给出一个公式。神经网络的拟合方法可以进行解析型模型的拟合,也可以进行非解析模型的数据拟合。但更多的情况是其对于非解析模型的数据拟合。

下面以正弦函数为例考查 BP 神经网络进行非线性拟合的情况。首先将一个周期正弦函数的数据处理为离散点:

```
P = 0:0.3:6.28;
T = sin(P);
plot(P,T,'+')
```

【例 5.8】 试设计 BP 神经网络,使用该网络对上述数据进行拟合,并对拟合情况进行分析。

解:利用神经网络对上述数据进行拟合,代码如下:

```
clc
clear all
% 输入训练样本
P = 0:0.3:6.28;
T = sin(P);
% 建立 BP 神经网络,学习(训练)函数均为默认
net = feedforwardnet();

% 设置训练参数
net.trainparam.show = 10 ;
net.trainparam.epochs = 1500 ;
net.trainparam.goal = 0.001 ;
net.trainParam.lr = 0.015;
% 对该神经网络进行训练
net = train( net, P,T) ;

% 对网络进行仿真,并绘制仿真后的曲线图
R = sim(net,P)
plot(P,R)
hold on
```

运行上述代码,得到如图 5-17 所示的仿真界面。

散点与经过神经网络拟合后的曲线如图 5-18 所示,可以直观地看出神经网络对于正弦

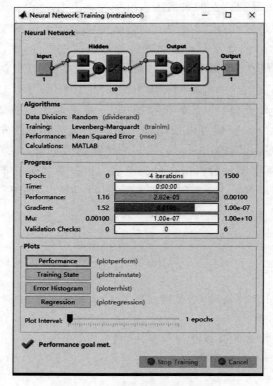

图 5-17　正弦函数拟合仿真界面

函数散点图的拟合情况。从图中可以看到,有些点的拟合情况并不是很好,并没有完全与曲线相互吻合,但这是与网络的训练目标均方误差(Mean Squared Error,MSE)相互适应。如果想了解拟合的详情,可以单击图 5-17 中的 Regression 按钮得出对于仿真情况的评价,如图 5-19 所示。

　　图 5-19 分别给出了神经网络在拟合过程中训练样本、验证样本、测试样本、总体的拟合评价情况。R 值越接近 1,则说明拟合得越好,精度高。

　　在神经网络的计算中,容易出现过拟合现象。所谓的过拟合就是对训练过的数据过分拟合,而对于其他未经训练的数据则表现出不太适应的情况。为防止过拟合的出现,MATLAB 将数据划分成 3 部分,分别为 training(训练)、validation(验证)和 test(测试)。在网络运行过程中,只有 training 部分数据参加训练,其他两部分数据不参加训练而用于检验。训练进行时,目标和训练数据之间的误差会越来越小(因为网络就是根据这些数据训练的),刚开始时,验证数据与验证目标之间的误差也会变小,可随着训练的增加,测试数据的误差继续变小,验证数据的误差反而会有所上升,这说明神经网络的泛化性受到了影响。

　　从图 5-19 中可以看出,在本次训练过程中总共投入 21 个离散的数据。在对数据的处理过程中,MATLAB 将其中的 15 个数据列为训练数据,3 个数据列为验证数据,3 个数据

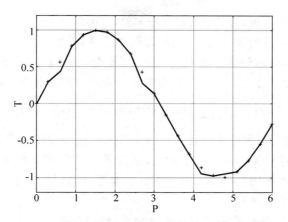

图 5-18 神经网络对于正弦函数散点图的拟合情况

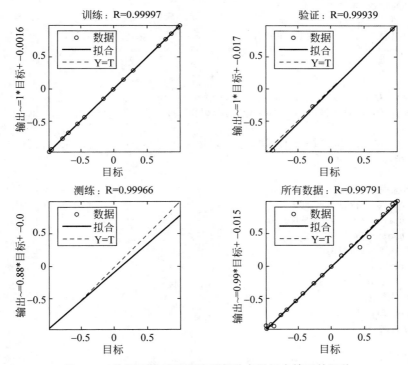

图 5-19 神经网络对于正弦函数散点图拟合情况的评价

列为测试数据。对于训练数据：R＝0.99997；对于验证数据：R＝0.99939；对于测试数据：R＝0.99966；所有数据总体：R＝0.99791。说明拟合的效果很好，数据与拟合结果之间存在很强的相关性。

读者也许会注意到，在图 5-18 中的拟合曲线并没有通过某些点，于是可能会认为拟合得不够好，其实这并不是说明拟合得不好，因为如果拟合曲线通过每一个离散点，就会陷入"过拟合"问题:再有新的数据出现,势必会引起新的调整,这不是一个好的拟合方法。

解决过拟合的方法有很多种,其中比较常用的是正则化方法。正则化方法的特点就是保留数据所有的特征,但是降低参数的量/值。正则化的好处是当数据表现出的特征很多时,每一个特征都会对拟合贡献一份合适的力量。以线性拟合为例,即

$$J(\theta) = \frac{1}{2m} \left[\sum_{i=1}^{m} (h_\theta(x^{(i)}) - y^{(i)})^2 + \lambda \sum_{j=1}^{n} \theta_j^2 \right] \tag{5-39}$$

在 MATLAB 里专门设置了正则化的训练函数 trainbr,以提高 BP 神经网络的泛化能力。下面以带有白噪声的超声电机动态响应过程数据为例,考查数据正则化对数据拟合的影响。

【例 5.9】 试设计 BP 神经网络,对超声电机动态响应过程数据进行拟合,分析正则化与否对数据拟合的影响情况。

解:首先使用 L-M 优化算法对数据进行拟合,代码如下:

```
% 输入自变量数据
P = [0:1:100];
% 使用数据导入向导导入数据,并命名为 T
plot(P,T,'+')                    % 绘制数据散点图
hold on

% 创建神经网络
net = newff(minmax(P),[20,1],{'tansig','purelin'});

% 使用 L-M 优化算法对网络进行训练
net.trainFcn = 'trainlm';

% 设置训练参数
net.trainparam.epochs = 500 ;
net.trainparam.goal = 1e-6 ;
net.trainParam.lr = 0.015;
% 对该神经网络进行训练
net = init(net);
[net,tr] = train(net,P,T);
% 对神经网络进行仿真
A = sim(net,P);
% 计算仿真误差
E = T - A
% 绘制拟合图
plot(P,A)
```

然后,使用贝叶斯正则化方法对该神经网络进行训练。只需将训练函数改为 trainbr,即:

```
% 使用贝叶斯正则化方法对网络进行训练
net.trainFcn = 'trainbr';
```

其余代码均保持不变,然后对比两种方法训练网络的结果,如图 5-20 所示。

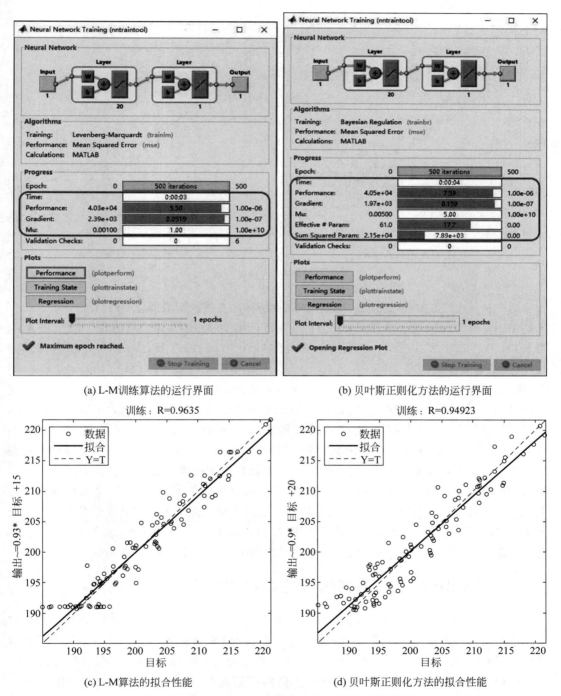

(a) L-M训练算法的运行界面

(b) 贝叶斯正则化方法的运行界面

(c) L-M算法的拟合性能

(d) 贝叶斯正则化方法的拟合性能

图 5-20　对同一神经网络两种不同的训练方法的比较

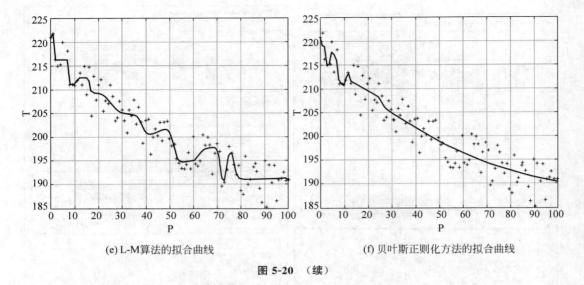

(e) L-M算法的拟合曲线   (f) 贝叶斯正则化方法的拟合曲线

图 5-20 （续）

图 5-20(a)、图 5-20(c)、图 5-20(e)为 L-M 训练算法在神经网络中应用的结果;图 5-20(b)、图 5-20(d)、图 5-20(f)为贝叶斯正则化方法在神经网络中应用的结果。从仿真界面图 5-20(a)、图 5-20(b)的对比来看,在贝叶斯正则化方法中运行时间、偏差等方面要比 L-M 算法差一些,但多了有效参数(Effective ♯ Param)以及平方和误差性能参数(Sum Squared Param)两项指标,对仿真的性能给出了进一步地刻画;从回归性能图 5-20(c)、图 5-20(d)对比来看,L-M 算法的 R 值(R=0.9635)比贝叶斯正则化方法 R 值(R=0.94923)更接近于 1,这样来看似乎使用 L-M 算法要比贝叶斯正则化方法的拟合效果好;但是在图 5-20(e)、图 5-20(f)两种方法的拟合结果中可以看到,L-M 算法的拟合曲线波折较大,而贝叶斯正则化方法仅在拟合初期略有波动,随后就进入了比较有规律的动态变化区。结合超声电机自身的运行规律,可以得出图 5-20(f)的拟合是比较符合实际情况的,因为在电机的动态过程中,虽有一些振荡或波动,但总体的变化趋势是要进入稳态运行的。因此虽然从当前数据角度来讲,L-M 算法虽然拟合的效果看起来很好,但实际上是一种过拟合,而使用贝叶斯正则化方法避免了过拟合的发生,提供了一种比较切合实际的拟合结果。

5.2.3   BP 神经网络在信号处理中的应用

在信号处理方面常常需要对信号的有用部分进行复现,将干扰信号除去,这一般称为最优滤波问题。根据滤波理论又分为平滑问题、滤波问题和预测问题。平滑问题和数据拟合有很大相似性,前面已经讨论过。下面讨论 BP 神经网络在滤波问题和预测问题上的应用。

针对滤波问题,可以使用经过白噪声污染的正弦波来进行测试。首先构建 BP 神经网络滤波器,然后在该滤波器经过训练后观测其滤波的效果。

【例 5.10】 试设计 BP 神经网络,对经过白噪声污染的正弦波构建低通滤波器,并进行分析。

解：根据以上要求，构建低通滤波器，代码如下：

```
clear all
clc
%产生带有白噪声的正弦信号
a = 0:0.01:6.28
t = 2 * (rand(1,629) - 0.5)
P = sin(a) + t
plot(a,P,'-')                    %绘制滤波前的波形
hold on

%利用 BP 神经网络进行滤波
T = sin(a)                       %滤波目标
%创建 BP 神经网络,各参数均为默认
net = feedforwardnet();

%设置训练参数
net.trainFcn = 'trainlm';
net.trainparam.show = 1000;
net.trainparam.epochs = 1000 ;
net.trainparam.goal = 0.001;
net.trainParam.lr = 0.01 ;

%对该神经网络进行训练
net = train(net,P,T);

%对网络进行仿真,并绘制滤波图形
Y = sim(net,P);
plot(a,Y)
hold on
```

运行上述代码可得如图 5-21 所示的界面，其滤波情况如图 5-22 所示。

从图中可以看出，该神经网络确实对输入的波形进行了滤波，噪声幅值明显比输入的情况有所降低，但距理想情况还有些差别。可见，对 BP 神经网络做滤波器训练，不是特别有效。因为这种神经网络的滤波方法本质上还是一种频域滤波方式，采用这种频域滤波方法对于传统的滤波问题可能会收到较好的效果。但对于白噪声污染的信号，采用时域滤波方法会更有效。

此外，对于图像增强、降噪，特定信号的

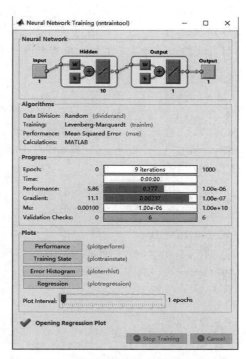

图 5-21　低通滤波构建的 BP 神经网络

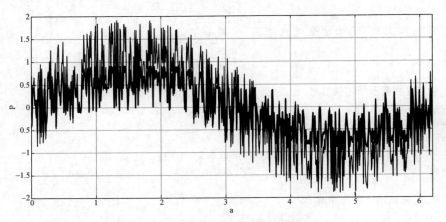

图 5-22　BP 神经网络的低通滤波情况

分解等问题,单纯使用频域分析是无法解决的,可以使用神经网络来进行。但使用简单的 BP 神经网络处理也不太理想,需要将神经网络引向"深度",即所谓的深度学习或深度神经网络进行处理。

　　下面讨论对于时域信号的预测问题。同样地,以超声电机的动态预测为例,采用 BP 神经网络对经过滤波后的超声电机动态过程进行数据预测。

　　【例 5.11】　试设计 BP 神经网络,对超声电机动态响应过程经滤波后的数据进行分析,并进行预测。

　　解：根据以上要求,首先对原有数据进行建模,代码如下：

```
clear all
clc
% 进行神经网络建模预测
cla = 2;                  % 指定建模阶数
data = x;                 % 输入序列(须为行向量)
n = length(data);

% 调整输入和目标数据序列
P = zeros(cla,n − cla);
for i = 1:n − cla
    P(:,i) = data(i:i + cla − 1)';
end
T = x(cla + 1:end);

% 创建网络
hiddenLayerSize = 10;
net = fitnet(hiddenLayerSize);
```

```
% 对网络进行训练
[net,tr] = train(net,P,T);
% 进行仿真及计算误差
y = net(P);
errors = T − y;
% 绘制误差的自相关函数图
figure,ploterrcorr(errors)

% 绘制误差的偏相关函数图
figure,parcorr(errors)

% 对比预测的趋势与原趋势
figure,plotresponse(con2seq(T),con2seq(y))
```

在这段代码中,首先确定了进行非线性时间序列建模的阶数(2),然后根据输入的数据进行神经网络建模。在此处,建立神经网络模型时使用了 fitnet 函数,这是 MATLAB 中的神经网络拟合函数,其基本结构正是 BP 神经网络,具有 3 层网络形式,隐含层默认具有10 个神经元,学习训练算法默认为 L-M 算法。运行上述代码,得到如图 5-23 所示的界面。图 5-24 中给出了进行拟合建模的数据特征及基本拟合情况。其中图 5-24(a)为偏差的偏相关函数图,图 5-24(b)为偏差的自相关函数图,图 5-24(c)为偏差的建模拟合基本情况。

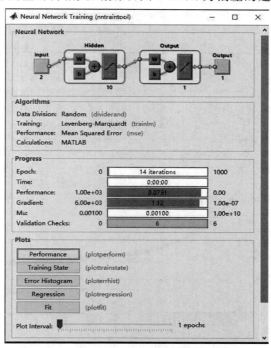

图 5-23　例 5.11 的建模/预测模型界面

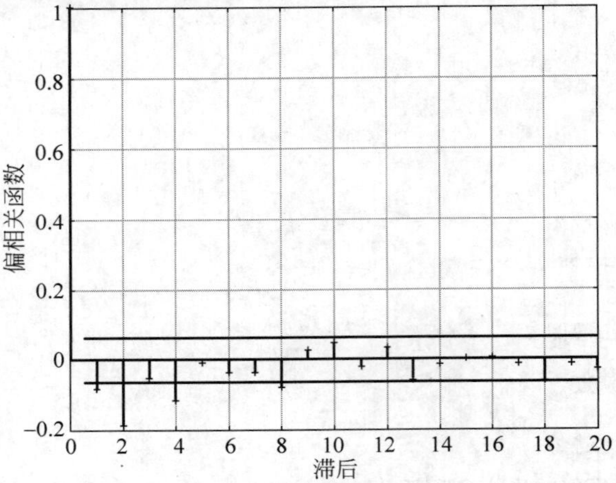

(a) 偏差的偏相关函数图

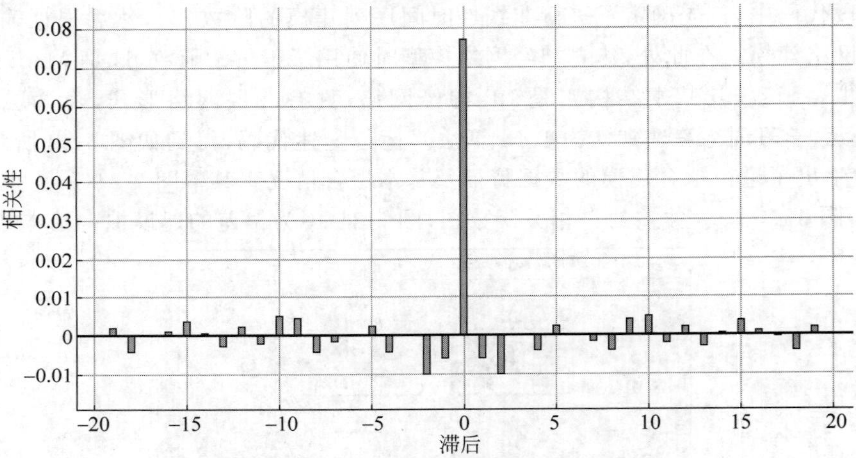

(b) 偏差的自相关函数图

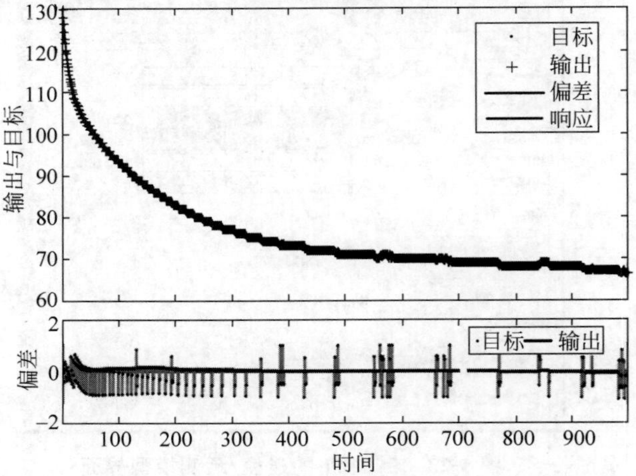

(c) 偏差的建模拟合基本情况

图 5-24　例 5.11 中拟合建模的数据特征及拟合的基本情况

在有了基本模型之后就可以进行预测了，代码如下：

```
fn = 7;                      % 设定预测步数
org = data(n - cla + 1:end)';
Yuce = zeros(1,fn);          % 预测输出

% 多步预测时,用循环重新输入
for i = 1:fn
    Yuce(i) = net(org);
    org = [org(2:end);Yuce(i)];
end
% 画出预测图
figure,plot(1:1000,data, 'b',1001:1007,Yuce,'r')
```

运行以上代码，得出如图 5-25 所示的预测情况（数据局部），从图中可以看出预测的基本趋势。在预测的过程中，除了需要对数据偏差关注外，还需要对其偏差的数字特征进行考查。从图 5-24(a)和图 5-24(b)中可以看出，偏差的自相关函数和互相关函数基本呈现出了"截尾"的特性，这说明偏差除了有零阶自相关外，与其他的误差数据点相关性都不大，体现了较好的动态数据拟合效果，同时也说明了预测的置信度比较高。

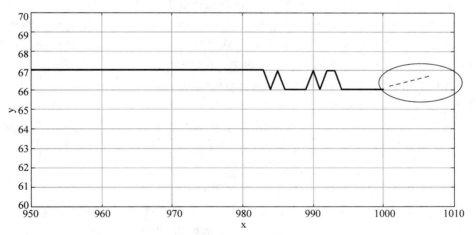

图 5-25　例 5.11 的预测情况

5.3　关于 BP 神经网络的几点讨论

BP 神经网络与之前的神经网络相比，在网络理论及性能方面已逐渐走向成熟。其神经元的激活函数由阶跃型函数变为连续可微的 sigmoid 函数，使得网络输出更为"柔性"，提高了非线性运算的能力。BP 神经网络具有很多优势，具体如下。

（1）非线性映射能力。

BP 神经网络的非线性映射能力体现在对于非线性系统的建模（拟合）上。在 BP 神经

网络出现之前进行非线性系统建模（函数拟合）时，不论其模型是否为动态，必须首先确定模型结构，然后再进行模型参数估计，才能完成对于系统的建模。而 BP 神经网络则只需获取输入、输出数据，不必进行模型结构及参数的辨识即可完成对于模型的建立，大大简化了建模的过程。

（2）较强的学习及适应能力。

在 BP 神经网络的训练过程中，网络可以根据输入、输出数据对于各神经元的权值、阈值进行记忆和自动调整，使其适应于外部要求，说明 BP 神经网络具有较强的学习及自适应能力。

（3）一定的泛化能力。

所谓泛化能力是指神经网络在进行工作时不仅对训练过的数据有良好的处理能力，对于网络没有"见过"的数据也应该具有一定的处理能力。与先前的神经网络相比，BP 神经网络的调整规则和训练（学习）算法使其泛化能力有了进一步的提高。

（4）一定的容错能力。

容错能力是指 BP 神经网络在其局部的神经元受到破坏后对整个神经网络的全局训练结果不会造成很大的影响。由于组成 BP 神经网络的神经元比较多，因此即使网络在受到局部损伤时仍然可以正常工作。这说明 BP 神经网络具有一定的容错能力。

由于 BP 神经网络具有这些优点，因此一经推出即受到了广大科技人员特别是工程技术人员的青睐。在模式识别、控制工程等方面显示了其强大的生命力。但是随着应用推广的不断扩大，BP 神经网络也暴露出了一些问题，这主要表现如下几个方面。

（1）BP 神经网络结构的选择没有具体和明确的理论指导。

这主要表现在神经网络层数、神经元个数的确定比较随意，在实际的工作中一般只能根据经验来选定。如果网络结构较为简单，可能会在训练或学习过程中造成网络运算不收敛；而如果网络结构过大的话，又很有可能出现过拟合的问题，使得网络的容错性较低。因此，在实际工作中如何选择合适的 BP 神经网络结构是首要问题。

（2）BP 神经网络算法对网络的收敛速度有不利影响。

BP 神经网络的权值、阈值修正算法基本采用了梯度下降法，其优化目标函数通常采用最小平方误差。这样使得算法的效率受到了一定的影响，往往出现权值修正的"饱和"情况，即每次修正并不能使权值误差有大的改变，训练过程容易陷入停顿。为了解决这个问题，通常将步长修正规则进行预先确定，但这对网络的收敛速度也有不利影响。

（3）局部极值问题。

由于采用非线性优化目标，通常使得网络的目标函数不仅存在一个极值点。在训练过程中又采用梯度下降方法，如果计算初值选择不当的话，很容易使算法陷入局部极值，从而导致整个网络的训练（学习）过程失败，很容易得出不同的结果。针对这种情况，相关研究人员进行了一定程度的改进，但这仍是 BP 神经网络的问题之一。

（4）BP 神经网络的泛化能力与训练的矛盾。

通常来讲，泛化能力与训练能力相辅相成，若训练能力较差，则泛化能力也不够好。但是过于强调训练,又容易使网络陷入"过拟合"。虽然训练能力提升了,但是网络过于照顾到一些细节数据,并不能反映出实际过程的本质规律,反而陷入了不断调整的过程中,使得整个网络迟迟不能稳定下来。因此,如何处理泛化能力与训练过程的矛盾也是 BP 神经网络需要研究的重要内容之一。

有人认为 BP 神经网络已经过时,因为对于生物或人的神经反射过程并没有完全搞清楚,贸然使用这种反向传播过程的算法只是研究人员的一厢情愿,神经网络应该更加靠近生物或人类的反射过程才能更好地解决问题。也有人认为,与其在仿生研究还没有取得令人满意的成果之前,使用这种"缺乏严密数学推证"的方法倒不如使用统计学习方法分析和处理问题。这些争论一般都是针对在相对大型和复杂的工程实践问题中所发生的,对于一般的工程问题,BP 神经网络的解决方案通常是令人满意的。BP 神经网络的基本结构和算法思想直接影响了此后很多类型神经网络的发展,而且也为机器学习及深度学习开辟了道路。

第 6 章

径向基神经网络

径向基(RBF)神经网络也是一种前馈型神经网络。其渊源可以追溯到 1985 年,英国数学家米歇尔·詹姆斯、大卫·鲍威尔提出的一种多变量插值的径向基函数方法。在 1988 年,David S. Broomhead 和 David Lowe 将径向基函数用于神经网络设计中。他们在论文《多变量功能的插值与适应性网络》中探讨了将径向基函数用于神经网络的设计,并将这种方法与传统插值方法进行了比较,进而提出了一种 3 层结构的 RBF 神经网络。此后又有很多学者对这种方法进行了研究和改进提高。

径向基神经网络在模式分类和函数逼近等方面有着不俗的表现。与传统的 BP 神经网络相比,径向基神经网络在数学理论上有了一定的保证。这可以看作是对于统计学习理论学派质疑的一个答复:在解决非线性分类问题时,将低维空间中线性不可分的分类问题通过径向基函数向高维空间映射,变为在高维空间中的线性可分问题。在这个过程中,径向基函数充当了类似"核函数"的角色。这种方法在函数逼近、插值与拟合方面,可以将多变量函数转换为单变量函数,在实际的应用中几乎可以逼近所有连续可导的函数。

径向基神经网络一般也具有 3 层结构,在其隐含层中以径向基函数作为激活函数。径向基神经网络的局部逼近能力较强,具有较快的熟练速度,不易陷入局部极值,且具有一定的鲁棒性。在模式识别、地质勘探、系统建模、控制和故障诊断等方面均有广泛地应用。

6.1 径向基神经网络的基本结构与算法基础

径向基神经网络也是一种前馈型神经网络,其基本结构与 BP 神经网络类似,也具有输入层、隐含层及输出层 3 层结构。隐含层的激活函数为径向基函数,输出层的激活函数为线性函数。其结构如图 6-1 所示。

在径向基神经网络中,输入向量可以直接映射到隐含层的空间,而输出层则是隐含层的线性组合。在此过程中,完成了数据向高维的映射,对实现线性不可分的分类问题有着特殊的意义。

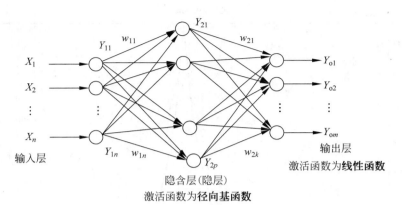

图 6-1 径向基神经网络结构

6.1.1 径向基神经网络基本结构及学习算法

径向基函数是一种左右对称的钟形函数,例如高斯函数和反射 sigmoid 函数,其基本形状如图 6-2 所示。

高斯函数为

$$f_{\phi}(x) = \exp\left(-\frac{\|x - x^p\|^2}{\sigma^2}\right) \tag{6-1}$$

反射 sigmoid 函数为

$$f_{\phi}(x) = \left[1 + \exp\left(-\frac{x^2}{\sigma^2}\right)\right]^{-1} \tag{6-2}$$

采用径向基函数作为激活函数是要模仿生物神经元靠近神经元中心点兴奋而远离中心点抑制的"近兴奋、远抑制"的效果。这一点在视神经的功能上体现得尤为突出。从图 6-2 可以看到,在中心点时函数取得最大值,而离中心点较远的地方函数值为 0。这说明径向基神经网络对于靠近中心点的数据响应强烈,而对远离中心点的数据具有一种类似"截止"的特性。另一方面,径向基函数将低维数据进行非线性处理,映射到了高维空间,这对于线性不可分的分类任务来讲具有很重要的意义,在某种程度上是神经网络学派对统计学习理论学派质疑的一种回应。

在 BP 神经网络中,隐含层的输入与权向量相关,激活函数采用 sigmoid 函数,对于所求问题是一种全局的逼近。在训练过程中,BP 神经网络权值的调节采用的基本是梯度下降法,训练(学习)速度较慢。而径向基神经网络的隐含层采用径向基函数作为激活函数,其输出与输入向量距离径向基中心的大小有关:靠近中心的数据活化程度高,远离中心的数据活化程度低,各权值只影响其对应的输出,因此具有局部调整的特性。在径向基神经网络中隐含层只有一层,因此,在网络调整过程中不需要过多地进行调整,训练速度比 BP 神经网络快。在数据的非线性拟合方面,径向基神经网络引入插值方法的思想,也比 BP 神经网络

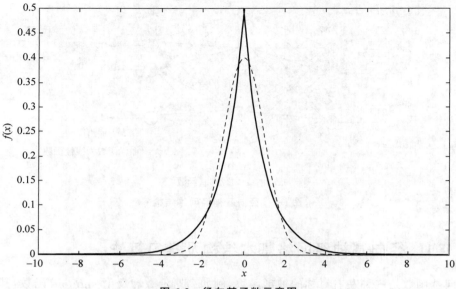

图 6-2　径向基函数示意图

要更好。

根据隐含层节点的数目情况,径向基神经网络又可以分为正规化的径向基神经网络与广义径向基神经网络。正规化径向基网络的隐含层节点与进行训练数据集的样本数目相同。之所以要选择如此巨大数量的隐含层节点主要是基于正则化理论的考虑。在函数拟合的问题中,常以偏差的平方和达到最小,作为衡量拟合效果的性能指标。而正则化方法在此基础上又添加了正则化项,所谓的正则化项主要是用来防止在学习过程中出现一味地追求偏差平方和最小而造成过拟合,网络性能缺乏泛化能力的问题。于是可以在偏差平方和最小性能指标函数上再添加一项,构造新的性能指标函数为

$$J(\theta) = \underbrace{\frac{1}{2}\sum_{i=1}^{n}\left[y^i - h_\theta(x^i)\right]^2}_{\text{偏差平方和最小项}} + \lambda \underbrace{\sum_{j=1}^{m}\theta_j^2}_{\text{正则化项}} \tag{6-3}$$

正则化参数 λ 需要进行调整,平衡偏差平方和最小化项的过拟合趋势。如果正则化参数 λ 很小,那么在式(6-3)中的第二项,即正则化项基本没有什么作用,整个性能指标又退化为原来的偏差平方和最小的指标了,这时就会出现过拟合的问题。如果将正则化参数 λ 调整得很大,那么整个网络就没有什么性能指标衡量、约束它,得到的所谓"参数"没有意义,这就又导致了欠拟合问题。因此在学习和训练过程中,需要调整正则化参数 λ,使之能够恰到好处地平衡这两个问题。

6.1.2　径向基神经网络在拟合问题中的应用分析

在拟合问题中,线性拟合的问题相对比较简单,可以使用传统的最小二乘法解决。对于

非线性函数的拟合,通常是这样考虑的:根据相应的数学定理,具有高阶可导的有界函数可以展开成泰勒级数。因此,一个非线性函数在一定的误差要求下可以写成有限项的线性组合,即

$$f(x) = \sum_{n=0}^{\infty} a_n (x - x_0)^n$$
$$\approx a_0 + a_1 x + a_2 x^2 + \cdots + a_k x^k, \quad x_0 = 0 \tag{6-4}$$

在式(6-4)中可以将 $x, x^2, \cdots, x^k$ 看作是一组"基",而整个非线性函数则是这些"基"的线性组合。将这种思想适当进行扩展,将各次幂的"基"置换为径向基函数,然后对这些"基"进行线性组合就可以拟合非线性函数。与传统的非线性函数拟合不同的是,在径向基(RBF)神经网络中这些"基"的线性组合的系数不再使用最小二乘法确定,而是将这些系数看成权系数,使用神经网络的方法对这些系数进行确定。这就是径向基神经网络进行拟合的基本原理。

也就是说,在使用径向基神经网络解决函数拟合问题时,将隐含层的节点数目设置为样本数目,而且输入的样本设定为径向基的中心,然后进行函数的拟合与逼近,这是正则化的径向基神经网络基本工作原理。假设有 P 个数据集的样本 X_P,其对应的输出值为 Y,需要求出从样本到输出的函数关系 $F(x)$。很明显,这是一个典型的拟合问题。根据正则化径向基网络设计原则,可以选定 P 个径向基函数,并使数据集中的样本对准径向基函数的中心,即

$$f_\phi(\|X - X_i\|), \quad i = 1, 2, \cdots, P \tag{6-5}$$

在式(6-5)中,X_i 为径向基函数的中心。将这 P 个径向基函数作为整个拟合过程中的一组"基",然后将这组"基"送入输出层中,利用输出层的线性激活函数进行线性组合,就可以得到拟合的函数曲线。这个过程可以形象地用图 6-3 表达。

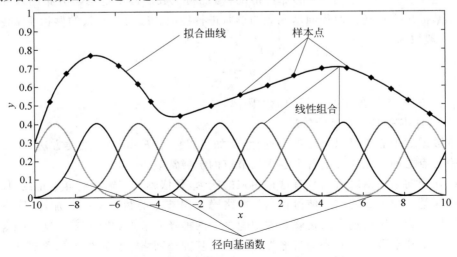

图 6-3　使用径向基函数进行函数拟合示意图

　　可以看出,这种正则化径向基网络不但能够实现对函数的拟合,还对数据插值有很强的处理能力。如果有足够的输入样本,正则化的径向基网络几乎可以逼近任何一种可导的曲线。此外,对于径向基的设置选择可以更为丰富,而不只是图 6-3 中的那样,各个基只是中心点不同,即

$$F(x) = \sum_{i=1}^{n} w_i f_{\phi i}(\|x - x_i\|)$$

式中,w_i 为各个径向基函数的权值,$f_{\phi i}(\|x - x_i\|)$ 为各径向基函数,不只是中心点 x_i 不同,函数的其他参数也可以不同。

　　将单一非线性函数的情况推广,可以得到多元非线性函数的拟合,即

$$Y(X) = \sum_{i=1}^{n} W_i F_{\phi i}(\|X - X_i\|) \tag{6-6}$$

式中,X_i——径向基函数的中心向量 $\begin{bmatrix} x_{i1} & x_{i2} & \cdots & x_{in} \end{bmatrix}^{\mathrm{T}}$;

　　Y——输出函数;

　　W_i——权系数阵;

　　$F_{\phi i}(\|X - X_i\|)$——径向基函数阵。

这样,式(6-6)可以写成

$$Y = WF_\phi \tag{6-7}$$

求解出权系数向量

$$W = YF_\phi^{-1} \tag{6-8}$$

这样,非线性函数的拟合问题就解决了。

　　在构建径向基函数时,函数的中心点可以从输入的样本中进行选取。如果数据样本比较集中,可以将这些区域的中心点适当多选,而数据样本比较稀疏的地方,径向基函数的中心点可以选择少一些。像图 6-3 的那种情况,则说明了数据样本是均匀分布的。在选择了径向基函数的中心后还需对径向基函数的形状进行控制。径向基函数的形状通常由扩展常数确定,一般取为

$$\sigma = \frac{d_{\max}}{\sqrt{2P}} \tag{6-9}$$

式中,$d_{\max}$——样本数据中心之间的最大距离;

　　P——样本数据中心点的数量。

　　样本数据的中心点可以自行进行选择,例如可以使用 K-means 聚类方法,可以根据各个聚类中心点之间的距离确定各个隐含层节点的扩展常数。

　　正则化径向基网络之所以具有这种超强的能力,是依赖于其输入的样本量的,但这也带来了一些问题。样本量的增加使得正则化网络隐含层节点的数目不断增加,给网络的运行带来了问题。为了解决这个问题就必须把隐含层的神经元节点数降下来。这种隐含层的神经元数目小于样本数的径向基网络称为广义径向基神经网络。在减少了隐含层神经元数目的基础上,广义径向基网络还对正则化的径向基网络进行了一些修正。例如,径向基的中心

点一般不设置在某些数据样本点上,其扩展也不再统一,而均在学习训练的过程中确定;对于输出层的激活函数设置阈值等。然而,广义径向基网络的优势并不在于减少隐含层神经元节点数进行函数的拟合,因为这样毕竟在精度上与正则化的径向基网络还是有一定差距的。与正则化网络相比,广义径向基神经网络的优势主要在于处理分类问题,特别是线性不可分的分类问题。

6.1.3　径向基神经网络在分类问题中的应用分析

对于线性不可分的分类问题,始终是神经网络和统计学习两大智能算法争论的核心。统计学习理论学派认为神经网络的分类方法不具有"可证伪性",而由统计学习方法发展出的支持向量机方法则会优于神经网络的分类方法。但是可以看出在处理非线性不可分问题时,径向基神经网络某种程度上兼顾了两种方法的优点。

对于线性不可分问题,仍以经典的"异或"问题为例。根据统计学习方法的观点,在低维空间的线性不可分问题如果能映射到高维空间,就很可能成为线性可分的问题,这是需要构建核函数的。而如果将径向基神经网络应用于"异或"问题,则可以构建径向基神经网络来进行分类。

"异或"问题的情况在前面的章节绘制过有关图形,此处不再绘制,仅以数据说明问题。

输入的数据为:$(0,0)(0,1)(1,0)(1,1)$

构建径向基神经网络,隐含层节点设置为两个,其激活函数(径向基函数)为

$$f_{\phi 1} = \exp(-\|x - \theta_1\|^2), \quad \theta_1 = (1,1)^{\mathrm{T}} \tag{6-10}$$

$$f_{\phi 2} = \exp(-\|x - \theta_2\|^2), \quad \theta_2 = (0,0)^{\mathrm{T}} \tag{6-11}$$

式中,$\|\cdot\|$指定为 2-范数,则输入数据集中的数据经隐含层径向基活化后所得到的结果为

$$(0,0) \to \begin{array}{l} f_{\phi 1} = \exp(-\|x - \theta_1\|^2) = \exp\left[-\left(\sqrt{(0-1)^2 + (0-1)^2}\right)^2\right] = 0.1353 \\ f_{\phi 2} = \exp(-\|x - \theta_2\|^2) = \exp\left[-\left(\sqrt{(0-0)^2 + (0-0)^2}\right)^2\right] = 1 \end{array} \tag{6-12}$$

$$(0,1) \to \begin{array}{l} f_{\phi 1} = \exp(-\|x - \theta_1\|^2) = \exp\left[-\left(\sqrt{(0-1)^2 + (1-1)^2}\right)^2\right] = 0.3679 \\ f_{\phi 2} = \exp(-\|x - \theta_2\|^2) = \exp\left[-\left(\sqrt{(0-0)^2 + (1-0)^2}\right)^2\right] = 0.3679 \end{array} \tag{6-13}$$

$$(1,0) \to \begin{array}{l} f_{\phi 1} = \exp(-\|x - \theta_1\|^2) = \exp\left[-\left(\sqrt{(1-1)^2 + (0-1)^2}\right)^2\right] = 0.3679 \\ f_{\phi 2} = \exp(-\|x - \theta_2\|^2) = \exp\left[-\left(\sqrt{(1-0)^2 + (0-0)^2}\right)^2\right] = 0.3679 \end{array} \tag{6-14}$$

$$(1,1) \to \begin{array}{l} f_{\phi 1} = \exp(-\|x - \theta_1\|^2) = \exp\left[-\left(\sqrt{(1-1)^2 + (1-1)^2}\right)^2\right] = 1 \\ f_{\phi 2} = \exp(-\|x - \theta_2\|^2) = \exp\left[-\left(\sqrt{(1-0)^2 + (1-0)^2}\right)^2\right] = 0.1353 \end{array} \tag{6-15}$$

这样可以将低维的输入样本数据通过隐含层的激活映射，变换到(f_{ϕ_1}, f_{ϕ_2})的高维空间，从而实现了在该空间的线性可分，如图 6-4 所示。

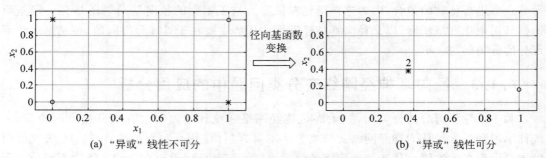

径向基函数
变换

(a) "异或"线性不可分　　　　　　　　　　　(b) "异或"线性可分

图 6-4　径向基神经网络解决"异或"问题

图 6-5 给出了径向基神经网络将低维线性不可分问题向高维空间映射，变为高维线性可分的过程。

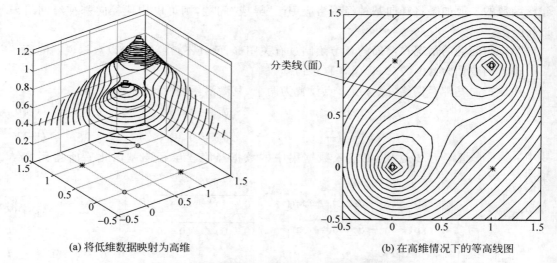

分类线(面)

(a) 将低维数据映射为高维　　　　　　　　　(b) 在高维情况下的等高线图

图 6-5　线性不可分的低维数据向高维映射的过程

从图 6-5 中可以看出，使用两个径向基函数将在二维(平面)线性不可分的问题映射到三维，在三维空间中使用等高线就可以将此线性不可分问题解决。在这个过程中，为了简单起见，在输出神经元中，隐含层神经元的权值均取 1。

从以上两个问题的推证结果来看，径向基神经网络将径向基函数作为隐含层的激活函数，输入的数据样本经过隐含层的运算后就已经完成了非线性映射。而在网络的输出层则是隐含层神经元输出的线性加权和，此处的权值可以根据网络的要求进行调整。这样，整个网络是一个非线性映射，而在输出层的权系数又是可以调整的。网络的权值可以退化为求解线性方程组，这样学习(训练)的速度大大加快，同时也避免了局部极值的问题。

隐含层神经元的节点数根据网络的结构形式,如正则化径向基网络或广义径向基网络可以确定下来。对于正则化径向基函数的中心,可以设定为数据样本本身。而对于广义径向基函数的中心设定可以从数据样本中进行确定,对于数据多的地方可以适当多取,再根据整个网络的运行情况进行适当调整。另一种方法是利用聚类的方法进行确定。这种方法先进行聚类,将数据分为若干组,然后将这些组数据的聚类中心作为径向基函数的中心,并根据径向基中心之间的距离确定扩展常数。

当隐含层的神经元节点、径向基函数确定后就可以着手处理输出层的权值更新问题了。输出层的权值更新的性能指标仍然是偏差平方和最小准则。在更新过程中可以使用梯度下降方法获得,也可以使用最小二乘方法获得。

6.2　径向基神经网络的 MATLAB 实现

在 MATLAB 的神经网络工具箱中,也提供了构建径向基神经网络的函数,下面分别进行介绍。

1) 构建径向基网络函数 newrb

基本格式:newrb(P,T,goal,spread,MN,DF)。

参数说明:

P——输入数据样本向量;

T——输出目标数据;

goal——均方误差指标;

spread——径向基函数的分布密度;

MN——神经元的最大数目;

DF——两次显示之间所添加神经元的数目。

newrb 创建的神经网络是 3 层的径向基神经网络。输入层将数据输入神经网络;隐含层为网络径向基层,在这一层的神经元激活函数均为径向基函数;输出层为隐含层神经元输出的线性组合。在网络构建时先生成一个具有径向基激活函数的隐含层单元,然后将输入的样本数据进行运算,搜寻误差最大的样本数据;然后在此基础上增加一个隐含层神经元,限定阈值为

$$b = \frac{\sqrt{-\ln(0.5)}}{\text{spread}} \approx \frac{0.8236}{\text{spread}} \tag{6-16}$$

式中,spread 为径向基函数的分布密度,默认为 1。较大的分布密度说明有大量的神经元需要适应变化较为剧烈的函数,而较小的分布密度则说明大部分神经元适应变化较为和缓的函数。输出层将隐含层神经元的输出进行线性组合,并最终作为整个径向基神经网络的输出。

当网络的性能指标(一般为均方误差)没有达到预定的目标时,增加隐含层神经元,如此反复迭代直至达到预定的性能指标或网络不再允许增加神经元为止。由于隐含层的神经元

是逐渐增加的,因此这样构建的网络可以保证较小的网络规模。

2)构建严格径向基网络函数 newrbe

基本格式:newrbe(P,T,spread)。

参数说明:同 newrb 函数。

newrbe 所创建的严格径向基神经网络也是 3 层神经网络,但是其隐含层神经元的构建不再是像 newrb 函数那样逐渐增加,而是一次到位:其隐含层神经元的数量等于输入的数据样本数,因此 newrbe 函数构建网络的速度是很快的,但同时也带来了网络规模较大的问题。

在输出层,其权值、阈值可由式(6-17)确定,即

$$[W\{2,1\}\ b\{2\}] * [A\{1\}; ones] = T \tag{6-17}$$

式中,$W\{2,1\}$、$b\{2\}$ 分别为输出层的权值、阈值,$A\{1\}$ 为网络隐含层的输出。

3)构建广义回归径向基网络函数 newgrnn

基本格式:newgrnn(P,T,spread)。

参数说明:同 newrb 函数。

newgrnn 所创建的广义回归径向基神经网络结构与 newrbe 函数所创建的类似,但更适于进行数据拟合的场合。在数据的非线性拟合方面比普通的 RBF 神经网络更具优势,更像是一种数据拟合专用径向基神经网络创建函数。

4)构建概率径向基网络函数 newpnn

基本格式:newpnn(P,T,spread)。

参数说明:同 newrb 函数。

newpnn 所创建的概率径向基神经网络结构与 newrbe 函数所创建的类似,其隐含层神经元数目与输入样本数据相同。newpnn 所创建的神经网络主要应用于模式分类的场合,输出层神经元的激活函数采用了竞争型的函数,选择距离加权值最大的结果作为输出,这也是输入的数据样本对应的最具可能性的模式分类结果。

6.2.1 径向基神经网络在拟合(回归)问题中的应用

前面提到,径向基神经网络在数据的非线性拟合中有一定的特点。下面就以受白噪声污染的正弦函数为例,考查径向基神经网络在数据拟合中的情况。

【例 6.1】 使用径向基神经网络构建函数(两种及以上)对正弦函数进行拟合,并分析它们对于数据的拟合情况。

解:由前述的径向基神经网络构建函数,选用径向基网络函数 newrb、严格径向基网络函数 newrbe 以及广义回归径向基网络函数 newgrnn 进行拟合并进行分析比较。代码如下:

```
clear all
clc
% 输入待拟合数据
```

```
P = 0:0.3:6.28;
T = sin(P)                          % 正弦函数
plot(P,T,'*');
hold on;

% 创建径向基神经网络并绘制拟合曲线
    net = newrb(P,T);
    A = sim(net,P);
    plot(P,A,'k.-.');
    hold on

% 创建严格径向基神经网络并绘制拟合曲线
    net1 = newrbe(P,T);
    A1 = sim(net1,P);
    plot(P,A1,'ro');
    hold on

% 创建广义回归径向基网络并绘制拟合曲线
    net2 = newgrnn(P,T)
    A2 = sim(net2,P);
    plot(P,A2,'m^-');
    grid on
    hold on
```

运行以上代码可得如图 6-6 所示的结果及各径向基神经网络的误差：

```
NEWRB, neurons = 0, MSE = 0.498699
```

同时，也给出了广义回归径向基网络的基本结构。

```
net2 =

    Neural Network

            name: 'Generalized Regression Neural Network'
        userdata: (your custom info)

    dimensions:

         numInputs: 1
         numLayers: 2
        numOutputs: 1
    numInputDelays: 0
    numLayerDelays: 0
numFeedbackDelays: 0
numWeightElements: 63
        sampleTime: 1

    connections:

      biasConnect: [1; 0]
     inputConnect: [1; 0]
     layerConnect: [0 0; 1 0]
    outputConnect: [0 1]
```

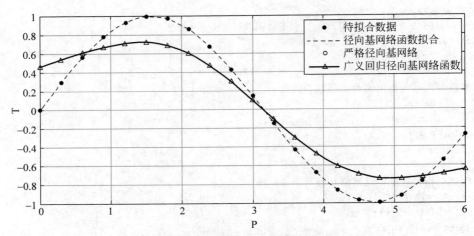

图 6-6   3 种径向基神经网络对数据的拟合情况

从图 6-6 及误差结果可以看出,由 newgrnn 所创建的广义回归径向基网络函数拟合效果并不好,这是由于在该函数中选用了默认的分布密度 spread 值所导致的,可以通过调整这个值改善 newgrnn 函数的拟合效果。

【例 6.2】   使用广义回归径向基神经网络构建函数对正弦函数进行拟合,选用多个分布密度 spread 值,并分析它们对于数据的拟合情况。

解: 由广义回归径向基网络函数 newgrnn 对正弦函数进行拟合,选用多个分布密度 spread 值,考查其拟合效果。代码如下:

```
clear all
clc
%输入待拟合数据
P = 0:0.3:6.28;
T = sin(P)                             % 正弦函数
plot(P,T,'*','MarkerSize',10);
hold on;

spread = [0.1 0.5 1 1.5];              %4 组不同的 spread 值
L_type = {'k. - .','ro:','m^ - ','bx - '};
for i = 1:length(spread)
    net = newgrnn(P,T,spread(i));      % 创建广义回归神经网络
    A = sim(net,P);
    plot(P,A,L_type{i});               %绘制拟合曲线
    hold on;
    grid on
end
```

运行以上代码,可得到如图 6-7 所示的拟合情况。

从图中可以看出,取不同 spread 值时,广义回归神经网络对数据拟合的效果差异较大,

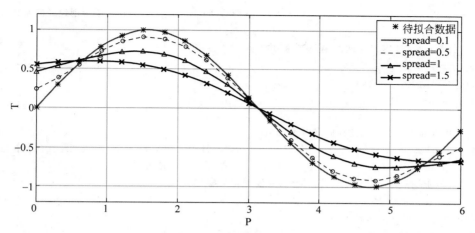

图 6-7 在不同 spread 值情况下广义回归径向基神经网络对数据的拟合情况

spread 值越小,数据拟合的效果越好,而当 spread 数值增大,曲线拟合的误差也较大。

对于数据的非线性拟合,BP 神经网络也可以进行,一般来讲 BP 神经网络的拟合效果比感知机等的效果要好。但是,与径向基神经网络相比,特别是与广义回归径向基网络相比,BP 神经网络的拟合效果与所用时间都有一定的差距。下面通过例子说明这一点。

【例 6.3】 使用 BP 神经网络、径向基神经网络以及广义回归径向基神经网络正弦函数进行拟合,并分析它们对于数据的拟合情况及所耗费的时间。

解:对于给定的数据使用 3 种神经网络进行拟合,设定相同的性能误差指标,并记录所耗费的时间,代码如下:

```
clear all
clc
% 输入待拟合数据
P = 0:0.3:6.28;
T = sin(P)                            % 正弦函数

% 创建级联型 BP 神经网络,参数采用默认值
t = clock                            % 设置时钟,记录 BP 神经网络所耗费时间
net = cascadeforwardnet() ;
net.trainParam.epochs = 1000;
net.trainParam.goal = 0.001;
net.trainParam.show = 10;
net.trainParam.lr = 0.01;
net = train(net,P,T);
time = etime(clock,t)
Y = sim(net,P);

% 使用 newrb 函数创建径向基神经网络
```

```
t1 = clock                                  % 设置时钟,记录 newrb 函数所创建径向基神经网络
                                            % 拟合所耗费时间
% 保持与 BP 神经网络相同的误差指标,并设置相关参数
net1 = newrb(P,T,0.1,0.1,10,2);
time1 = etime(clock,t1)
Y1 = sim(net1,P);


% 使用 newgrnn 函数创建径向基神经网络
t2 = clock                                  % 设置时钟,记录 newgrnn 函数创建径向基神经网络
                                            % 拟合所耗费时间
% 保持与 BP 神经网络相同的误差指标,并设置相关参数
net2 = newgrnn(P,T,0.1);
time2 = etime(clock,t1)
Y2 = sim(net2,P);


% 绘制图形并进行比较
figure('Color',[1 1 1]);
plot(P,T,' * ',P,Y,'ro - ',P,Y1,'m^ - ',P,Y2,'k - ','LineWidth',1,'MarkerSize',10);
xlabel('P');
ylabel('T/Y');
legend('待拟合数据','BP 神经网络拟合','newrb()函数拟合','newgrnn 函数拟合','Location','Best'
);
grid on
hold on
```

运行上述代码,可得到以下结果:

```
time =
    2.9840


time1 =
    1.9860
NEWRB, neurons = 0, MSE = 0.498699
NEWRB, neurons = 2, MSE = 0.403357
NEWRB, neurons = 4, MSE = 0.312742
NEWRB, neurons = 6, MSE = 0.230635
NEWRB, neurons = 8, MSE = 0.159074
NEWRB, neurons = 10, MSE = 0.101525


time2 =
    1.1370
```

从运行结果可以看出,BP 神经网络拟合运行时间最长,为 2.9840s,而使用 newrb 函数所创建的径向基神经网络拟合运行时间为 1.9860s,使用 newgrnn 函数创建的广义回归径向基神经网络对同一组数据拟合时间为 1.1370s,是耗时最短的方法。图 6-8 给出了例 6.3

中所创建的 BP 神经网络的基本情况。

对于 BP 神经网络的拟合效果可以单击该界面中的 Regression 按钮,得到如图 6-9 所示的图形。在本次训练过程中,总共投入 21 个离散的数据。在对数据的处理过程中,MATLAB 将其中的 15 个数据列为训练数据,3 个数据列为验证数据,3 个数据列为测试数据,对于训练数据:$R = 0.9992$;对于验证数据:$R = 0.99724$;对于测试数据:$R = 0.67737$;数据总体:$R = 0.94454$。说明拟合的效果基本满意,数据与拟合结果之间存在一定的相关性。

图 6-10 给出了 3 种方法对数据拟合的曲线。从图中可以看出,使用 newgrnn 函数创建的广义回归径向基神经网络拟合效果最好,使用 BP 神经网络的拟合情况居中,而使用 newrb 函数所创建的径向基神经网络拟合差强人意。结合拟合运算时间可以得出,在这 3 种方法中使用 newgrnn 函数创建的广义回归径向基神经网络对非线性数据是最好的一种拟合方法。

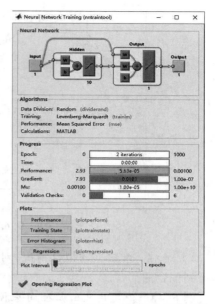

图 6-8 例 6.3 中所创建 BP 神经网络的情况

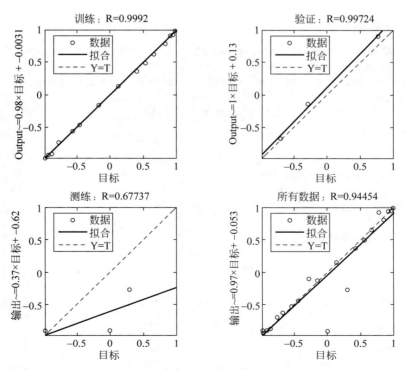

图 6-9 例 6.3 中所创建的 BP 神经网络对数据的拟合情况

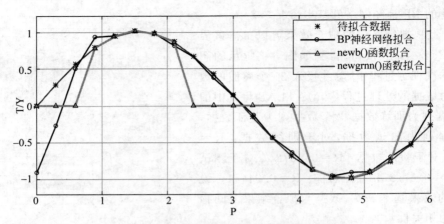

图 6-10　例 6.3 中 3 种神经网络的拟合曲线

以上是对一维数据的拟合情况,对于二维数据,可以使用广义回归径向基网络进行拟合,得到拟合曲面。

【例 6.4】　使用广义回归径向基神经网络对二维数据进行拟合,绘制拟合曲面并计算拟合误差。

解:给定训练数据,并进行广义回归径向基神经网络计算拟合,代码如下:

```
clear all
clc
% 输入拟合的二维数据样本
x = [4229042.63  4230585.02  4231384.96  4231773.63  4233028.58  4233296.71  4235869.68
     4236288.29];
y = [431695.4  441585.8  432745.6  436933.7  428734.4  431946.3  428705.0  432999.5];
% 输出目标数据
T = [1.019 1.023 1.011 1.022 1.020 1.022 1.022 1.023];
scatter3(x, y, T, '*')
hold on

% 使用广义径向基网络进行数据拟合
P = [x; y];
net = newgrnn(P, T);

% 对广义径向基网络进行数据仿真
A = sim(net, P);

% 计算相对误差
error = abs(A - T)./T;

% 进行格式转换,并绘制三维拟合曲面
xx = linspace(min(x), max(x));
yy = linspace(min(y), max(y));
```

```
[xx yy] = meshgrid(xx,yy);
zz = griddata(x,y,A,xx,yy,'cubic');
surf(xx,yy,zz);                          % 绘制三维拟合曲面
```

运行上述代码,可得如图 6-11 所示。同样地,这个曲面也是非线性的拟合结果。

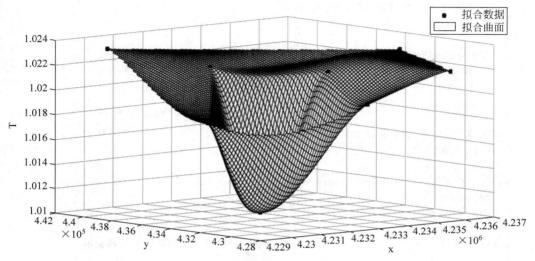

图 6-11 使用广义径向基神经网络对二维数据进行拟合

上述神经网络拟合的相对误差为 0。读者也可以使用 newrb 函数、newrbe 函数创建径向基神经网络拟合上述数据并进行对比分析。

6.2.2 径向基神经网络在分类问题中的应用

在分类问题中,径向基神经网络具备统计学习与神经网络两大人工智能算法的特点。径向基函数本身就具有"核函数"的特性,再加上神经网络的基本结构和算法,使得其在解决分类问题时有着很强的优势。

对于简单线性分类问题,一般的统计方法就可以实现。下面仍以"异或"这一典型线性不可分问题为例,使用径向基神经网络对其进行分类分析。

【例 6.5】 试设计径向基神经网络,并使用该网络对数字逻辑中的"异或"问题进行分类,并加以分析。

解:"异或"问题的数字真值表前面已有列出,此处不再重复。使用 3 种径向基神经网络函数对"异或"问题分类并进行对比分析。代码如下:

```
clear all
clc

% 设置数据,"异或"问题
p = [0 0 1 1;0 1 0 1];
```

```
t = [0 1 1 0];

% 创建基本径向基神经网络,参数使用默认值
net = newrb(p,t);

% 创建严格径向基神经网络,参数使用默认值
net1 = newrbe(p,t);

% 创建概率径向基神经网络,参数使用默认值
q = [1 2 2 1];                          % 概率径向基神经网络的训练目标值
tt = ind2vec(q);                        % 数据整形
net2 = newpnn(p,tt);

% 对网络进行测试,输入新样本数据:
x = [0 0 1 1;0 1 1 0];

% 给出 3 种不同函数所创建的径向基神经网络的仿真结果
A = sim(net,x)
A1 = sim(net1,x)
B = sim(net2,x);
A2 = vec2ind(B) - 1                      % 概率径向基神经网络结果数据整形
```

运行上述代码得到以下结果:

```
NEWRB, neurons = 0, MSE = 0.25
A =
    0.0000  1.0000  1.0000  - 0.0000
A1 =
    0.0000  1.0000  1.0000  - 0.0000
A2 =
    0  1  1  0
```

可见 3 种径向基神经网络均得到了正确的分类结果。

读者可能注意到了在使用 newpnn 函数创建径向基神经网络时与其他两个函数有所不同,这是因为该函数创建的神经网络除了具有一个径向基激活函数的隐含层以外,还有一个竞争层。而这一层使用行列号表示模式分类的关系。如 $C(2,1)$ 表示第一个训练样本的模式分类为 2;如果 C 的值为 0,则行号表示的不是所对应训练样本的模式分类,因此做了上述的调整。

为了检验这些径向基网络的泛化能力,不妨输入以下向量,例如:

```
x = [0.1  0.2  1.1  0.91; 0.2  1.2  0.1  0.81]
```

并将 spread 值调整为 0.5,再运行上述代码,得到:

```
NEWRB, neurons = 0, MSE = 0.25
A =
```

```
     0.7683   0.7303   0.9312   0.7216
A1 =
     0.1532   0.7728   0.9384   0.1418
A2 =
     0        1        1        0
```

从结果来看,说明这些网络具有一定的泛化能力(可参见例 5.5),但也说明基本径向基网络在同等情况下的分类能力并不及其他两种函数所创建的神经网络。

在讨论了"异或"线性不可分的情况后,接下来讨论多元多重分类的问题。仍采用第 5章中的鸢尾花数据分类的数据。

【例 6.6】 使用径向基神经网络对例 5.7 的鸢尾花数据集进行分类。

解:仿照例 5.7 的方法将数据导入,使用 3 种径向基神经网络对数据集进行分类。代码如下:

```
clear all
clc
% 读取训练数据
...
% 特征值归一化
...
% 构造输出矩阵
...
% 创建 3 种径向基神经网络
net = newpnn( input, output');
% 创建概率径向基神经网络
net1 = newrb( input, output');
% 创建普通径向基神经网络
net2 = newrbe( input, output');
% 创建严格径向基神经网络
```

然后取例 5.7 给出的测试数据对 3 种径向基神经网络进行验证,有:

```
% 测试数据归一化
...
% 对测试数据进行仿真验证
Y = sim( net, testInput )
A = sim( net1, testInput )
B = sim( net2, testInput )
```

运行上述代码,可以得到以下运行结果:

```
Y =
     1    1    0    0    0    0
     0    0    1    0    0    0
     0    0    0    1    1    1
```

```
NEWRB, neurons = 0, MSE = 0.222222
NEWRB, neurons = 50, MSE = 0.00831169
NEWRB, neurons = 100, MSE = 0.00167734
NEWRB, neurons = 150, MSE = 9.58219e - 18
A =
    1.0000    1.0000    0.0000    0.0000   - 0.0000    0.0000
  - 0.0000   - 0.0000    1.0000   - 0.0000   - 0.0000    0.0000
    0.0000   - 0.0000    0.0000    1.0000    1.0000    1.0000

B =
    1.0000    1.0000    0.0000    0.0000   - 0.0000    0.0000
  - 0.0000    0.0000    1.0000   - 0.0000    0.0000    0.0000
    0.0000    0.0000    0.0000    1.0000    1.0000    1.0000
```

同时也给出了径向基网络添加神经元的训练情况,如图 6-12 所示。

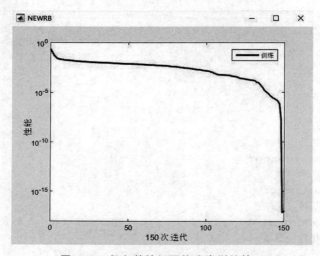

图 6-12   径向基神经网络分类训练情况

对比例 5.7 的运行结果,可以看出所有的径向基神经网络都直接给出了分类情况,而没有像 BP 神经网络那样给出的是一个"可能性"的结果。

以上所讨论的都是使用 MATLAB 代码编写所得出的径向基神经网络的分类情况。对于不是很复杂的神经网络也可以直接使用神经网络工具箱的 GUI 界面。下面仍以线性不可分的情况来说明使用 MATLAB 神经网络工具箱的 GUI 界面工具,构建径向基神经网络实现分类的情况。

【例 6.7】 使用 MATLAB 神经网络工具箱的 GUI 界面工具,构建径向基神经网络,对图 6-13 所给出的线性不可分的数据进行分类。

解: 首先在 MATLAB 命令窗口输入

```
>> nntool
```

弹出如图 2-16 所示的界面。与例 2.2 不同的是,这次选用从磁盘文件导入数据。从磁盘文件导入数据需要提供.mat 文件,也就是数据应该以.mat 文件导入。

(1) 将图 6-13 的数据形成.mat 文件,并导入神经网络 GUI 界面中,如图 6-14 所示。

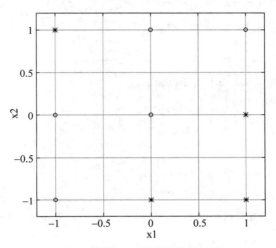

图 6-13　线性不可分的数据图示情况

```
P=[-1011-1-1001;1-10-10-1101];
T=[000011111];
save P                    % 输入训练样本数据
save T                    % 输入训练目标数据
```

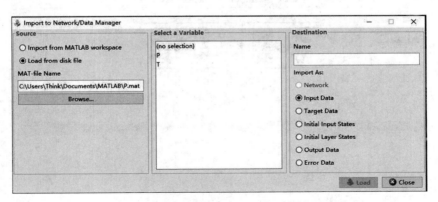

图 6-14　由磁盘文件(以.mat 文件格式)导入数据

(2) 创建新的神经网络,在 Network Type 下拉列表中选择 Radical Basis(fewer neurons)选项。由于要进行分类识别,因此不选 Radical Basis(exact fit)选项,如图 6-15 所示。将训练数据、目标数据一次选定,其他参数均按默认值处理,如图 6-16 所示。

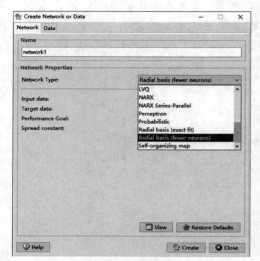

图 6-15　选定网络类型

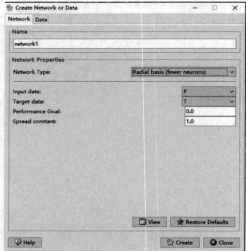

图 6-16　选择各项参数

（3）单击 Create 按钮，可以看到径向基神经网络已经创建，如图 6-17 所示。

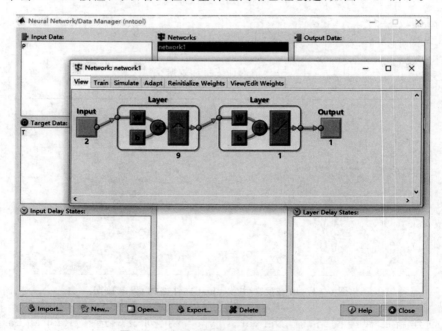

图 6-17　查看创建好的径向基神经网络

（4）在弹出的 Network：network1 对话框中选择 Simulate 选项卡，将训练参数输入对应的文本框中，单击 Simulate Network 按钮进行仿真，如图 6-18 所示。

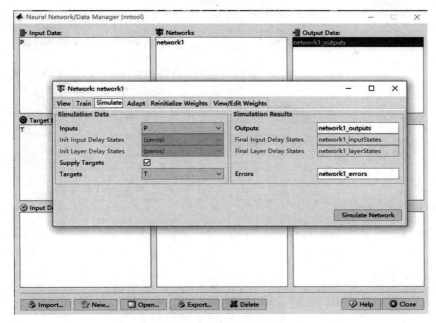

图 6-18 对网络进行仿真

在仿真结束后可以观察在输出层的权值情况,选择 View/Edit Weights 选项卡,可得如图 6-19 所示的权值结果。返回后可以看到仿真的结果,包括仿真训练结果及误差,如图 6-20 所示。

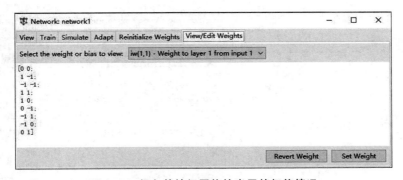

图 6-19 径向基神经网络输出层的权值情况

在网络训练完成后可以输入一些新数据,观察该神经网络的泛化情况。例如可以在 MATLAB 命令行窗口输入新的测试数据:

```
>> P1 = [ -1.2  0.1  0.9  1  1  -1.1  -0.9  0  1.1;
          0.98  -1  0.2  -1.1  0.1  -1.1  1  0.2  1];
```

重复进行以上操作可以得到对新测试数据的分类结果,如图 6-21 所示。

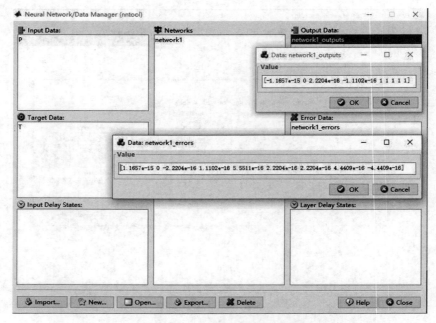

图 6-20   例 6.7 中径向基神经网络非线性分类的仿真训练结果

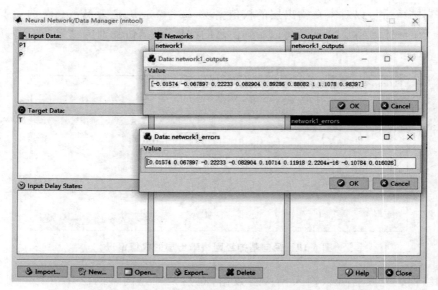

图 6-21   例 6.7 中径向基神经网络对于新测试数据的分类结果

从以上结果可以看出,分类结果均以概率形式给出。

6.2.3　径向基神经网络在数据预测中的应用

拟合是将两组数据之间的相互关系和内在联系分析清楚,并反映数据之间的变化趋势的。一旦获取了这种趋势就可以根据这种数据之间的相互关系和趋势对未来的数据变化趋势进行预测。前面对径向基神经网络的拟合已经进行了讨论,在此拟合的基础上就可以使用径向基神经网络进行数据预测了。

【例 6.8】　构建径向基神经网络,在对数据进行拟合的基础上,进行数据预测并进行分析。

解：为了考核径向基神经网络对非线性情况预测情况,可以选用正弦函数进行预测。其代码如下(可参考例 5.11)

```
clear all
clc

% 采用 10 个周期的正弦波数据作为数据源进行训练
a = 0:0.5:62.8;
x = sin(a);

cla = 3;                       % 指定建模阶数
data = x;                      % 输入序列(为行向量)
n = length(data);

% 调整输入和目标数据序列
P = zeros(cla,n - cla);
for i = 1:n - cla

    P(:,i) = data(i:i + cla - 1)';
end
T = x(cla + 1:end);

% 创建两个 spread 值不同的径向基神经网络
net  = newgrnn(P,T,0.05);
net1 = newgrnn(P,T,0.1);

% 进行仿真及计算误差
y = net(P);
y1 = net1(P);
errors = T - y;
errors1 = T - y1;
plot(1:123,errors,'r - ',1:123,errors1,'b - ')
```

运行上述代码,可以对神经网络进行训练,同时得出了两种不同 spread 值的径向基神经网络的拟合误差,如图 6-22 所示。从图中可以看出,spread 值较小的径向基神经网络拟合误差较小,这与其拥有较多的神经元有关系。

在此基础上,进行数据预测。有：

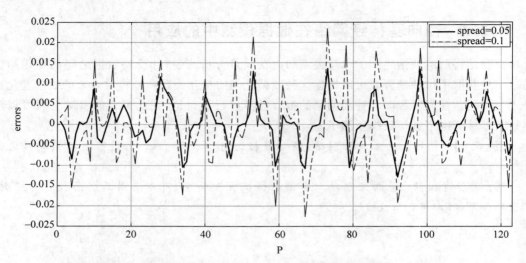

图 6-22　例 6.8 中两种不同 spread 值的径向基神经网络的拟合误差

```
fn = 7;                          % 设定预测步数
org = data(n - cla + 1:end)';
Yuce = zeros(1, fn);             % 预测输出

% 多步预测时,用循环重新输入
for i = 1:fn
    Yuce(i) = net(org);
    org = [org(2:end);Yuce(i)];
end
% 画出预测图
plot(1:132, data, 'b', 126:132, Yuce, 'r')
hold on
```

运行上述代码,可得到运用径向基神经网络进行数据预测的情况,如图 6-23 所示。

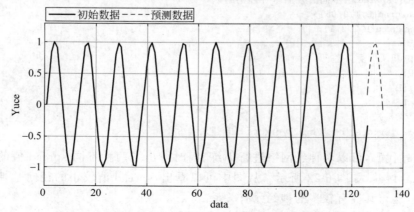

图 6-23　例 6.8 中径向基神经网络进行数据预测的情况

从图中可以看出,在将数据拟合后,径向基神经网络可以成功地对数据的趋势进行预测。上述代码是使用 spread 值为 0.05 的径向基神经网络的预测,读者可以在此基础上通过改变 spread 值观察其对于数据预测的影响情况。

6.3　关于径向基神经网络的几点讨论

在此前的神经网络中,几乎所有的神经网络均声称受到了某种生物学原理的启发,是一种“仿生智能”的体现。使用这种方式对神经网络的运行原理及算法进行描述很快受到了很多理论分析上的非议,例如瓦普尼克就援引“不可证伪性”的原理对神经网络进行了质疑。而径向基神经网络将径向基函数引入神经网络计算可以看作是神经网络算法的一种自我更新和提升,是对某些质疑的一种回应。

从网络结构上来看,径向基神经网络是一种 3 层静态结构的前馈型神经网络。既不像单层感知机那样过于简单,又避免了 BP 神经网络可能构建多个隐含层的繁复。在层间的联系上,径向基神经网络输入层到隐含层之间为直接连接,不设权值系数;隐含层到输出层设置权值连接,在结构上大为简化。BP 神经网络隐含层数目的设定以及每个隐含层的神经元数目不易确定,没有普遍适用的规律可循,在投入运行时有一定的难度;而径向基神经网络的隐含层神经元数目则可以在训练阶段自适应地调整,具有较好的适应能力。

从学习(训练)算法上来看。BP 神经网络在确定网络的权值、阈值时主要的训练算法为梯度下降算法及其相关的改进型,这些算法在计算过程中很容易陷于局部极小值。此外,BP 神经网络能否收敛还与数据样本的容量、选择的算法及网络结构等有很大的关系。径向基神经网络可以动态确定其网络结构及隐含层的数目及参数,学习(训练)速度较快。

从实际运行效果来看,有两大应用方向:数据拟合和模式分类。在数据拟合及预测方面,径向基神经网络几乎可以以任意精度逼近非线性函数,且具有全局逼近能力,而且结构参数可实现分离学习,收敛速度较快。而 BP 神经网络用于数据拟合时,存在收敛速度慢和容易陷入局部极小值等问题。在模式分类方面,由于径向基神经网络采用径向基函数作为其激活函数,在某种程度上充当了“核函数”的角色,其本身具有了统计学习算法的某些特点,非常类似于支持向量机的工作模式,具有较强的由低维向高维的映射功能,兼具两种学习算法的优势。

第 7 章

Hopfield 神经网络

神经网络在 20 世纪 80 年代的复兴归功于物理学家约翰·霍普菲尔德（John Hopfield）。1982 年，霍普菲尔德将物理学（动力学）的相关思想引入神经网络的构造中，提出了一种结合存储系统和二元系统的神经网络。它保证了向局部极小值的收敛，但收敛到错误的局部极小值（local minimum），而非全局极小（global minimum）的情况也可能发生。这种神经网络模型后被称为 Hopfield 神经网络。该神经网络是一种循环型神经网络，也是一种递归神经网络，从输出到输入均有反馈连接，每一个神经元跟所有其他神经元相互连接，又称为全互联网络。这种网络可以解决一大类模式识别问题，还可以给出一类组合优化问题的近似解，同时也提供了模拟人类记忆的模型。

7.1 Hopfield 神经网络的基本结构与算法基础

Hopfield 神经网络的学习规则是基于灌输式学习，即网络的权值不是通过训练出来的，而是按照一定规则计算出来的，其权值一旦确定就不再改变，而网络中各神经元的状态在运行过程中不断更新，网络演变到稳定时各神经元的状态便是问题之解。在演变过程中，Hopfield 网络的输出端会反馈到其输入端，在输入的激励下，其输出会产生不断的状态变化，这个反馈过程会一直反复进行。假如 Hopfield 神经网络是一个收敛的稳定网络，则这个反馈与迭代的计算过程所产生的变化越来越小，一旦达到了稳定的平衡状态，Hopfield 网络就会输出一个稳定的恒值。对于一个 Hopfield 神经网络来说，关键在于确定它在稳定条件下的权系数。Hopfield 神经网络分为离散型和连续型两种网络模型，分别记为 DHNN（Discrete Hopfield Neural Network，离散型霍普菲尔德神经网络）和 CHNN（Continues Hopfield Neural Network，连续型霍普菲尔德神经网络）。

7.1.1 离散型 Hopfield 神经网络

1. DHNN 网络结构

Hopfield 最早提出的网络是二值神经网络，各神经元的激活函数为阶跃函数或双极值函数,神经元的输入、输出只取$\{0,1\}$或者$\{-1,1\}$,因此也称为离散型 Hopfield 神经网络 DHNN。在 DHNN 中,所采用的神经元是二值神经元;因此,所输出的离散值 1 和 0 或者 1 和 -1 分别表示神经元处于激活状态和抑制状态。

DHNN 是一个单层网络,有 n 个神经元节点,每个神经元的输出均接到其他神经元的输入。各节点没有自反馈。每个节点都可处于一种可能的状态(1 或 -1),即当该神经元所受的刺激超过其阈值时,神经元就处于一种状态(如 1),否则神经元就始终处于另一状态(如 -1)。

联想记忆功能是离散型 Hopfield 神经网络的一个重要应用。要想实现联想记忆,反馈网络必须具有以下两个基本条件:

(1) 网络能收敛到稳定的平衡状态,并以其作为样本的记忆信息;

(2) 具有回忆能力,能够从某一残缺的信息回忆起所属的完整的记忆信息。

离散型 Hopfield 神经网络的基本结构如图 7-1 所示,每一个神经元都是相互连接的,而且每一个输入、输出都带有反馈,这种连接方式使得离散 Hopfield 神经网络中的每个神经元的输出 $\text{output}(i=1,2,\cdots,n)$ 均通过神经元之间的连接权值 $w_{ij}(i=1,2,\cdots,n,j=1,2,\cdots,n)$ 反馈到同一层次的其他神经元 j,并作为该神经元的输入 $\text{input}(j=1,2,\cdots,n)$,也就是说,每个神经元的输出结果跟其他神经元都有关系,这就使得各个神经元相互制约,当输出结果稳定,即结果不再改变时,Hopfield 网络也就进入了稳态。

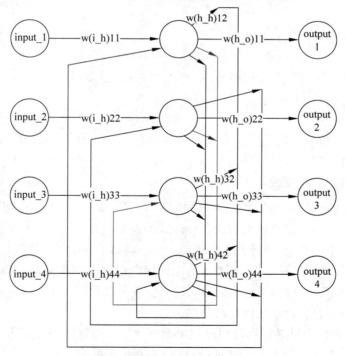

图 7-1　离散型 Hopfield 神经网络结构

2. DHNN 的学习与工作

整个网络有两种工作方式：异步方式和同步方式。

1）异步（串行）方式

在 t 时刻，只有一个神经元 j 的状态发生变化，其他 $n-1$ 个神经元的状态不变。

$$y_j(t+1) = f\left[\sum_{i=1}^{n} w_{ij} * y_i(t) + x_j\right] - \theta_j \tag{7-1}$$

$$y_i(t+1) = y_i(t), \quad i \neq j \tag{7-2}$$

其中，$f(\cdot)$ 为转移函数，DHNN 的转移函数通常采用以下符号函数：

$$\text{sgn}(\text{net}_j) = \begin{cases} 1, & \text{net}_j \geqslant 0 \\ -1, & \text{net}_j < 0 \end{cases} \tag{7-3}$$

神经元状态的调整按某种规定的顺序进行，也可以随机选定。每次神经元在调整状态时，根据当前净输入正负决定下一时刻的状态，因此其状态可能会发生变化，也可保持原状。下次调用其他神经元状态时，本次的调整结果即在下一个神经元的净输入中发挥作用。

2）同步（并行）方式

在任一时刻 t，所有的神经元的状态都产生了变化，并且有：

$$y_j(t+1) = f\left[\sum_{i=1}^{n} w_{ij} \cdot y_i(t) + x_j\right] - \theta_j, \quad j = 1, 2, \cdots, n \tag{7-4}$$

假设 DHNN 的状态记为 $Y(t)$：

$$Y(t) = [y_1(t), y_2(t), \cdots, y_n(t)] \tag{7-5}$$

如果对于任何 $\Delta t > 0$，当神经网络从 $t=0$ 开始，有初始状态 $Y(0)$。经过有限时刻 t，得到：

$$Y(t + \Delta t) = Y(t) \tag{7-6}$$

则该 DHNN 网络是稳定的，其状态为稳定状态。串行方式下的稳定性称为串行稳定性；并行方式下的稳定性称为并行稳定性。

3. 吸引子与能量函数

DHNN 网络的稳定状态 X 就是网络的吸引子（Attractor），用于存储记忆信息。动态系统中，平衡稳定状态可以理解为系统某种形式的能量函数（Energy Function）。在系统运行过程中，其能量不断减少，最后处于最小值。一个动力学系统的最终行为是由其吸引子决定的。若把吸引子视为问题的解，把需要记忆的样本信息存储于不同的吸引子中。当输入含有部分记忆信息的样本时，从初态向着吸引子演变的过程即是求解计算的过程，也就是从部分信息寻找全部信息，即联想回忆的过程。

由于离散型 Hopfield 神经网络通过使用能量函数来判断网络的变化，在网络的训练过程中，求得的能量值在不断递减，网络因而也会达到稳定状态。这说明 Hopfield 神经网络的状态与其能量值有关，网络的能量值为判断网络运行的稳定性提供了依据。

由于整个网络的能量是不断减小的,即网络能量的变化率 $\Delta E_i < 0$。应从状态变化的两个方向进行分析:当状态 v_i 由 0 变为 1 时,$\Delta v_i > 0$;当状态 v_i 由 1 变为 0 时,$\Delta v_i < 0$。

当能量变化量为负时,可将能量的变化量 ΔE_i 表示为:

$$\Delta E_i = -\left(\sum_{j=1}^{n} w_{ij} v_j - \theta_i\right) \cdot \Delta v_i \tag{7-7}$$

故节点 i 的能量定义为:

$$E_i = -\left(\sum_{j=1}^{n} w_{ij} v_j - \theta_i\right) \cdot v_i, \quad j \neq i \tag{7-8}$$

$$E = -\frac{1}{2}\sum_{i=1}^{n}\sum_{j=1}^{n} w_{ij} v_i v_j + \sum_{i=1}^{n} \theta_i v_i \tag{7-9}$$

式(7-9)给出了能量的定义,显然能量随状态变化严格单调递减。

则能量的变化量 ΔE_i 为:

$$\Delta E_i = -\frac{1}{2}\left[v_i(t+1) - v_i(t)\right]\left[\sum_{j=1}^{n} w_{ij} v_j + \theta_i\right] \tag{7-10}$$

由公式(7-10)可知,$\Delta E_i \leqslant 0$,离散型 Hopfield 神经网络沿能量减小(包括同一级)方向更新状态,最终能达到稳态。网络能量极小状态就是网络的一个吸引子,即网络的稳定平衡状态。

4. 网络权值设计

离散型 Hopfield 神经网络实现联想记忆的核心是根据能量极值点设计一组适当的网络连接权值和阈值,权值设计是 Hopfield 网络学习过程,具体设计权值时,通常采用下面的方法。

(1) 外积法。

(2) 投影学习法。

(3) 伪逆法。

(4) 正交设计法。

正交化的权值设计须满足下面 4 个要求:

(1) 保证系统在异步工作时的稳定性,即它的权值是对称的。

(2) 保证所有要求记忆的稳定平衡点都能收敛到其本身。

(3) 使伪稳定点的数目尽可能少。

(4) 使稳定点吸引域尽可能大。

DHNN 稳定的充分条件:如果 DHNN 的权系数矩阵 $\boldsymbol{W}$ 是一个对称矩阵,并且对角线元素为 0,则这个网络是稳定的。即在权系数矩阵 $\boldsymbol{W}$ 中,如果:

$$w_{ij} = \begin{cases} 0, & i = j \\ w_{ji}, & i \neq j \end{cases} \tag{7-11}$$

则该 DHNN 是稳定的。$\boldsymbol{W}$ 是对称矩阵仅是充分条件,不是必要条件。

5. DHNN 的实现

离散型 Hopfield 神经网络实现联想记忆的过程分为两个阶段：学习记忆阶段和联想回忆阶段。在学习记忆阶段中，设计者通过某一设计方法确定一组合适的权值，使网络记忆期望收敛到稳定平衡点。联想回忆阶段则是网络的工作过程。

（1）要实现网络联想记忆，离散型网络应该具备以下两个基本条件。

① 网络可以逐渐收敛，逐渐达到稳定状态，并以此列为样本的记忆信息；

② 此外还应具备回忆的功能，可以根据某些不完整信息复现应有的完整信息。

DHNN 实现联想记忆过程分为两个阶段。

① 学习记忆阶段：设计者通过某一设计方法确定一组合适的权值，是 DHNN 记忆期望的稳定平衡点。

② 联想回忆阶段：DHNN 的工作过程。记忆是分布式的，而联想是动态的。对于 DHNN，由于网络状态是有限的，不可能出现混沌状态。

（2）DHNN 局限性。

① 记忆容量的有限性；

② 伪稳定点的联想与记忆；

③ 当记忆样本较接近时，网络不能始终回忆出正确的记忆等；

④ DHNN 平衡稳定点不可以任意设置，也没有一个通用的方式来事先知道平衡稳定点。

7.1.2 连续型 Hopfield 神经网络

连续型 Hopfield 神经网络（Continuous Hopfield Neural Network，CHNN）与 DHNN 在拓扑结构上是一致的，原理与离散型相似，但是由于连续型 Hopfield 神经网络各个神经元同步更新，因此，连续型 Hopfield 神经网络更接近生物神经系统。

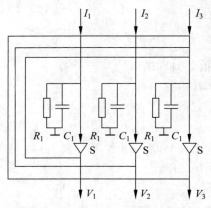

图 7-2 CHNN 网络结构

在生物系统中，由于神经元 i 的细胞膜输入电容 C_i、跨膜电阻 R_i 和确定阻抗 $R_{ij}=W_{ij}^{-1}$，状态 u_i 会滞后于其他神经元的瞬时输出 v_i。神经元的输出将是 0、1 之间的连续值，而不是之前离散模型的二值。这个模型中，使用电阻电容微分方程来决定 u_i 的更新速率，因此可以得到如图 7-2 的连续型 Hopfield 神经网络。

由于网络的权重全程保持不变，神经元当前时刻状态和上一个时刻相关，同样采用能量函数来衡量 CHNN 网络的稳定性。

由图 7-2 可见：

（1）带有同向和反向输出端的运算放大器，

且具有饱和非线性特性的 S 型输入、输出关系,即:

$$v_i = f(u_i) = \frac{1}{2}\left[1 + \text{th}\left(\frac{u_i}{u_0}\right)\right] \tag{7-12}$$

其中,u_0 相当于输入信号的放大倍数,也控制激活函数的斜率,当 u_0 趋近于 0 时,f 就成为二值阈值函数。

(2)放大器的输入电容 C_i 和输入电阻 R_i 的乘积为神经元的时间常数,描述了神经元的动态特性。

(3)$T_{ij} = \dfrac{1}{R_{ij}}$ 表示网络神经元连接的权值。

(4)外加偏置电流 I_i 相当于神经元的阈值 θ_i,整个电路系统的动态方程为:

$$C_i\frac{\mathrm{d}u}{\mathrm{d}t} = \sum_{j=1}^{n}T_{ij}V_j - \frac{u_i}{R_i} + I_i \tag{7-13}$$

若方程有解,则表示系统状态变化最终趋于稳定。在对称连接和无自反馈的情况下,定义系统的能量函数为:

$$E = -\frac{1}{2}\sum_{i=1}^{n}\sum_{j=1}^{n}T_{ij}v_iv_j - \sum_{i=1}^{n}v_iI_i + \sum_{i=1}^{n}\frac{1}{R_i}\int_{0}^{u_i}f^{-1}(v_i)\,\mathrm{d}v_i \tag{7-14}$$

稳态时,可忽略最后的积分项得到:

$$E = -\frac{1}{2}\sum_{i=1}^{n}\sum_{j=1}^{n}T_{ij}v_iv_j - \sum_{i=1}^{n}v_iI_i \tag{7-15}$$

由公式(7-14)可知,当非线性作用函数 f 是连续的单调递增函数时,可以证明能量函数 E 是单调递减且有界的,即能量函数 E 是单调下降,故 CHNN 网络是稳定的。其等效电路如图 7-3 所示。

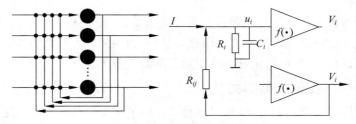

图 7-3　连续型 Hopfield 神经网络等效电路

连续型 Hopfield 神经网络解决组合优化问题:Hopfield 和 Tank 意识到,用这种基本的神经网络组织形式,选择好能够恰当表示要被最小化的函数和期望状态的权重以及外部输入,便可以计算出解决特定优化问题的方法。根据微分方程来更新神经元确保了能量函数和优化问题可以同时被最小化。神经元的模拟性质和更新过程的硬件实现可以结合起来,创建一个快速而强大的解决方案。用神经网络解决各种组合优化问题的关键是把问题映射为一个神经网络动力系统,并写出相应的能量函数表达式和动力学方程,它们应满足问题的约束条件;最后研究神经网络的动力学过程,以保证网络的稳态输出与能量函数的极小值和组合优化问题的解相对应。

使用 Hopfield 神经网络解决 TSP 问题时，就相当于将需要最小化的目标函数和作为惩罚项的约束共同组成能量函数方程。

Hopfield 神经网络有如下特点。

（1）每个神经元既是输入也是输出，构成单层全连接递归网络。

（2）网络的突触权值不同于其他的神经网络是：它不通过有监督或无监督反复学习来获得，而是在搭建网络时就按照一定的规则计算出来，且网络的权值在整个网络迭代过程中不再改变。

（3）网络的状态是随时间的变化而变化的，每个神经元在 t 时刻的输出状态和自己在 $t-1$ 时刻的状态有关。

（4）引入了能量函数的概念，用来判断网络迭代的稳定性，即网络的收敛，也就是指能量函数达到极小值。

（5）网络的解即是网络运行到稳定时，各个神经元的状态集合。

7.1.3　Hopfield 神经网络的几个问题

1. 联想记忆

因网络能收敛于稳态，故可用于联想记忆，若将稳态视为一个记忆，则由初态向稳态收敛的过程就是寻找记忆的过程。初态认为是给定的部分信息，收敛过程可认为是从部分信息找到了全部信息，实现了联想记忆的功能。联想记忆模型的一个重要特性为：由噪声输入模式，反映出训练模式。

2. 优化计算

若将稳态视为某一优化计算问题目标函数的极小点，则由初态向稳态收敛的过程就是优化计算过程。首先把问题表述成能量函数，进一步由能量函数推出网络权结构，然后在某种条件下让网络运行，网络的稳定状态就对应于问题的解答。

3. 联想记忆与优化计算的关系

网络用于计算时权重已知，目的是寻找稳态；用于联想记忆稳态时给定的，由学习求得的权系数，因此二者是对偶的。

7.2　Hopfield 神经网络的 MATLAB 实现

MATLAB 神经网络工具箱中包含了用于 Hopfield 网络分析与设计的函数，常用的函数为创建函数和仿真函数。

1. Hopfield 网络创建函数 newhop

newhop 函数用于创建一个离散的 Hopfield 神经网络。

基本格式：net＝newhop(T)。

参数说明：

T——具有 Q 个目标向量的 R×Q 矩阵，表明生成的 Hopfield 网络有 Q 个稳定点，元素必须为－1 或 1；

net——生成的神经网络，具有在 T 中的向量上稳定的点。

Hopfield 神经网络经常被应用于模式的联想记忆中，它仅有一层，激活函数用 satlins，层中的神经元有来自它自身的连接权和阈值。

2. Hopfield 网络创建函数 sim

sim 函数用于对神经网络进行仿真。

基本格式：

[Y,Af,E,perf]＝sim(net,P,Ai,T)；

[Y,Af,E,perf]＝sim(net,{Q Ts},Ai,T)。

参数说明：

net——神经网络名称；

P、Q——测试向量的个数；

Ai——初始的层延时（默认为 0）；

T——测试向量（矩阵或元胞数组形式）；

Ts——测试步数；

Y——网络输出向量；

Af——训练终止时的层延迟状态；

E——误差向量；

perf——网络性能。

3. 对称饱和线性传递函数 satlins

基本格式：

A＝satlins(N)

参数说明：

A——输出向量矩阵；

N——由网络的输入向量组成的 S×Q 矩阵。

返回的矩阵(A)与(N)的维数大小一致，A 的元素取值位于区间[0,1]内，当 N 中的元素介于－1 和 1 之间时，其输出等于输入；当输入值小于－1 时返回－1，当输入值大于时返回 1。

【例 7.1】 设计一个在二维空间中有两个稳定平衡点的网络，期望值向量为 T，并测试 6 个不同初始点状态变化过程。

解： 代码如下：

```
% 例 7.1, hop1.m
clear
```

```
clc
T = [1 −1; −1 1];
net = newhop(T);                    % 创建 Hopfield 网络
w = net.lw{1,1},b = net.b{1}        % 输出权值和偏差
Ai = {T};
[Y,Pf,Af] = sim(net,{2,3},[],Ai);   % 仿真输出
A1 = Y{1},A2 = Y{2},A3 = Y{3}       % 给出 3 次循环的结果

P = [0.5621 0.3577 0.8694 0.0388 −0.9309 0.0594;
    −0.9095 0.3586 −0.2330 0.6619 0.8931 0.3423];
Ptest = {P};                        % 输入检测样本
[Z,Pf,Af] = sim(net,{6,25},[],Ptest); % 仿真输出
Ap = Z{25}                          % 给出网络循环的最后一次结果
plot(T(1,:),T(2,:),'r * ')          % 作目标点
hold on
plot(P(1,:),P(2,:),'r + ')          % 作起始点
for i = 1:6
    D{i} = P(:,i) ;                 % 初始化 D{i},共 6 个矩阵
end
for i = 1:25
    plot(Z{i}(1,:),Z{i}(2,:),'ro')  % 作训练过程中点的变化
    for j = 1:6
        D{j} = [D{j} Z{i}(:,j)];    % 把 Z 中 60 个矩阵中的同一位置的元素赋给同一矩阵
    end
end
for j = 1:6
    plot(D{j}(1,:),D{j}(2,:))       % 画出每个点的变化直线图
end
hold off
```

初始点测试结果如图 7-4 所示。

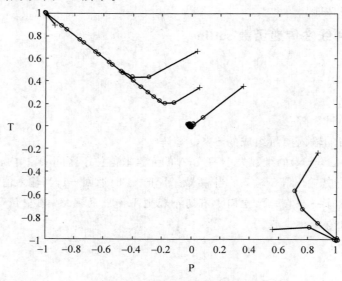

图 7-4   例 7.1 初始点测试

【例 7.2】 设计一个由 3 个神经元构成的 Hopfield 网络并进行仿真验证,设其具有两个稳定的平衡点,T＝[1 1;－1 1;－1 －1]。

解：代码如下：

```
% 例 7.2
clc
clear
close all

T = [1 1; - 1 1; - 1 - 1];
axis([ - 1 1 - 1 1 - 1 1]);
set(gca,'box','on');
axis manual; hold on;
plot3(T(1,:),T(2,:),T(3,:),'rp');
title('含三个神经元的 Hopfield 网络状态空间');
xlabel('a(1)'); ylabel('a(2)');
zlabel('a(3)'); view([ - 36 30]);

% 建立 Hopfield 网络,以满足期望值 T 的要求
net = newhop(T);

% a = {rands(3,1)};
% [y,Pf,Af] = sim(net,{1,10},{},a);
% record = [cell2mat(a) cell2mat(y)];
% start = cell2mat(a);
% hold on;
% plot3(start(1,1),start(2,1),start(3,1),'bx',...
%     record(1,:),record(2,:),record(3,:));
% 随机选取 20 个初始点进行测试
color = 'rgbmy';
for i = 1:10
    a = {rands(3,1)};
    [y,Pf,Af] = sim(net,{1 10},{},a);
    record = [cell2mat(a) cell2mat(y)];
    start = cell2mat(a);
    plot3(start(1,1),start(2,1),start(3,1),'kx',record(1,:),...
        record(2,:),record(3,:),color(rem(i,5) + 1));
end
```

由图 7-5 可知,所有的 10 个初始点都收敛于两个平衡点。选取 6 个恰好位于两个平衡点中点的初始点。

```
% p 是三行六列,表明有 6 个输入点
P = [1.0 - 1.0 - 0.5 1.0 1.0 0.1;...
     0.0 0.0 0.0 0.0 0.0 - 0.0;...
     - 1.0 1.0 0.5 - 1.0 - 1.0 0.0];
```

含三个神经元的Hopfield网络状态空间

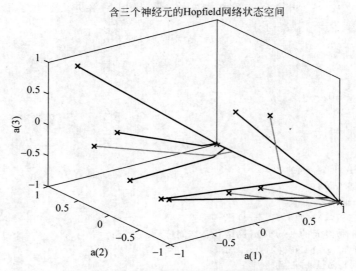

图 7-5　例 7.2 10 个随机初始点的空间状态

```
cla
plot3(T(1,:),T(2,:),T(3,:),'rp');
clor = 'rgbmy';
for i = 1:6
    a = {P(:,i)};
    [y,Pf,Af] = sim(net,{1 10},{},a);
    record = [cell2mat(a),cell2mat(y)];
    start = cell2mat(a);
    plot3(start(1,1),start(2,1),start(3,1),'kx',record(1,:),...
        record(2,:),record(3,:),color(rem(i,5) + 1));
end
```

如图 7-6 所示,6 个初始点最后都移到了状态空间中心的位置,而这个点不是网络设计之前所设定的平衡点。此时,状态空间的中心点为不期望出现的伪平衡点。

【例 7.3】　采用仿真表示不同的阿拉伯数字 5、4、7、9 设计 DHNN 网络,测试加入噪声的数字 7 的识别。

解:代码如下:

```
clc;
% 定义目标向量
t5 = [ -1 -1 -1 -1 -1 -1 1;-1 -1 -1 -1 -1 -1 1;-1 -1 1 1 1 1 1;...
    -1 -1 1 1 1 1 1;1 -1 -1 -1 -1 1 1;1 1 1 1 1 -1 -1;...
    1 1 1 1 1 -1 -1;-1 -1 -1 -1 -1 1 1]';
t7 = [ -1 -1 -1 -1 -1 -1 -1;-1 -1 -1 -1 -1 -1 -1;1 1 1 1 1 -1 -1;...
    1 1 1 1 -1 -1 -1;1 1 1 1 1 -1 -1;1 1 1 -1 -1 1 1;...
    1 1 1 -1 -1 1 1;1 1 1 -1 -1 1 1]';
t9 = [1 1 1 -1 -1 1 1;1 -1 -1 1 1 1 -1 -1;1 -1 -1 1 1 1 -1 -1;...
```

含三个神经元的Hopfield网络状态空间

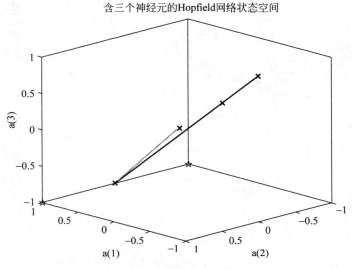

图 7-6　伪平衡点现象

```
1 -1 -1 1 1 -1 -1;1 1 -1 -1 -1 -1 -1;1 1 1 1 1 -1 -1;...
1 1 1 1 1 -1 -1;1 1 1 1 1 -1 -1]';
T = [t7 t5 t9];                        %形成总的目标向量
net = newhop(T);                       %设计 Hopfield 网络
%定义测试样本
T7 = [-1 -1 -1 -1 1 -1 1;-1 1 -1 -1 1 -1 -1;-1 1 1 1 1 -1 -1;...
1 1 1 1 1 -1 -1;1 -1 1 1 1 -1 1;-1 1 1 1 -1 -1 1 1;...
-1 -1 1 1 -1 -1 1;-1 1 1 1 -1 -1 1 1]';  %7×8
subplot(2,3,1);
figt(t5);
title('待试数字 5')

subplot(2,3,2);
figt(t7);
title('待试数字 7')

subplot(2,3,3);
figt(t4);
title('待试数字 4')

subplot(2,3,4);
figt(t9);
title('待试数字 9')

subplot(2,3,5);
figt(T7);                              %绘制测试样本二值化图像
title('测试样本')
```

```
% 网络仿真
for i = 1:8
T = [t5(:,i) t7(:,i) t4(:,i) t9(:,i)];
net = newhop(T);                          % 设计 Hopfield 网络
y(:,i) = sim(net,1,[],T7(:,i));
end
for i = 1:7
for j = 1:8
if y(i,j)< = 0
y(i,j) = - 1;
else
y(i,j) = 1;
end
end
end

subplot(2,3,6);
figt(y);                                  % 绘出仿真输出二值化图像
title('仿真结果')

% 绘制测试样本二值化图像的自定义函数
function figt(t)
hold on
axis square                               % 以当前坐标轴范围为基础,将坐标轴区域调整为方格
for j = 1:8
for i = 1:7
if t((j-1) * 7 + i)< = 0
fill([i i+1 i+1 i],[9-j,9-j,10-j,10-j],'k')
else
fill([i i+1 i+1 i],[9-j,9-j,10-j,10-j],'w')
end
end
end
hold off
end
```

图 7-7 为本例的测试结果对比。

【例 7.4】 TSP 旅行商问题:一个旅行商人要拜访 10 个城市,他必须选择所要走的路径,路径的限制是每个城市只能拜访一次,而且最后要回到原来出发的城市。路径的选择目标是要求得的路径路程为所有路径之中的最小值。10 个城市的位置如下:

```
0.7788   0.5181
0.4235   0.9436
0.0908   0.6377
0.2665   0.9577
0.1537   0.2407
```

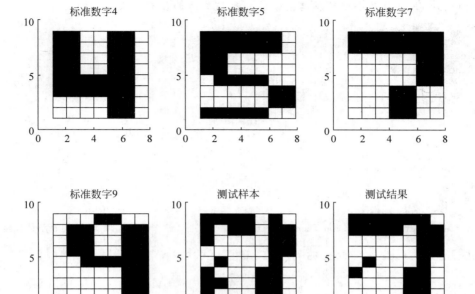

图 7-7　例 7.3 Hopfield 网络的数字识别

$$
\begin{array}{ll}
0.2810 & 0.6761 \\
0.4401 & 0.2891 \\
0.5271 & 0.6718 \\
0.4574 & 0.6951 \\
0.8754 & 0.0680
\end{array}
$$

Hopfield 神经网络解决 TSP 问题的基本步骤如下：

（1）将 TSP 问题的每一条可能路径用一个置换矩阵表示，并给出相应的距离表示式。

（2）将 TSP 问题的置换矩阵集合与由 N 个神经元构成的神经元阵列相对应，每条路径对应的置换矩阵的各元素与相应的神经元稳态输出相对应。

（3）找出一个反映 TSP 的约束优化问题的能量函数 E。

$$
E = E_1 + E_2 + E_3 + E_4 = \frac{C}{2}\left(\sum_x \sum_i v_{xi} - n\right)^2 + \frac{A}{2}\sum_x \sum_i \sum_{j \neq i} v_{xi}v_{xj} +
$$

$$
\frac{B}{2}\sum_i \sum_x \sum_{j \neq x} v_{xi}v_{yi} + \sum_x \sum_{y \neq x} \sum_i d_{xy}v_{xi}(v_{y,i+1} + v_{y,i-1})
$$

其中，$A>0$，且为常数。保证当矩阵 $\boldsymbol{V}$ 的每一行不多于一个 1 时，达到最小值 0。$B>0$，且为常数。保证当矩阵 $\boldsymbol{V}$ 的每一列不多于一个 1 时，达到最小值 0。$C>0$ 为常数。保证当矩阵 $\boldsymbol{V}$ 中的 1 的个数恰好为 n 时，即整个矩阵有 n 个 1 时，达到最小值 0。

（4）求出使 E 取最小值的神经网络连接权值矩阵和偏置参数。

解：代码如下：

```matlab
clear all;
close all;

% step 1
A = 1.5;
D = 1;
u0 = 0.02;
step = 0.01;

% step 2
N = 10;
citys = load('8.txt');
Initial_Length = Initial_RouteLength(citys);              % 计算初始路径长度

DistanceCity = dist(citys,citys');

% step 3
u = 2 * rand(N,N) - 1;
U = 0.5 * u0 * log(N - 1) + u;
V = (1 + tanh(U/u0))/2;

% CheckR = [ ];
% Ep(1) = 10;
for k = 1:2000
    times(k) = k;

%      step 4
    dU = DeltaU(V,DistanceCity,A,D);

%      step 5
    U = U + dU * step;

%      step 6
    V = (1 + tanh(U/u0))/2;

%      step 7 计算能量函数
    E = Energy(V,DistanceCity,A,D);
    Ep(k) = E;
%      if(Ep(k)> Ep(k - 1))
%        break;
%      end
%      step 8 检查路径合法性
    [V1,CheckR] = RouteCheck(V);

end
% step 9
if (CheckR == 0)
```

```
    Final_E = Energy(V1,DistanceCity,A,D);
    Final_Length = Final_RouteLength(V1,citys);              % 计算最终路径长度
    disp('迭代次数');k
    disp('寻优路径矩阵:');V1
    disp('最优能量函数:');Final_E
    disp('初始路程:');Initial_Length
    disp('最短路程:');Final_Length
    PlotR(V1,citys);                                         % 寻优路径作图
else
    disp('寻优路径无效');
end

figure(2);
plot(times,Ep,'r');
title('Energy Function Change');
xlabel('k');
ylabel('E');
```

结果分析:

(1) 当迭代次数 k 为 2000,u0＝0.02 时,寻优路径矩阵:

```
V1 =
    0  1  0  0  0  0  0  0  0  0
    0  0  0  0  0  0  1  0  0  0
    0  0  0  0  0  1  0  0  0  0
    0  0  0  0  0  0  0  1  0  0
    0  0  0  0  1  0  0  0  0  0
    0  0  0  0  0  0  0  0  1  0
    0  0  0  1  0  0  0  0  0  0
    1  0  0  0  0  0  0  0  0  0
    0  0  0  0  0  0  0  0  0  1
    0  0  1  0  0  0  0  0  0  0
```

优化路径 L＝C8－C1－C10－C7－C5－C3－C2－C4－C6－C9－C8

最优能量函数: Final_E＝1.5392

初始路程: Initial_Length＝4.6492

最短路程: Final_Length＝3.0784

图 7-8 详细描述了迭代次数为 2000 时的路径和能量函数变化情况。

(2) 当迭代次数 k 为 5000,u0＝0.02 时,寻优路径矩阵:

```
V1 =
    0  0  0  1  0  0  0  0  0  0
    0  0  0  0  0  0  1  0  0  0
    0  0  0  0  0  0  0  0  0  1
    0  0  0  0  0  0  0  1  0  0
    1  0  0  0  0  0  0  0  0  0
    0  0  0  0  0  0  0  0  1  0
```

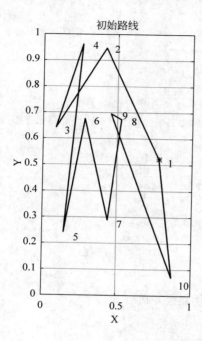
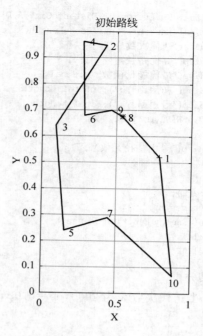

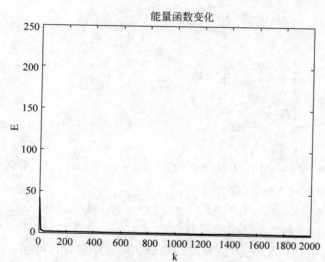

图 7-8　迭代次数 2000 时的路径和能量函数变化

```
0 1 0 0 0 0 0 0 0 0
0 0 0 0 1 0 0 0 0 0
0 0 0 0 0 1 0 0 0 0
0 0 1 0 0 0 0 0 0 0
```

优化路径 $L = C5 - C7 - C10 - C1 - C8 - C9 - C2 - C4 - C6 - C3 - C5$

最优能量函数：Final_E＝1.4469

初始路程：Initial_Length＝4.6492

最短路程：Final_Length＝2.8938

图 7-9 详细描述了迭代次数为 5000 时的路径和能量函数变化情况。读者可进行仔细对比。

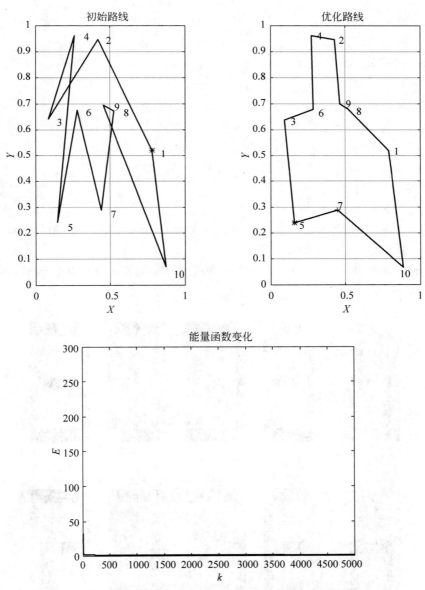

图 7-9　迭代次数为 5000 时的路径和能量函数变化

能量函数随着迭代次数的增加而减小,最后达到极小稳定值;而在迭代开始时优化约束条件能量函数迅速下降,说明神经网络对于解决 TSP 的有效性。

(3)当迭代次数 k 为 5000,u0＝0.03 时,寻优路径矩阵:

```
V1 =
     0   0   0   1   0   0   0   0   0   0
     0   0   0   0   0   1   0   0   0   0
     0   0   0   0   0   0   0   0   0   1
     0   0   0   0   0   1   0   0   0   0
     1   0   0   0   0   0   0   0   0   0
     0   0   0   0   0   0   0   0   1   0
     0   1   0   0   0   0   0   0   0   0
     0   0   0   0   1   0   0   0   0   0
     0   0   0   0   0   0   0   1   0   0
     0   0   1   0   0   0   0   0   0   0
```

优化路径 L＝C5－C7－C10－C1－C8－C2－C4－C9－C6－C3－C5

最优能量函数:Final_E＝1.5403

初始路程:Initial_Length＝4.6492

最短路程:Final_Length＝3.0805

初始条件的微小变化,也会对结果产生严重的影响,致使寻优路径、换位矩阵、能量函数都发生变化,最优路径需要不断实验获得。

【例 7.5】 离散型 Hopfield 神经网络实现 A\B\C\D\E 大写字母的预测,为直观表现样本真值与预测值,图 7-10 描绘了对比情况。

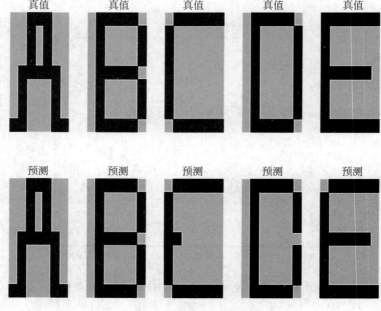

图 7-10　字符真值和预测

解：代码如下：

```
%% 生成数据
clear all; clc;
d(:,:,1) = [1 1 0 0 0 1 1;
  1 1 0 1 0 1 1;
  1 1 0 1 0 1 1;
  1 1 0 1 0 1 1;
  1 0 0 0 0 0 1;
  1 0 1 1 1 0 1;
  1 0 1 1 1 0 1;
  1 0 1 1 1 0 1;
  0 0 1 1 1 0 0;];
d(:,:,2) = [1 0 0 0 0 0 1;
  1 0 1 1 1 1 0;
  1 0 1 1 1 1 0;
  1 0 1 1 1 1 0;
  1 0 0 0 0 0 1;
  1 0 1 1 1 1 0;
  1 0 1 1 1 1 0;
  1 0 1 1 1 1 0;
  1 0 0 0 0 0 1;];
d(:,:,3) = [1 0 0 0 0 0 0;
  0 1 1 1 1 1 1;
  0 1 1 1 1 1 1;
  0 1 1 1 1 1 1;
  0 1 1 1 1 1 1;
  0 1 1 1 1 1 1;
  0 1 1 1 1 1 1;
  0 1 1 1 1 1 1;
  1 0 0 0 0 0 0;];
d(:,:,4) = [1 0 0 0 0 0 1;
  1 0 1 1 1 1 0;
  1 0 1 1 1 1 0;
  1 0 1 1 1 1 0;
  1 0 1 1 1 1 0;
  1 0 1 1 1 1 0;
  1 0 1 1 1 1 0;
  1 0 1 1 1 1 0;
  1 0 0 0 0 0 1;];
d(:,:,5) = [0 0 0 0 0 0 0;
  0 1 1 1 1 1 1;
  0 1 1 1 1 1 1;
  0 1 1 1 1 1 1;
  0 0 0 0 0 0 1;
  0 1 1 1 1 1 1;
  0 1 1 1 1 1 1;
```

```
     0  1  1  1  1  1  1;
     0  0  0  0  0  0  0;];
%% 改变数据为一维向量
%%
d(d == 0) = -1;
for i = 1:size(d,3)
    A(i,:) = reshape(d(:,:,i),1,63);
end
%% 记忆矩阵

N = size(A,2); T = zeros(N);

for i = 1:size(d,3)
T = T + A(i,:)' * A(i,:);
end
%% 重塑字符图像
for i = 1:size(d,3)
    rec(i,:) = A(i,:) * T;
    I(:,:,i) = sign(reshape(rec(i,:),9,7));
end

figure

for i = 1:size(d,3)
    subplot(2,size(d,3),i)
    imagesc(d(:,:,i))
    axis off
    title('真值')
    subplot(2,size(d,3),i + size(d,3))
    imagesc(I(:,:,i))
    axis off
    title('预测')
end
%% 'B'中加入 5% 高斯噪声
%%
J = imnoise(d(:,:,2),'gaussian',0,0.05);
figure
title('Image after adding noise')
imshow(J,'InitialMagnification',500)
B_noise = reshape(J,1,63);
%% 重塑含噪字符 'B'
B_noise = reshape(B_noise * T,9,7);
figure
title('Image after recall')
imshow(B_noise,'InitialMagnification',500)
%% B'中加入 50% 高斯噪声
%%
```

```
J = imnoise(d(:,:,2),'gaussian',0,0.5);
figure
title('Image after adding noise')
imshow(J,'InitialMagnification',500)
%%重塑含噪字符'B'

B_noise = reshape(reshape(J,1,63) * T,9,7);
figure
title('Image after recall')
imshow(B_noise,'InitialMagnification',500)
```

图 7-11 与图 7-12、图 7-13 与图 7-14 分别展示了在加入 5％与 50％噪声情况的字符 B 及预测结果,可见,该模型在高噪声情况下仍能够准确预测该字符。

图 7-11　加入 5％噪声的字符

图 7-12　加入 5％噪声的字符预测结果

图 7-13　加入 50％噪声的字符

图 7-14　加入 50％噪声的字符预测结果

7.3　关于 Hopfield 神经网络的几点讨论

Hopfield 神经网络的基本思想是将输出的信息反馈到输入端构成一个 MIMO 形式的闭环系统。在所有的反馈结构中,系统的稳定性是一个非常重要的问题,对于反馈型神经网络也不例外,其稳定性是重点讨论的问题之一。稳定性的问题在控制理论中已经研究得非常完备了,因此对于反馈型神经网络稳定性的讨论也借鉴控制理论中对于稳定性的分析方法。

除了稳定性问题外,联想记忆功能也是反馈型神经网络的一个特点。由于反馈型神经网络具有稳定性,因此一个训练好的 Hopfield 神经网络会将所有的信息经过演化计算后集中于其稳态值(不动点、吸引子)。这样,就可以把需要进行记忆的信息与 Hopfield 网络的稳态值相对应,使网络能够记住这种状态,并对输入的不正确信息进行校正,使之重新回归于稳态值。稳态值可以是向量形式给定的,并用来训练网络确定权值。网络的存储容量和联想能力是互为制约的两个因素:网络的存储容量越大,联想能力就会越弱。

反馈是信息流向的一种形式,由于有反馈作用的存在会使整个系统具有很多新的特点。与前馈型神经网络相比,反馈型神经网络产生了很多关于稳定性的问题,但同时也给网络带来了新的变化。由于有不动点的存在,使得网络具有了一定的记忆和联想能力,同时也使得网络具有了一定的动态性。

第 8 章

SOM 神经网络

生物学研究表明,在人脑的感觉通道上,神经元的组织原理是有序排列的,当外界的特定时空信息输入时,大脑皮层的特定区域兴奋,而且类似的外界信息在对应的区域是连续映像的。生物视网膜中有许多特定的细胞对特定的图形比较敏感,当视网膜中有若干个接收单元同时受特定模式刺激时,就使大脑皮层中的特定神经元开始兴奋。输入模式接近,与之对应的兴奋神经元也接近;在听觉通道上,神经元在结构排列上与频率的关系十分密切,对于某个频率,特定的神经元具有最大的响应,位置相邻的神经元具有相近的频率特征,而远离的神经元具有的频率特征差别也较大。大脑皮层中神经元的这种响应特点不是先天安排好的,而是通过后天的学习自组织形成的。

据此,1981 年,科霍恩(Kohonen)教授提出一种自组织特征映射(Self-Organizing Feature Map,SOM 或 SOFM)网络,又称 Kohonen 网络。科霍恩认为,一个生物神经网络在接收外界输入模式时,将会分为不同的对应区域,各区域对输入模式具有不同的响应特征,而且这个过程是自动完成的。以此为基础,科霍恩创建了 SOM 神经网络。自其提出以来,自组织特征映射网络得到快速发展和改进。目前广泛应用于样本分类、排序和样本检测等方面,并成为其他人工神经网络的基础。

8.1 SOM 神经网络的基本结构与算法基础

SOM 神经网络通过学习输入空间中的数据,生成一个低维、离散的映射(map),从某种程度上也可看成一种降维算法。同时,SOM 神经网络是一种无监督学习的人工神经网络。不同于一般神经网络基于损失函数的反向传递来训练,它运用竞争学习(competitive learning)策略,依靠神经元之间互相竞争逐步优化网络,且使用近邻关系函数(neighborhood function)来维持输入空间的拓扑结构:意味着二维映射包含了数据点之间的相对距离。输入空间中相邻的样本会被映射到相邻的输出神经元。由于基于无监督学习,这意味着训练阶段不需要人工介入(即不需要样本标签),可以在不知道类别的情况下,对数据进行聚类;可以识别某问题是否具有内在关联的特征。

8.1.1 SOM 神经网络的运行原理

SOM 神经网络的运行分为训练和工作两个阶段进行。

1. 训练阶段

在训练阶段,竞争层(输出层)某个位置的神经元将对哪类输入模式产生最大响应是不确定的。当输入模式的类别改变时,二维平面的获胜神经元(与输入模式最相似的神经元)也会改变。在获胜神经元周围的邻域内的所有神经元的权向量均向输入向量的方向做不同程度调整,调整力度依邻域内节点与获胜节点的远近而逐渐衰减。

网络通过自组织方式,用大量训练样本调整网络的权值,最后使输出层各神经元成为对特定模式类敏感的神经网络。竞争层各神经元的连接权向量的空间分布能够正确反映输入模式的空间概率分布。

2. 工作阶段

SOM 神经网络训练结束后,输出层各节点与输入模式类的特定关系就固定下来,因此可用作模式分类器。当输入一个模式时,网络输出层代表该模式类的特定神经元将产生最大响应,将该输入自动归类。当输入模式不属于网络训练过程中见过的任何模式时,SOM 网络将它归入最接近的模式类。

8.1.2 SOM 神经网络基本结构及学习算法

如图 8-1 所示,SOM(自组织特征映射)神经网络的拓扑结构分为两层:输入层和输出层(竞争层)。SOM 拓扑结构不包括隐含层,输入层为一维,竞争层可以是一维、二维或多维。其中二维竞争层由矩阵方式构成,二维竞争层的应用最为广泛。SOM 中有两种连接权值,一种是神经元对外部输入反应的连接权值;另一种是神经元之间的特征权值,它的大小控制着神经元之间交互作用的强弱。

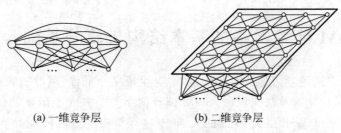

(a) 一维竞争层　　　　　　　　(b) 二维竞争层

图 8-1　SOM 网络竞争层

SOM 网络模型由以下 4 个部分组成。

(1) 处理单元阵列:用于接收事件的输入,并且形成对这些信号的判别函数。

(2) 比较选择机制:用于比较判别函数,并选择一个具有最大函数输出值的处理单元。

（3）局部互联作用：用于同时激励被选择的处理单元及其最邻近的处理单元。

（4）自适应过程：用于修正被激励的处理单元的参数，以增加其对应于特定输入判别函数的输出值。

SOM 的拓扑结构的优势如下。

（1）SOM 的结构特点与其他网络的区别：它不是以一个神经元或者一个神经元向量来反映分类结果，而是以若干神经元同时反映分类结果。

（2）神经网络对学习模式的记忆不是一次性完成的，而是通过反复学习，将输入模式的统计特征"溶解"到各个连接权上的。

（3）对 SOM 而言，一旦由于某种原因，某个神经元受到损害（在实际应用中，表现为连接权溢出、计算误差超限、硬件故障等）或者完全失效，剩下的神经元仍可以保证所对应的记忆信息不会消失。

SOM 神经网络以若干神经元同时反映分类结果，使其具有很强的抗干扰特性。

SOM 神经网络采用的学习算法称为科霍恩算法，与胜者为王算法相比，其主要区别在于调整权向量与侧抑制的方式不同。胜者为王算法的调整是封杀式的。SOM 的获胜神经元对其临近的神经元的影响是由近及远，由兴奋逐渐转变为抑制，因此其学习算法中不仅获胜神经元本身要调整权向量，它周围的神经元在其影响下也要不同程度地调整权向量。

图 8-2 中的 3 种函数沿中心轴旋转后可形成类似帽子的空间曲面，按从左至右的顺序分别称为墨西哥帽函数、大礼帽函数、厨师帽函数。墨西哥帽函数与生物特点类似，但计算复杂影响训练的收敛性，实际中常用简化后的大礼帽函数和进一步简化的厨师帽函数。

以获胜神经元为中心设定一个邻域半径，该半径圈定的范围称为"优胜邻域"。优胜邻域内神经元按其离开获胜神经元的距离远近的不同程度调整权值。优胜邻域开始定得较大，但其随着训练次数的增加不断收缩，最终收缩到半径为零。

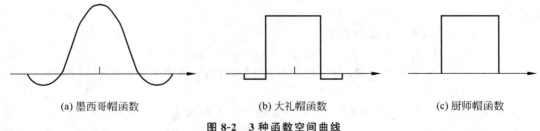

| (a) 墨西哥帽函数 | (b) 大礼帽函数 | (c) 厨师帽函数 |

图 8-2　3 种函数空间曲线

科霍恩学习算法的具体步骤如下。

（1）初始化：对输出层各权向量赋予较小的随机数并进行归一化处理，得到 $W_j (j = 1, 2, \cdots, m)$，建立初始优胜邻域 $N_j^* (0)$ 和学习率 $a(0)$ 初值，m 为输出层神经元数目。

（2）接收输入：从训练集中随机取一输入模式并进行归一化处理，得到 $X^p (p = 1, 2, \cdots, n)$，$n$ 为输入层神经元数目。

（3）相似性测量：比较两个不同模式的相似性可转换为比较两个向量的距离，因而可以用模式间的距离作为聚类判断的标准,与输入模式最相似的神经元即获胜神经元。如果输入模式已归一化,直接计算 X^p 和 W_j 的点积,从中找到点积最大的获胜神经元 j。如果输入模式未经归一化,则可以计算欧几里得(欧式)距离,从中找出欧几里得距离最小的获胜神经元。

$$d_j = \| X - W_j \| = \sqrt{\sum_{j=1}^{m} [X - W_j]^2} \tag{8-1}$$

(4) 定义优胜邻域 $N_j^*(0)$:设 j 为中心确定 t 时刻的权值调整域,一般初始邻域 $N_j^*(0)$ 较大,训练过程中 $N_j^*(t)$ 随训练时间收缩。

(5) 调整权值:对优胜邻域 $N_j^*(t)$ 内的所有节点调整权值:

$$W_{ij}(t+1) = W_{ij}(t) + \alpha(t,N)[X_i^p - W_{ij}(t)], \quad i = 1,2,\cdots,n, \quad j \in N_j^*(t) \tag{8-2}$$

式中,$\alpha(t,N)$ 是训练时间 t 和邻域内第 i 个神经元与获胜神经元 j 之间的拓扑距离 N 的函数,该函数随 t 和 N 的增大而减小。

(6) 结束判定:当学习率 $\alpha(t) \leqslant \alpha_{\min}$ 时,结束训练;不满足结束条件时,转到步骤(2)继续。

8.1.3　SOM 神经网络的训练

SOM 神经网络的训练步骤如下:

(1) 与其他神经网络相同,需要将权重初始化为很小的随机数。

(2) 随机取一个输入样本 X_i。

(3) 遍历竞争层中每一个节点:计算 X_i 与节点之间的相似度(通常使用欧几里得距离),选取距离最小的节点作为优胜节点(winner node),有时也叫最佳匹配单元(best matching unit,BMU)。

(4) 根据邻域半径 σ(sigma)确定优胜邻域将包含的节点;并通过近邻关系函数计算它们各自更新的幅度(基本思想是:越靠近优胜节点,更新幅度越大;越远离优胜节点,更新幅度越小)。

(5) 更新优胜邻域内节点的权重:

$$W_{v(s+1)} = W_{v(s)} + \theta(u,v,s) \cdot \alpha(s) \cdot (D(t) - W_{v(s)}) \tag{8-3}$$

式中,$\theta(u,v,s)$ 是对更新的约束,基于离 BMU 的距离,即近邻关系函数的返回值,$v(s)$ 是节点 v 当前的权重。

(6) 完成一轮迭代(迭代次数+1),返回步骤(2),直到满足设定的迭代次数。

图 8-3 为其训练过程,优胜节点更新后会更靠近输入样本 X_i 在空间中的位置。优胜节点拓扑上的邻近节点也类似地被更新,此即 SOM 网络的竞争调节策略。

8.1.4　SOM 神经网络的设计

1. 输出层设计

1) 节点数设计

节点数与训练集样本有多少模式类别有关。如果节点数少于模式类数,则不足以区分

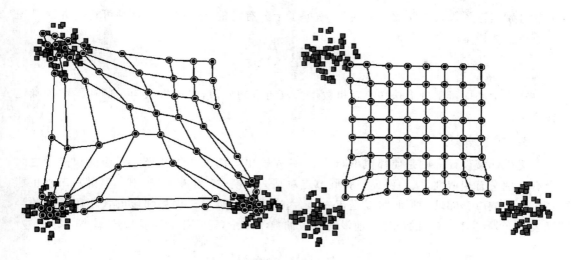

图 8-3　SOM 神经网络训练过程

全部模式类,训练的结果势必将相近的模式类合并为一类。这种情况相当于对输入样本进行"粗分"。如果节点数多于模式类数会出现两种情况:一种是可能将类别分得过细;另一种是可能出现"死节点",即在训练过程中,某个节点从未获胜过,且远离其他获胜节点,故它们的权值从未得到过调整。在解决分类问题时,如果对类别数没有确切的信息,可先设定较多的节点数,以便较好地映射样本的拓扑结构,如果分类过细再酌情减少输出节点。"死节点"问题一般可通过重新初始化权值得到解决。

2)节点排列的设计

输出层的节点排列成哪种形式取决于实际应用的需要,排列形式应尽量直观地反映出实际问题的物理意义。例如,对于旅行路径类的问题,二维平面比较直观;对于一般的分类问题,一个输出节点能代表一个模式类别,用一维线阵表示,意义明确、结构简单。

2. 权值初始化问题

SOM 神经网络的权值一般初始化为较小的随机数,这样做的目的是使权向量充分分散在样本空间。但在某些应用中,样本整体上相对集中于高维空间的某个局部区域,权向量的初始位置却随机地分散于样本空间的广阔区域,训练时必然是离整个样本群最近的权向量被不断调整,并逐渐进入全体样本的中心位置,而其他权向量因初始位置远离样本群而始终得不到调整。如此训练,结果可能使全部样本聚为一类。解决这类问题的思路是尽量使权值的初始位置与输入样本的大致分布区域充分重合。

一种简单易行的方法是从训练集中随机抽取 m 个输入样本作为初始权值,即

$$W_j(0) = X^{K_{\text{ram}}}, \quad j = 1, 2, \cdots, m \tag{8-4}$$

式中,K_{ram}——输入样本的顺序随机数;$K_{\text{ram}} \in \{1, 2, \cdots, P\}$。

因为任何输入空间的某个模式类的成员,其各个权向量按式(8-4)初始化后从训练一开

始就分别接近了输入空间的各模式类,占据了十分有利的"地形"。另一种可行的办法是先计算出全体样本的中心向量

$$\overline{X} = \frac{1}{P}\sum_{p=1}^{P} X^p \tag{8-5}$$

在该中心向量基础上迭加小随机数作为权向量初始值,也可将权向量的初始位置确定在样本群中。

3. 优胜邻域

优胜邻域设计原则是使邻域不断缩小,这样输出平面上相邻神经元对应的权向量之间既有区别又有相似性,从而保证当获胜节点对某一类模式产生最大响应时,其邻域节点也能产生较大响应。邻域的形状可以是正方形、六边形或者菱形。优势邻域的大小用邻域的半径表示,邻域半径 $r(t)$ 的设计目前没有一般的数学方法,通常凭借经验来选择,即

$$r(t) = C_1\left(1 - \frac{t}{t_m}\right)$$
$$r(t) = C_1 e^{-Bt/t_m} \tag{8-6}$$

式中,C_1——与输出层节点数有关的正常数;

B——大于 1 的常数;

t_m——预先选定的最大训练次数。

4. 学习

在训练开始时,学习率可以选取较大的值,之后以较快的速度下降,这样有利于快速捕捉到输入向量的大致结构,然后学习率在较小的值上缓降至零,这样可以精细地调整权值使之符合输入空间的样本分布结构,即

$$h(t) = C_2\left(1 - \frac{t}{t_m}\right)$$
$$h(t) = C_2 e^{B_2 t/t_m} \tag{8-7}$$

式中,C_2——与输入层节点数有关的正常数;

B_2——大于 1 的常数。

8.2 SOM 神经网络的 MATLAB 实现

SOM 神经网络相关函数介绍如下。

1. 创建函数 newsom

基本格式:net = newsom(PR,[D1,D2,…,Di],TFCN,DFCN,OLR,OSTEPS,TLR,TND)。

参数说明:

PR——R 个输入元素的最大值或最小值的设定值,为 $R \times 2$ 维矩阵;

Di——第 i 层的维数,默认为[5 8];

TFCN——拓扑函数,默认为 hextop 函数;

DFCN——距离函数,默认为 linkdist 函数;

OLR——分类阶段学习率,默认为 0.9;

OSTEPS——分类阶段的步长,默认为 1000;

TLR——调谐阶段的学习率,默认为 0.02;

TND——调谐阶段的领域距离,默认为 1。

2. 距离函数

1) boxdist 函数

该函数为 Box 距离函数,在给定神经网络某层的神经元的位置后,可利用该函数计算神经元之间的位置,该函数通常用于结构函数 gridtop 的神经网络层。

基本格式:d=boxdist(pos)。

函数参数:

pos——神经元位置的 $N \times S$ 维矩阵;

d——函数返回值,神经元的 $S \times S$ 维距离矩阵。

函数的运算原理为:$d(i,j) = \max \| p_i \cdot p_j \|$。其中,$d(i,j)$ 表示距离矩阵中的元素,p_i 表示位置矩阵的第 i 列向量。

2) dist 函数

该函数为欧几里得距离权函数,通过对输入数据进行加权得到加权后的输入数据。

基本格式:

Z=dist(W,P);

df=dist('deriv');

D=dist(pos)。

参数说明:

W——$S \times R$ 维的权值矩阵;

P——Q 组输入(列)向量的 $R \times Q$ 维矩阵;

Z——$S \times Q$ 维的距离矩阵;

pos——神经元位置的 $N \times S$ 维矩阵;

D——$S \times S$ 维的距离矩阵。

df=dist('deriv'):返回值为空,因为该函数不存在导函数。

函数运算规则为 D=sqrt(sum((x. y)2)),其中 x 和 y 分别为列向量。

3) linkdist 函数

该函数为连接距离函数,在给定神经元的位置后,该函数可用于计算神经元之间的距离。

基本格式:d=linkdist(pos)。

4）mandist 函数

该函数为 Manhattan 距离函数。

基本格式：

Z＝mandist(W,P)；

df＝mandist('deriv')；

D＝mandist(pos)。

3. 结构函数

1）hextop 六角层结构函数

基本格式：pos＝hextop(dim1,dim2,…,dimN)

函数参数：

dimN——维数为 N 层的长度；

pos——神经元位置的 $N \times S$ 维矩阵，S＝dim1 * dim2 * … * dimN。

2）gridtop 网络层结构函数

基本格式：pos＝gridtop(dim1,dim2,…,dimN)。

3）randtop 随机层结构函数

基本格式：pos＝randtop(dim1,dim2,…,dimN)。

4. 显示函数（plotsom）

该函数用于绘制自组织特征映射。

基本格式：

（1）plotsom(pos)，该函数利用红色实心圆点表示神经元的位置，连接欧几里得距离小于或等于 1 的神经元。

（2）plotsom(W,D,ND)，该函数连接欧几里得距离小于或等于 1 的神经元的权值向量。

参数说明：

pos——神经元位置向量；

W——权值矩阵；

D——距离矩阵；

ND——邻域矩阵，默认为 1。

8.2.1 二维 SOM 神经网络识别分类

【例 8.1】 用随机输入数据演示二维 SOM 神经网络识别分类，输入的随机向量如图 8-4 所示。

解：代码如下：

```
clear all
close all
```

```
clc

p = rands(2,200);
figure
plot(p(1,:),p(2,:),'kp');
axis([.1 1 .1 1]);
xlabel('p(1)');
ylabel('p(2)');

% 设计二维 SOM 神经网络,神经元 4×4
net = newsom([0 1;0 1],[4 4]);

figure
cla
plotsom(net.IW{1,1},net.layers{1}.distances) % 绘制初始权值图
axis([0 1 0 1]);
xlabel('w(i,1)');
ylabel('w(i,2)');
```

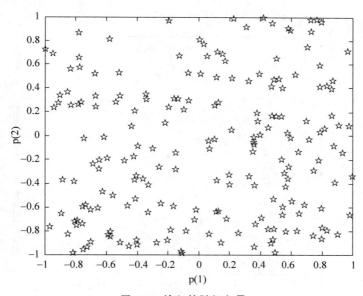

图 8-4　输入的随机向量

网络的初始权值都被设置为 0.5,所以在图 8-5 中这些点是重合的,看起来就像一个点,实际上是 12 个点。

然后利用训练函数 train 对网络进行训练,代码如下:

```
% 训练
net.trainParam.epochs = 100;
```

```
net = train(net,p);
% 训练样本自测
y = sim(net,p);
yc = vec2ind(y)

% 网络测试

figure
cla
plotsom(net.IW{1,1},net.layers{1}.distances)
axis([.1 1 .1 1]);
xlabel('w(i,1)');
ylabel('w(i,2)');

% 测试样本,仿真
p = [0.5;0.3];
a = sim(net,p);
ac = vec2ind(a)
```

网络训练步数对性能影响很大,网络训练过程如图 8-6 所示,样本的分布如图 8-7 所示。

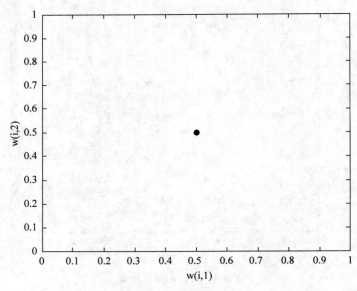

图 8-5   初始权值

网络训练后的权值可视化结果如图 8-8 所示,得到网络输出结果:

```
ac =
    15
```

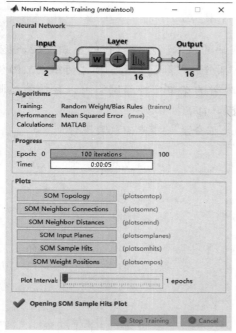

图 8-6　网络训练过程

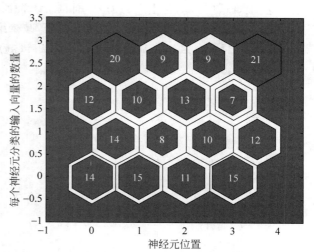

图 8-7　训练样本的 SOM Sample Hits 分布

该值代表所述类别的第 15 个神经元的输出为 1。

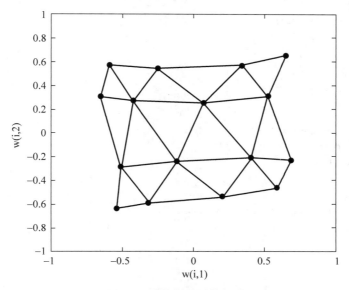

图 8-8　网络训练后的权值

8.2.2　SOM 神经网络在故障诊断中的应用

故障诊断是一种维持工业设备正常工作不可或缺的技术。随着科技的不断发展,很多设备的自动化程度越来越高,关键结构更加复杂,各部分联系渐趋紧密。使用传统的故障检测方法很难适应自动化生产的需要,而自组织特征映射的竞争型神经网络可以在故障检测及诊断过程中提高维修质量,节约维修费用,减少维修时间。

【例 8.2】　自组织特征映射竞争型神经网络的数据分类——柴油机故障诊断。

解：根据相关要求,可以编制代码如下：

```
clc
clear

% % 输入数据
% 载入数据
load data8_3;

% 转置后符合神经网络的输入格式
P = P';

% % 网络建立和训练
% 使用 newsom 建立 SOM 神经网络,minmax(P)取输入各行的最大值和最小值,竞争层为 5×5 = 25 个神经元
net = newsom(minmax(P),[5 5]);
plotsom(net.layers{1}.positions)
% 6 次训练的步数
a = [10 30 50 100 200 500];
% 随机初始化一个 6×8 向量
yc = rands(6,8);
% % 进行训练
figure
% 训练次数为 10 次
subplot(321)
net.trainparam.epochs = a(1);
% 训练网络和查看分类
net = train(net,P);
y = sim(net,P);
yc(1,:) = vec2ind(y);
plotsom(net.IW{1,1},net.layers{1}.distances)
title('训练 10 次')

% 训练次数为 30 次
subplot(322)
net.trainparam.epochs = a(2);
% 训练网络和查看分类
net = train(net,P);
```

```
y = sim(net,P);
yc(2,:) = vec2ind(y);
plotsom(net.IW{1,1},net.layers{1}.distances)
title('训练 30 次')

%  训练次数为 50 次
subplot(323)
net.trainparam.epochs = a(3);
%  训练网络和查看分类
net = train(net,P);
y = sim(net,P);
yc(3,:) = vec2ind(y);
plotsom(net.IW{1,1},net.layers{1}.distances)
title('训练 50 次')

%  训练次数为 100 次
Subplot(324)
net.trainparam.epochs = a(4);
%  训练网络和查看分类
net = train(net,P);
y = sim(net,P);
yc(4,:) = vec2ind(y);
plotsom(net.IW{1,1},net.layers{1}.distances)
title('训练 100 次')

%  训练次数为 200 次
subplot(325)
net.trainparam.epochs = a(5);
%  训练网络和查看分类
net = train(net,P);
y = sim(net,P);
yc(5,:) = vec2ind(y);
plotsom(net.IW{1,1},net.layers{1}.distances)
title('训练 200 次')

%  训练次数为 500 次
subplot(326)
net.trainparam.epochs = a(6);
%  训练网络和查看分类
net = train(net,P);
y = sim(net,P);
yc(6,:) = vec2ind(y);
plotsom(net.IW{1,1},net.layers{1}.distances)
title('训练 500 次')
yc
```

图 8-9 展示了不同训练次数时的权值分布,SOM 神经网络的训练过程如图 8-10 所示,

可根据用户的需要展示不同图表。

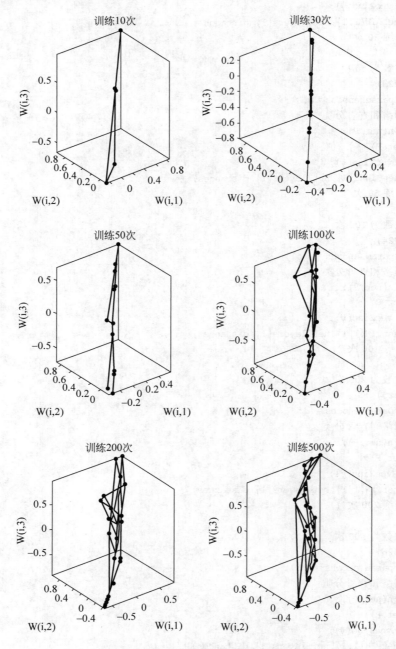

图 8-9　不同训练次数（步数）时的权值分布

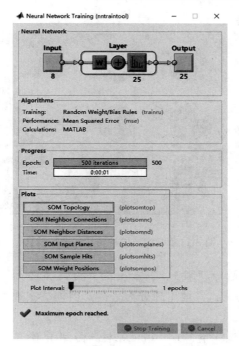

图 8-10　SOM 神经网络的训练过程

```
% % 网络作分类的预测
% 测试样本输入
t = [0.9512 1.0000 0.9458 .0.4215 0.4218 0.9511 0.9645 0.8941]';
% 用 sim 函数实现网络仿真
r = sim(net,t);
% 变换函数,将单值向量转变成下标向量
rr = vec2ind(r)

% % 网络神经元分布情况
% 查看网络拓扑学结构
plotsomtop(net)
% 查看邻近神经元直接的距离
plotsomnd(net)
% 查看每个神经元的分类情况
plotsomhits(net,P)
```

训练样本神经元的分布情况如图 8-11 所示。

经过不同次数的训练之后,网络的分类结果为:

```
yc =  1    20    1    25    1    25    1    4
      21    20    21    10    6    10    22    4
      10    11    10    1    25    21    15    5
      21    13    21    25    23    10    11    1
      21    5    22    15    18    25    7    1
      1    10    11    23    13    25    4    21
```

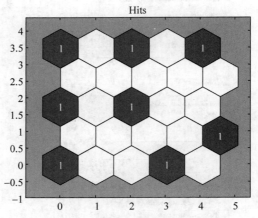

图 8-11　训练样本神经元的分布情况

当训练次数为 10 时,故障原因 1、3、5、7 分为一类,4、6 分为一类,其他分为一类。当训练次数为 50 时,1、3 分为一类,其他单独分为一类。当训练次数继续提高到 200 或 500 时,每个样本都被划分为一类。

对于示例中给出的测试样本 t,rr＝1,可见将其分到了第一类。

8.2.3　SOM 神经网络的工具箱实现

除了使用编制代码的方法实现 SOM 神经网络外,MATLAB 还提供了 GUI 的方法构建和实现 SOM 神经网络。

【例 8.3】　启动 MATLAB 神经网络 nctool 训练例 8.2。

解:(1)启动神经网络 GUI 界面。

在 MATLAB2019 命令行窗口输入 nnstart,弹出 Neural Network Start(nnstart)窗口,如图 8-12 所示。

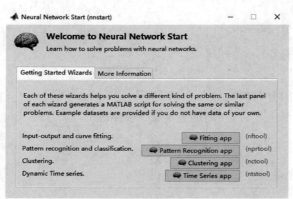

图 8-12　启动界面

（2）在界面中选择 Clustering app 选项，弹出用于聚类实现的 Neural Clustering（nctool）窗口。或者直接在命令行窗口输入 nctool，可以直接打开神经网络聚类工具，如图 8-13 所示。

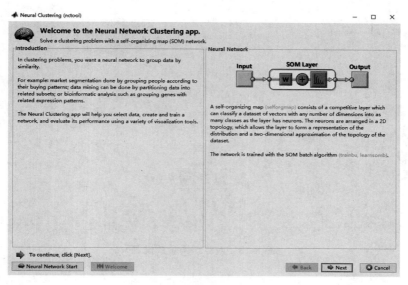

图 8-13　聚类工具界面

（3）加载例 8.2 的数据 P，数据提前加载到工作区。当然也可以选择 MATLAB 自带的数据集，如图 8-14 所示。

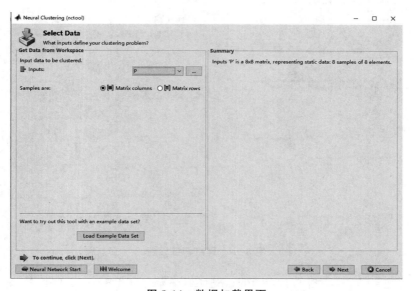

图 8-14　数据加载界面

（4）单击 Next 按钮，设置网络结构参数，如图 8-15 所示，选择 5 作为映射后的维度。

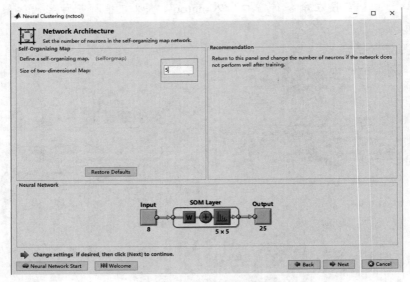

图 8-15　网络结构参数设置

（5）选择维度后，单击 Next 按钮，进入训练阶段，如图 8-16 所示。单击 Train 按钮进行训练。训练共进行 200 个 Epochs（训练数据集的完整传递次数）。

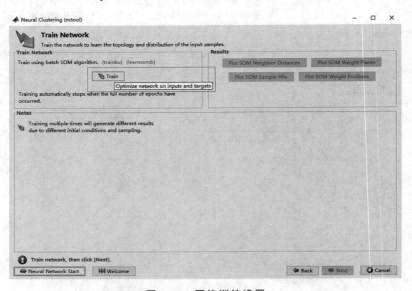

图 8-16　网络训练设置

（6）训练完成后，单击图 8-17 中 Plots 选项区下的 SOM Sample Hits 选项。

对于 SOM 训练，与每个神经元相关联的权重向量移动成为输入向量集群的中心。此外，拓扑中彼此相邻的神经元也应该在输入空间中彼此靠近移动,因此可以在网络拓扑的两个维度中可视化高维输入空间。SOM 神经网络的拓扑结构是 5×5 网格,因此有 25 个神经元。

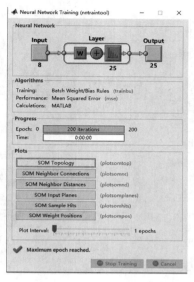

图 8-17　训练过程

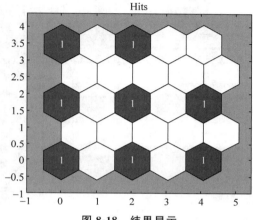

图 8-18　结果显示

图 8-18 与图 8-11 相比,结果存在差异。单击图 8-17 中的 Next 按钮可以评价训练效果,如果达不到要求,则可以调整网络结构大小,或者采用更大的数据集训练。单击图 8-19中的 Next 按钮。

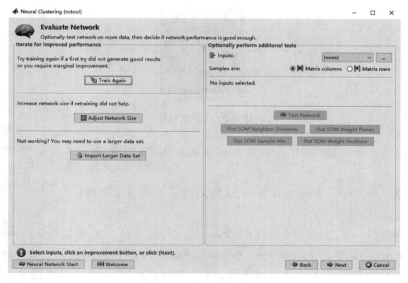

图 8-19　训练参数调整

（7）可以根据用户需求部署不同的解决方案，如 Function 函数、Simulink Diagram 等，如图 8-20 所示，训练的网络结构如图 8-21 所示。

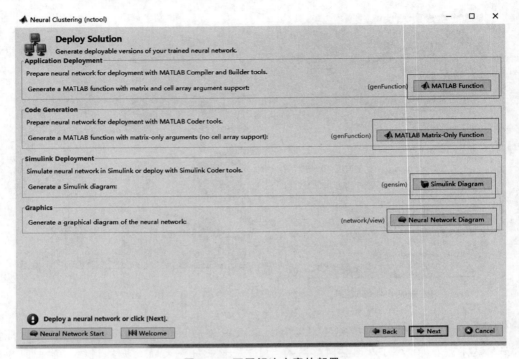

图 8-20　不同解决方案的部署

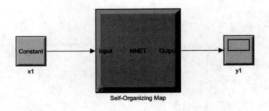

图 8-21　网络结构

（8）可以生成脚本文件，并将训练的网络及输入、输出保存在工作空间，结束仿真，如图 8-22 所示。

【例 8.4】　采用神经网络工具箱 GUI 实现例 8.1 的网络训练。

解：实现过程如下：

（1）在 MATLAB 2019 命令行窗口输入 nntool，通过神经网络工具箱创建神经网络。

（2）单击图 8-23 中左下角框内的 Import 按钮导入数据，得到如图 8-24 所示的界面。然后可以从工作空间或磁盘文件导入数据，根据网络输入、输出特点和应用需求导入输入数据、期望输出数据或实际输出数据等。SOM 神经网络设计仅导入输入数据即可。

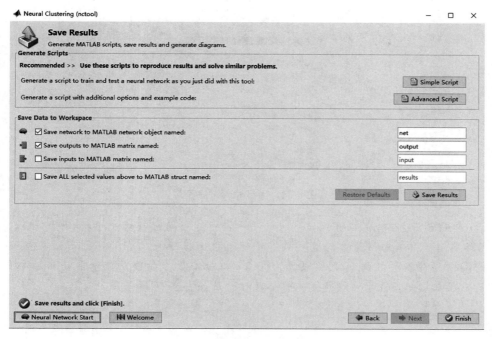

图 8-22　网络保存

图 8-23　神经网络 GUI 主界面

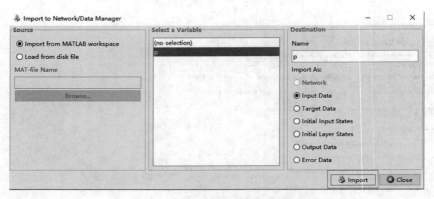

图 8-24 网络输入数据导入

（3）单击图 8-23 中底部的 New 按钮，设计新的神经网络结构及参数，如图 8-24 所示。设置网络名称为 somnet，网络类型可从下拉列表中选择 Self-organizing map 选项，输入数据为图 8-24 所导入的数据 P，网络设置为[5 5]，其他参数可按默认值选取。然后单击底部的 Create 按钮创建 SOM 神经网络。整个过程结果如图 8-25 所示。

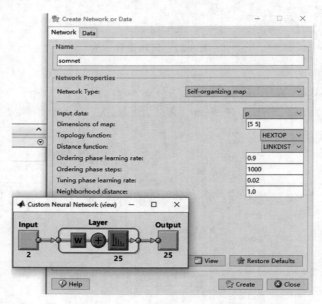

图 8-25 SOM 网络创建和结构预览

（4）选中 GUI 主界面中的 Networks 栏中刚刚创建的 somnet 网络，单击图 8-23 底部的 Open 按钮，打开网络训练界面 Networks somnet，并选择 Train 选项卡，设置训练数据（Training Data）和训练结果（Training Results）的参数名，然后单击右下角 Train Network 按钮对网络进行训练，如图 8-26 所示。

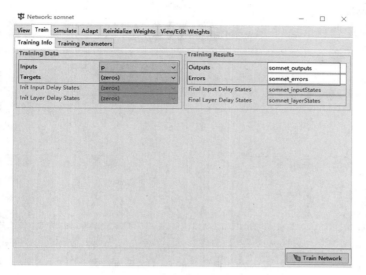

图 8-26   SOM 网络训练参数设置

（5）可以得到训练过程及结果参数如图 8-27 所示。

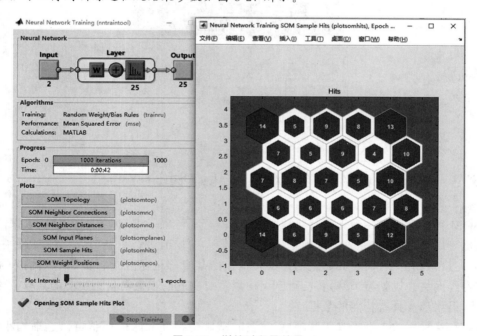

图 8-27   训练过程及结果

（6）训练完成后，更新的 GUI 主界面如图 8-28 中方框所示，为 SOM 神经网络相关参数，单击 Export 按钮，可以将所有参数和网络输出到工作空间或保存到硬盘中，如图 8-29 所示。

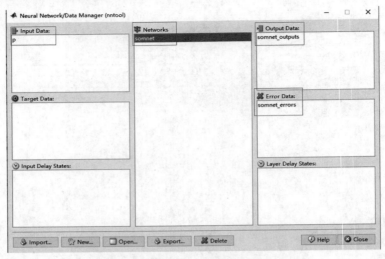

图 8-28　训练后的 GUI 主界面参数

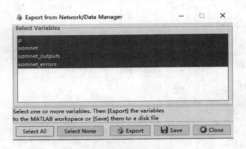

图 8-29　网络参数输出

8.3　关于 SOM 神经网络的几点讨论

SOM 神经网络是一种无监督机器学习算法,它既可以学习、训练输入向量数据的分布特征,也可以学习、训练输入向量数据的拓扑结构。在权值进行更新时,不仅获胜的神经元的权值向量得到更新,而且其邻近的神经元也按照某个邻近函数进行更新。当输入数据集时,该神经网络经过学习训练,将会得到一个以最终获胜的权值向量为中心的数据。然后依此迭代,最终形成具有特点的数据集。

然而,这种方式也会带来一些问题。例如,获胜的神经元通过调整可以逐渐缩小误差,从而使其获胜的概率不断增大,但是这样最后可能会使整个网络中只有一部分获胜的神经元取得成功,而其他的神经元则始终没有机会得到训练,从而形成了所谓的"死神经元"。另外,在进行聚类运算时,SOM 神经网络的学习率需人为指定,而学习终止又往往需要人为控制,这种模式在很大程度上影响了学习的快速性。

第 9 章

概率神经网络

概率神经网络(Probabilistic Neural Networks,PNN)是 D. F. Spechi 博士在 1990 年首先提出的,它是一种基于贝叶斯(Bayes)分类规则与 Parzen 窗的概率密度函数估计方法发展而来的并行算法。PNN 用贝叶斯决策规则,即错误分类的期望风险最小,在多维输入空间内分离决策空间,基于统计原理,以 Parzen 窗口函数为激活函数,它吸收了 RBF(径向基)神经网络与经典的概率密度估计原理的优点,与传统的 BP(前馈型)神经网络相比,在模式分类方面具有较为显著的优势。

9.1　概率神经网络的基本结构与算法基础

概率神经网络是基于统计原理的神经网络模型,在分类功能上与最优 Bayes 分类器相当,它不像传统的多层前向网络那样需要用后向传播算法进行反向误差传播的计算,而是完全前向的计算过程。它训练时间短、不易产生局部最优,而且它的分类正确率较高。无论分类问题多么复杂,只要有足够多的训练数据,可以保证获得贝叶斯准则下的最优解。

9.1.1　概率神经网络的理论基础

由贝叶斯决策理论,得

$$p(w_i \mid \boldsymbol{x}) > p(w_j \mid \boldsymbol{x}) \quad \forall j \neq i, 则 \boldsymbol{x} \in w_i \tag{9-1}$$

其中,$p(w_i|\boldsymbol{x}) = p(w_i)p(\boldsymbol{x}|w_i)$。

一般情况下,类的概率密度函数 $p(w_i|\boldsymbol{x})$ 是未知的,用高斯核的 Parzen 窗估计如下

$$(w_i \mid \boldsymbol{x}) = \frac{1}{N} \sum_{k=1}^{N_i} \frac{1}{(2\pi)^{\frac{l}{2}}} \exp\left(-\frac{\|\boldsymbol{x} - \boldsymbol{x}_{ik}\|^2}{2\sigma^2}\right) \tag{9-2}$$

其中,$\boldsymbol{x}_{ik}$ 是属于第 w_i 类的第 k 个训练样本,l 是样本向量的维数,σ 是平滑参数,N_i 是第 w_i 类的训练样本总数。

去掉共有元素,判别函数可简化为

$$g_i(\boldsymbol{x}) = \frac{p(w_i)}{N_i} \sum_{k=1}^{N_i} \frac{1}{(2\pi)^{\frac{l}{2}}} \exp\left(-\frac{\|\boldsymbol{x} - \boldsymbol{x}_{ik}\|^2}{2\sigma^2}\right) \tag{9-3}$$

9.1.2　概率神经网络的结构模型

　　PNN 的层次模型如图 9-1 所示,包括输入层、模式层、求和层与输出层共 4 层。首先是输入层,它进行样本向量输入;第二层计算输入向量与训练样本间的距离;第三层将与输入向量相关的所有类别综合在一起,网络输出为表示概率的向量;最后通过第四层的竞争传递函数进行取舍,概率最大值的一类用 1 表示,其他类别用 0 表示。

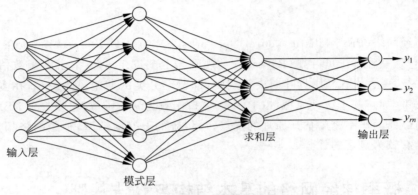

图 9-1　概率神经网络基本结构

　　(1) 输入层:首先将输入向量 $\boldsymbol{x}$ 输入输入层(其神经元的数目和样本向量的维数相等,为 n),计算输入向量与训练样本间的差值 $\boldsymbol{x} - \boldsymbol{x}_{ik}$,绝对值 $|\boldsymbol{x} - \boldsymbol{x}_{ik}|$ 代表这两个向量间的距离,第一层的输出向量表示输入向量与训练样本间的接近程度;接着,把输入层的输出向量 $\boldsymbol{x} - \boldsymbol{x}_{ik}$ 送入模式层。

　　(2) 模式层:模式层神经元个数等于各个类别训练样本数总和。先判断哪些类别与输入向量相关,再将相关度高的类别综合在一起,网络输出为表示概率的向量,代表相似度;然后将输出值送入求和层。

　　(3) 求和层:将属于每类的概率累计,得到模式的概率密度函数。每一类只有一个求和层单元,求和层单元与只属于自己类的模式层单元相连,该层的输出与各类基于内核的概率密度的估计成比例。

　　(4) 输出层:输出层接收求和层输出的各类概率密度函数,每个神经元对应一个类别 m,概率值最大的一类输出结果为 1,其余全为 0。

9.1.3　概率神经网络的训练

　　概率神经网络的训练步骤如下:

（1）将每个训练样本 x 归一化为单元长度，$\sum_{j=1}^{d} x_j^2 = 1$，选取其中一个样本，如 x_1，置于输入层。同时，将输入层的神经元和模式层的第一个神经元的连接权值全部初始化为样本归一化后的值，$w_1 = x_1$。

（2）将模式层的第一个神经元与求和层中代表 x_1 所属类别的神经元连接。

（3）重复上述步骤（1）、（2），逐一将归一化后的样本 x_k 置于输入层，且同时初始化模式层神经单元和第 k 个模式层单元的连接权值。

通过上述 3 个步骤，将得到 PNN 的模型，输入层的所有神经元都与模式层的每个神经元相连接，而模式层中神经元却只与类别层中某个特定的神经元相连接。

训练算法伪代码：

初始化：$j = 0, a_{ji} = 0, j = 1, 2, \cdots, n; i = 1, 2, \cdots, m$
执行：$j = j + 1$
归一化：$x_{jk} = \dfrac{x_{jk}}{\sqrt{\sum_{i}^{d} x_{ji}^2}}$
训练：$w_{jk} = x_{jk}$
如果：$x \in w_i$，则 $a_{ji} = 1$
至结果条件 $j = n$
结束。

9.1.4 概率神经网络模式分类学习算法

概率神经网络模式分类学习算法的步骤大致可分为以下几步。

1. 确定参数

（1）确定输入层参数：n 个神经元，p 个测试样本，每个样本 n 个特征参数。
输入模式为

$$\boldsymbol{D} = \begin{bmatrix} d_{11} & d_{12} & \cdots & d_{1n} \\ d_{21} & d_{22} & \cdots & d_{2n} \\ \vdots & \vdots & & \vdots \\ d_{p1} & d_{p2} & \cdots & d_{pn} \end{bmatrix}$$

将输入向量归一化处理。

$$d_i = \frac{d}{\|D\|}, \quad \|D\| = \sqrt{\sum_{i=1}^{n}(d_i)^2}, \quad i = 1, 2, \cdots, n \tag{9-4}$$

（2）确定模式层，训练样本有 m 个，则有 m 神经元。训练样本矩阵为

$$\boldsymbol{X} = \begin{bmatrix} X_{11} & X_{12} & \cdots & X_{1n} \\ X_{21} & X_{22} & \cdots & X_{2n} \\ \vdots & \vdots & & \vdots \\ X_{m1} & X_{m2} & \cdots & X_{mn} \end{bmatrix}$$

求归一化因子前,计算 $\boldsymbol{B}^{\mathrm{T}}$ 矩阵

$$\boldsymbol{B}^{\mathrm{T}} = \left[\frac{1}{\sqrt{\sum\limits_{k=1}^{n}(x_{1k})^2}} \quad \frac{1}{\sqrt{\sum\limits_{k=1}^{n}(x_{2k})^2}} \quad \cdots \quad \frac{1}{\sqrt{\sum\limits_{k=1}^{n}(x_{mk})^2}} \right] = \left[\frac{1}{M_1} \quad \frac{1}{M_2} \quad \cdots \quad \frac{1}{M_m} \right] \tag{9-5}$$

然后计算

$$\boldsymbol{C}_{m \times n} = \boldsymbol{B}_{m \times 1} \begin{bmatrix} 1 & 1 & \cdots & 1 \end{bmatrix}_{1 \times n} \cdot \boldsymbol{X}_{m \times n} = \begin{bmatrix} \dfrac{x_{11}}{\sqrt{M_1}} & \dfrac{x_{12}}{\sqrt{M_1}} & \cdots & \dfrac{x_{1n}}{\sqrt{M_1}} \\ \dfrac{x_{21}}{\sqrt{M_2}} & \dfrac{x_{22}}{\sqrt{M_2}} & \cdots & \dfrac{x_{2n}}{\sqrt{M_2}} \\ \vdots & \vdots & & \vdots \\ \dfrac{x_{m1}}{\sqrt{M_m}} & \dfrac{x_{m2}}{\sqrt{M_m}} & \cdots & \dfrac{x_{mm}}{\sqrt{M_m}} \end{bmatrix}$$

$$= \begin{bmatrix} C_{11} & C_{12} & \cdots & C_{1n} \\ C_{21} & C_{22} & \cdots & C_{2n} \\ \vdots & \vdots & & \vdots \\ C_{m1} & C_{m2} & \cdots & C_{mn} \end{bmatrix} \tag{9-6}$$

(3) 确定求和层,若样本有 c 类,则该层有 c 个神经元,每个节点对应一个类别输出,即 $\boldsymbol{Y} = \begin{bmatrix} y_1, y_2, \cdots, y_c \end{bmatrix}^{\mathrm{T}}$。

2. 计算模式间距离

计算每个测试样本到训练样本的欧几里得距离

$$\boldsymbol{E} = \begin{bmatrix} E_{11} & E_{12} & \cdots & E_{1m} \\ E_{21} & E_{22} & \cdots & E_{2m} \\ \vdots & \vdots & & \vdots \\ E_{p1} & E_{p2} & \cdots & C_{pm} \end{bmatrix} \tag{9-7}$$

其中, $E_{ij} = \sqrt{\sum\limits_{k=1}^{n} |d_{ik} - c_{jk}|^2}$, $i = 1, 2, \cdots, p$; $j = 1, 2, \cdots, m$。

3. 激活模式层径向基函数的神经元

学习样本与测试样本 D 被归一化后,通常取标准差 $\sigma = 0.1$ 的高斯型函数。激活后得到初始概率矩阵为

$$\boldsymbol{P} = \begin{bmatrix} P_{11} & P_{12} & \cdots & P_{1m} \\ P_{21} & P_{22} & \cdots & P_{2m} \\ \vdots & \vdots & & \vdots \\ P_{p1} & P_{p2} & \cdots & P_{pm} \end{bmatrix} \tag{9-8}$$

其中, $P_{ij} = \mathrm{e}^{-\frac{E_{ij}}{2\sigma^2}}$, $i = 1, 2, \cdots, p$; $j = 1, 2, \cdots, m$。

4. 求和层计算各样本属于各类的概率和

假设 m 个样本包括 c 类,各类的样本数量相同,设为 k,则各个样本属于各类的初始概率和为

$$
\boldsymbol{S} = \begin{bmatrix} \displaystyle\sum_{l=1}^{k} P_{1l} & \displaystyle\sum_{l=k+1}^{2k} P_{1l} & \cdots & \displaystyle\sum_{l=m-k+1}^{m} P_{1l} \\ \displaystyle\sum_{l=1}^{k} P_{2l} & \displaystyle\sum_{l=k+1}^{2k} P_{2l} & \cdots & \displaystyle\sum_{l=m-k+1}^{m} P_{2l} \\ \vdots & \vdots & & \vdots \\ \displaystyle\sum_{l=1}^{k} P_{pl} & \displaystyle\sum_{l=k+1}^{2k} P_{pl} & \cdots & \displaystyle\sum_{l=m-k+1}^{m} P_{pl} \end{bmatrix}
$$

$$
= \begin{bmatrix} S_{11} & S_{12} & \cdots & S_{1mc} \\ S_{21} & S_{22} & \cdots & S_{2c} \\ \vdots & \vdots & & \vdots \\ S_{p1} & S_{p2} & \cdots & S_{pc} \end{bmatrix} \tag{9-9}
$$

其中,S_{ij} 表示将要被识别的样本中第 i 个样本属于第 j 类的初始概率和。

5. 输出层(竞争层)

通过计算概率 prob_{ij},第 i 个样本属于第 j 类,求得每行中最大概率,得到测试样本的类别

$$
\mathrm{prob}_{ij} = \frac{S_{ij}}{\displaystyle\sum_{i=1}^{c} S_{il}} \tag{9-10}
$$

综上,研究表明概率神经网络具有如下特性:

(1)训练容易,收敛速度快,从而非常适用于实时处理,在基于密度函数核估计的 PNN 网络中,每一个训练样本确定一个隐含层神经元的权值直接取自输入样本值。

(2)可以实现任意的非线性逼近,用 PNN 网络所形成的判决曲面与贝叶斯最优准则下的曲面非常接近。

(3)隐含层采用径向基的非线性映射函数,考虑了不同类别模式样本的交错影响具有很强的容错性,只要有充足的样本数据,概率神经网络都能达到贝叶斯分类器的效果,而没有 BP 神经网络的局部极小值问题。

(4)隐含层的传输函数可以选用各种用来估计概率密度的奇函数,且分类结果对接下来的形式不敏感。

(5)扩充性能好。网络的学习过程简单,增加或减少类别的模式时不需要重新进行长时间的训练学习。

(6)各层神经元的数目比较固定,因而易于硬件实现。

9.2 概率神经网络的 MATLAB 实现

MATLAB 中构建 PNN 的相关函数为 newpnn 和 sim。

1. 创建函数 PNN

基本格式：net＝newpnn(P,T,spread)。

参数说明：

P——输入数据向量(矩阵)；

T——目标数据向量(矩阵)；

spread——径向基函数的扩展系数,默认值为 0.1；如果该值接近于 0,则 PNN 可作为最近邻分类器；

net——返回训练后的 PNN 网络。

2. 预测函数 PNN

基本格式：Y＝sim(net,P)。

参数说明：

net——训练后的 PNN 网络；

P——输入数据向量(矩阵),多为测试数据集；

Y——返回的决策结果。

9.2.1 基于 PNN 的鸢尾花分类

Iris 数据集是常用的分类实验数据集,由 Fisher 于 1936 年收集整理。Iris 也称鸢尾花数据集,是一类多重变量分析的数据集。它包含 150 个数据集,分为 3 类,每类 50 个数据,每个数据包含 4 个属性。Iris 以鸢尾花的特征作为数据来源,常用在分类操作中。该数据集由 3 种不同类型的鸢尾花的 50 个样本数据构成。其中一个种类数据与另外两个种类数据是线性可分离的,后两个种类数据是非线性可分离的。

数据样本包含四个属性：Sepal. Length(花萼长度),单位是 cm；Sepal. Width(花萼宽度),单位是 cm；Petal. Length(花瓣长度),单位是 cm；Petal. Width(花瓣宽度),单位是 cm。3 个种类为：Iris Setosa(山鸢尾)；Iris Versicolour(杂色鸢尾)；Iris Virginica(弗吉尼亚鸢尾)。下面是具体的代码。

```
% 鸢尾花分类识别
% % I. 清空环境变量
clear all
clc
close all
% % II. 训练集/测试集产生
% %
```

```
% 1. 导入数据
load iris_data.mat

%绘制散点图查看数据
class_1 = find(classes(:,1) == 1);              %返回类别为1的位置索引
class_2 = find(classes(:,1) == 2);
class_3 = find(classes(:,1) == 3);
subplot(3,2,1)
hold on
scatter(features(class_1,1),features(class_1,2),'x','b')
scatter(features(class_2,1),features(class_2,2),'+','g')
scatter(features(class_3,1),features(class_3,2),'o','r')
xlabel('花萼长度(cm)');
ylabel('花萼宽度(cm)');
subplot(3,2,2)
hold on
scatter(features(class_1,1),features(class_1,3),'x','b')
scatter(features(class_2,1),features(class_2,3),'+','g')
scatter(features(class_3,1),features(class_3,3),'o','r')
xlabel('花萼长度(cm)');
ylabel('花瓣长度(cm)');
subplot(3,2,3)
hold on
scatter(features(class_1,1),features(class_1,4),'x','b')
scatter(features(class_2,1),features(class_2,4),'+','g')
scatter(features(class_3,1),features(class_3,4),'o','r')
xlabel('花萼长度(cm)');
ylabel('花瓣宽度(cm)');
subplot(3,2,4)
hold on
scatter(features(class_1,2),features(class_1,3),'x','b')
scatter(features(class_2,2),features(class_2,3),'+','g')
scatter(features(class_3,2),features(class_3,3),'o','r')
xlabel('花萼宽度(cm)');
ylabel('花瓣长度(cm)');
subplot(3,2,5)
hold on
scatter(features(class_1,2),features(class_1,4),'x','b')
scatter(features(class_2,2),features(class_2,4),'+','g')
scatter(features(class_3,2),features(class_3,4),'o','r')
xlabel('花萼宽度(cm)');
ylabel('花瓣宽度(cm)');
subplot(3,2,6)
hold on
scatter(features(class_1,3),features(class_1,4),'x','b')
scatter(features(class_2,3),features(class_2,4),'+','g')
scatter(features(class_3,3),features(class_3,4),'o','r')
xlabel('花瓣长度(cm)');
ylabel('花瓣宽度(cm)');
```

上述代码绘制的样本集散点图如图 9-2 所示。

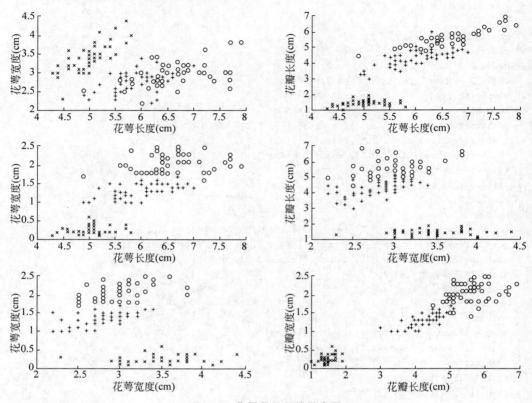

图 9-2 鸢尾花特征值散点图

继续运行如下代码：

```
% 随机产生训练集和测试集
P_train = [];
T_train = [];
P_test = [];
T_test = [];
for i = 1:3
    temp_input = features((i-1)*50+1:i*50,:);
    temp_output = classes((i-1)*50+1:i*50,:);
    n = randperm(50);
    % 训练集——120 个样本
    P_train = [P_train temp_input(n(1:40),:)'];
    T_train = [T_train temp_output(n(1:40),:)'];
    % 测试集——30 个样本
    P_test = [P_test temp_input(n(41:50),:)'];
    T_test = [T_test temp_output(n(41:50),:)'];
```

```matlab
end

%% 模型建立
result_grnn = [];
result_pnn = [];
time_grnn = [];
time_pnn = [];
for i = 1:4
    for j = i:4
        p_train = P_train(i:j,:);
        p_test = P_test(i:j,:);
        %%
        % 1. GRNN 创建及仿真测试
        t = cputime;
        % 创建网络
        net_grnn = newgrnn(p_train,T_train);
        % 仿真测试
        t_sim_grnn = sim(net_grnn,p_test);
        T_sim_grnn = round(t_sim_grnn);
        t = cputime - t;
        time_grnn = [time_grnn t];
        result_grnn = [result_grnn T_sim_grnn'];
        %%
        % 2. PNN 创建及仿真测试
        t = cputime;
        Tc_train = ind2vec(T_train);
        % 创建网络
        net_pnn = newpnn(p_train,Tc_train); % spread 默认为 0.1
        % 仿真测试
        Tc_test = ind2vec(T_test);
        t_sim_pnn = sim(net_pnn,p_test);
        T_sim_pnn = vec2ind(t_sim_pnn);
        t = cputime - t;
        time_pnn = [time_pnn t];
        result_pnn = [result_pnn T_sim_pnn'];
    end
end

%% 性能评价
%%
% 1. 正确率 accuracy
accuracy_grnn = [];
accuracy_pnn = [];
time = [];
for i = 1:10
```

```
            accuracy_1 = length(find(result_grnn(:,i) == T_test'))/length(T_test);
            accuracy_2 = length(find(result_pnn(:,i) == T_test'))/length(T_test);
            accuracy_grnn = [accuracy_grnn accuracy_1];
            accuracy_pnn = [accuracy_pnn accuracy_2];
    end


    %%
    % 结果对比
    result = [T_test' result_grnn result_pnn]
    accuracy = [accuracy_grnn;accuracy_pnn]
    time = [time_grnn;time_pnn]
    %% V. 绘图
    figure
    plot(1:30,T_test,'bo',1:30,result_grnn(:,4),'r-*',1:30,result_pnn(:,4),'k:^')
    grid on
    xlabel('测试集样本编号')
    ylabel('测试集样本类别')
    string = {'测试集预测结果对比(GRNN vs PNN)';['正确率:' num2str(accuracy_grnn(4)*100) '%
    (GRNN) vs ' num2str(accuracy_pnn(4)*100) '%(PNN)']};
    title(string)
    legend('真实值','GRNN 预测值','PNN 预测值')
    figure
    plot(1:10,accuracy(1,:),'r-*',1:10,accuracy(2,:),'b:o')
    grid on
    xlabel('特征组合')
    ylabel('测试集正确率')
    xticklabels({'f{1}','f{1,2}','f{1,2,3}','f{1,2,3,4}','f{2}','f{2,3}','f{2,3,4}','f{3}','f{3,
    4}','f{4}'});
    title('10 个模型的测试集正确率对比(GRNN vs PNN)')
    legend('GRNN','PNN')
    figure
    plot(1:10,time(1,:),'r-*',1:10,time(2,:),'b:o')
    grid on
    xlabel('特征组合')
    xticklabels({'f{1}','f{1,2}','f{1,2,3}','f{1,2,3,4}','f{2}','f{2,3}','f{2,3,4}','f{3}','f{3,
    4}','f{4}'});
    ylabel('运行时间(s)')
    title('10 个模型的运行时间对比(GRNN vs PNN)')
    legend('GRNN','PNN')
```

为加强对比,图 9-3 展示了 GRNN 与 PNN 对各测试样本的预测结果,当前情况下,二者正确率一致。同时,图 9-4 描绘了各特征组合模型的测试正确率与运行时间。相对而言,PNN 各特征组合的正确率和运行时间优于前者。

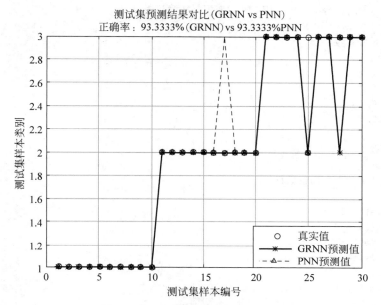

图 9-3　GRNN 与 PNN 测试集结果

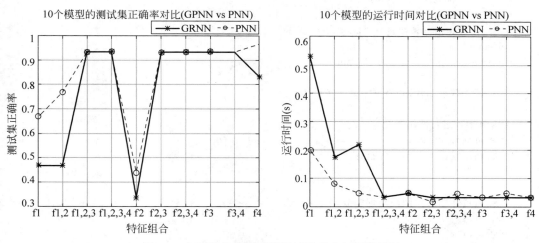

图 9-4　各特征组合模型的测试正确率与运行时间

9.2.2　变压器故障诊断

对变压器油中溶解气体进行分析是变压器内部故障诊断的重要手段。当前大量应用的是改良三比值法。本示例中的数据为 33×4 维的矩阵,前三列为改良三比值法数值,第四列为分类输出,即故障类别数据,前 23 个样本为训练样本,后 10 个为测试样本。

```
% 概率神经网络的分类——基于 PNN 的变压器故障诊断

%% 清空环境变量
clc;
clear all
close all
nntwarn off;
warning off;

%% 数据载入
load bianyaqi
%% 选取训练数据和测试数据

Train = data(1:23, :);
Test = data(24:end, :);
p_train = Train(:,1:3)';
t_train = Train(:,4)';
p_test = Test(:,1:3)';
t_test = Test(:,4)';

%% 将期望类别数据转换为向量
t_train = ind2vec(t_train);
t_train_temp = Train(:,4)';
%% 使用 newpnn 函数建立 PNN, Spread 选为 1.5
Spread = 1.5;
net = newpnn(p_train,t_train,spread);

%% 训练数据回代,查看网络的分类效果

% sim 函数进行网络预测
Y = sim(net,p_train);
% 将网络输出向量转换为指针
Yc = vec2ind(Y);

%% 通过作图观察网络对训练数据分类效果
figure(1)
subplot(1,2,1)
stem(1:length(Yc),Yc,'bo')
hold on
stem(1:length(Yc),t_train_temp,'r*')
title('PNN 网络训练后的效果')
xlabel('样本编号')
ylabel('分类结果')
set(gca,'Ytick',[1:5])
subplot(1,2,2)
H = Yc - t_train_temp;
stem(H)
```

```
title('PNN 网络训练后的误差图')
xlabel('样本编号')


%% 网络预测未知数据效果
Y2 = sim(net,p_test);
Y2c = vec2ind(Y2);
figure(2)
stem(1:length(Y2c),Y2c,'b^')
hold on
stem(1:length(Y2c),t_test,'r*')
title('PNN 网络的预测效果')
xlabel('预测样本编号')
ylabel('分类结果')
set(gca,'Ytick',[1:5])
```

当 spread 值取 1.5 时,由图 9-5 与图 9-6 可见,训练后将训练数据作为输入,代入训练好的 PNN 网络,有两个样本判别错误,用测试样本验证时也有两个样本判别错误。当 spread 值取 0.5 时,而由图 9-7 与图 9-8 可知,将训练数据作为输入代入训练好的 PNN 网络,全部样本判别正确,但用测试样本验证时也有两个样本判别错误。

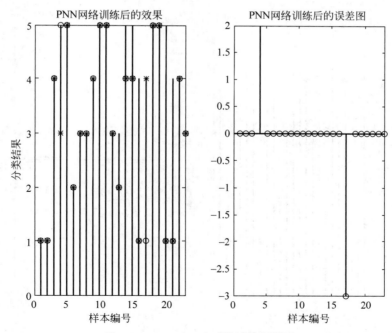

图 9-5　spread＝1.5 时训练数据结果

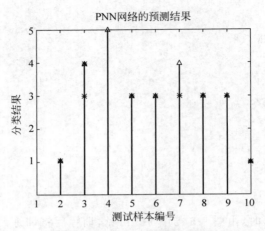

图 9-6 spread＝1.5 时测试结果

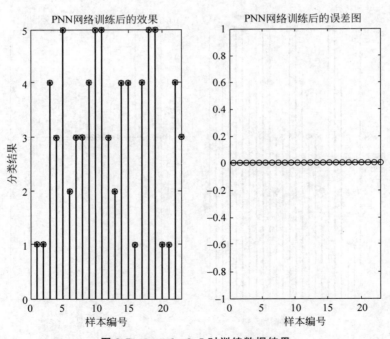

图 9-7 spread＝0.5 时训练数据结果

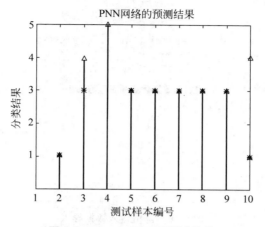

图 9-8　spread＝0.5 时测试结果

9.2.3　概率神经网络的工具箱实现

下面采用 MATLAB 神经网络工具箱 GUI 实现 9.2.1 节鸢尾花分类的 PNN，实现过程如下：

（1）在 MATLAB 2019 命令行窗口输入 nntool，通过神经网络工具箱创建 PNN，如图 9-9 所示。

图 9-9　神经网络 GUI 主界面

（2）单击图 9-9 中左下角的 Import 按钮导入数据，弹出如图 9-10 所示的界面，可以从工作空间或磁盘文件导入数据，根据网络输入、输出特点和应用需求导入输入数据、期望输出数据或输出数据等。PNN 从工作区选择训练样本特征和相应类别标签作为输入和期望数据。

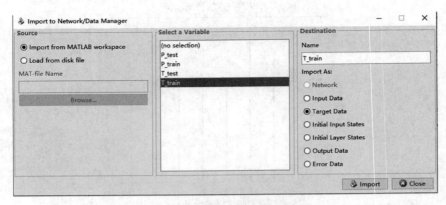

图 9-10　网络输入数据导入

　　(3) 单击图 9-9 底部的 New 按钮设计网络结构及参数。如图 9-11 所示,设置网络名称为 pnnnet,网络类型选为 Probabilistic,输入和期望数据分别为图 9-9 所导入的数据 P_train 和 Tc_train,扩展系数设置为 1.5,单击 View 按钮可以预览网络结构,然后单击 Creat 按钮创建 PNN。

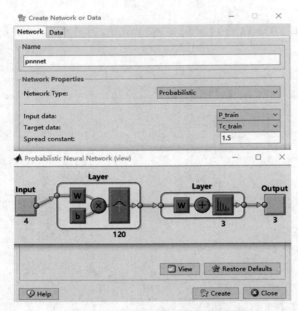

图 9-11　PNN 网络创建和结构预览

　　(4) 选中主界面 Networks 中的刚刚创建的 pnnnet 网络,单击图 9-9 底部的 Open 按钮打开网络训练界面 Networks pnnnet,并选择 Simulation 选项卡,设置模拟数据(Simulation Data)和模拟输出结果(Simulation Results)参数名,然后单击右下角的 Simulate Network 按钮进行训练,如图 9-12 所示。

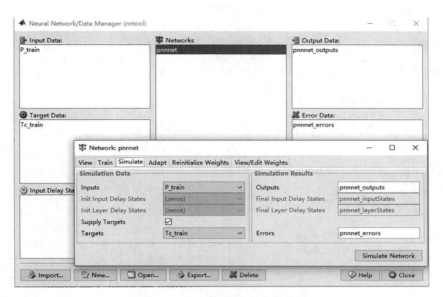

图 9-12 PNN 网络训练参数设置

（5）训练完成后更新的 GUI 主界面如图 9-13 所示，为 pnn 网络相关参数，单击底部的 Export 按钮可以将所有参数和网络输出到工作空间或保存到硬盘。

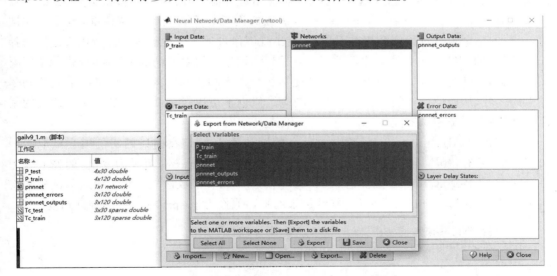

图 9-13 仿真训练后的 GUI 主界面参数及输出

读者可以比较训练样本的自测结果，得到自测精度。

```
Output = vec2ind(pnnnet_outputs);
accuracy = length(find(Output == T_train))/length(T_train)
```

```
accuracy =

    0.9417
```

（6）最后利用训练的 pnnnet 网络和测试样本进行测试。

```
t_sim_pnn = sim(pnnnet,P_test);
T_sim_pnn = vec2ind(t_sim_pnn)
accuracy = length(find(T_sim_pnn == T_test))/length(T_test)


T_sim_pnn =

  1   1   1   1   1   1   1   1   1   1   2   2   2   2   2   2   2
  2   2   2   3   3   3   3   3   3   2   3   2   3

accuracy =

    0.9333
```

9.2.4　PNN 中参数 spread 对分类的影响

在隐含层神经元各参数阈值中，spread 值是神经网络的径向基扩展速度，在 PNN 中一般是 0.1。spread 值越大，在函数进行拟合时就相对平滑，同时逼近误差就会随之变大，计算量也会变大。相反，如果 spread 值越小，函数的逼近程度就会越大越精准，但是与此同时，函数的整个逼近过程则会相对不平滑，会出现图像过适应的糟糕现象。所以合理地选择 spread 值对 PNN 的仿真结果非常重要。具体训练网络时要对不同的 spread 值进行重复尝试判断，spread 选取原则是要求数值大到使神经元产生响应的输入范围尽可能地覆盖到尽量大的区域，从而使所有的神经元都得到响应。但也不可以过分大以至于出现过适应的情况，最终确定一个相对最优值。

在 MATLAB 的 newpnn 函数中 spread 的默认值为 0.1，在前述的实例中尝试取不同值，分类结果有差异。因此基于鸢尾花数据进一步研究，把 spread 值设为变量，例如 n 取为 0.01，d 取为 4，那么 spread 值就是 0.01～4，调用 newpnn 函数建立 PNN，代入测试样本得出仿真结果。重复 10 次并取 10 次统计结果的平均值作为该 spread 参数的统计精度。

```
% 鸢尾花分类识别
%% 清空环境变量
clear all
close all
clc
%% 训练集/测试集产生
%%
% 导入数据
load iris_data.mat
```

```
%%
% 随机产生训练集和测试集
P_train = [];
T_train = [];
P_test = [];
T_test = [];
for i = 1:3
    temp_input = features((i-1) * 50 + 1:i * 50, :);
    temp_output = classes((i-1) * 50 + 1:i * 50, :);
    n = randperm(50);
    % 训练集——120 个样本
    P_train = [P_train temp_input(n(1:40), :)'];
    T_train = [T_train temp_output(n(1:40), :)'];
    % 测试集——30 个样本
    P_test = [P_test temp_input(n(41:50), :)'];
    T_test = [T_test temp_output(n(41:50), :)'];
end

% PNN 创建及仿真测试
S = 0.01:0.01:5;
result_pnn = [];
accuracy_all = [];
for i = 1:length(S)
    accuracy_pnn = [];
    j = 1;
    for j = 1:10
        net = newpnn(p_train, t_train, S(i));

        %% 训练数据回代,查看网络的分类效果
        % 采用 sim 函数进行网络预测
        Y = sim(net, p_train);
        % 将网络输出向量转换为指针
        Yc = vec2ind(Y);
        result_pnn = [result_pnn Yc];
        accuracy = length(find(Yc == t_train))/length(t_train);
        accuracy_pnn = [accuracy_pnn accuracy];
    end
    accuracy_mean = mean(accuracy_pnn);
    accuracy_all = [accuracy_all accuracy_mean];
end

figure
plot(S, accuracy_all)
xlabel('分布')
ylabel('分类精度')
grid on
```

结果如图 9-14 所示,反映出分类过程中 spread(分布)值对预测准确率的影响较大,由于本实例中的数据集较小,训练的网络存在欠拟合风险,且对训练样本生成的分类器多样性较低,对训练样本的自测精度差异较小,读者可以选择其他数据集进行研究。

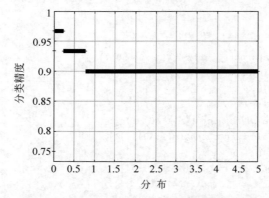

图 9-14   鸢尾花分类中 spread 值对预测准确率的影响分析

第三部分
深度学习神经网络

第 10 章

深度信念网络

深度学习的概念来源于人工神经网络,其本质上是指目前所有相关的对具有深层结构的神经网络进行有效训练的方法。根据 Bengio 的定义,深层网络由多层自适应非线性单元组成,即非线性模块结构的级联,在所有层次上都包含可训练的参数。从理论上来讲,深层网络和浅层网络的基本结构和数学描述是相似的,都能够通过函数逼近表达数据的内在关系和本质特征。典型结构示例如图 10-1 和图 10-2 所示。

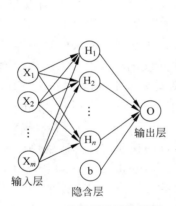

图 10-1　浅层网络结构示例

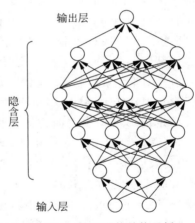

图 10-2　深层网络结构示例

从图 10-2 可以直观看出,深层网络符合人脑生物学特性,科学界认为大脑皮层深层结构的每一层都是由大量功能、结构相似的神经元细胞按照一定的组织结构排列组成。视觉系统所接收的图像信息在大脑皮层中自下而上、逐层逐区域地递进耦合抽象,从而实现对目标的识别和理解。诺贝尔医学奖获得者 David Hubel 和 Torsten Wiesel 发现了视觉系统的信息处理机制,即可视皮层是分级的。他们在研究瞳孔区域与大脑皮层神经元的对应关系时,发现了一种方向选择性神经元细胞,当眼睛瞳孔辨别出物体的边缘,且这个边缘指向某个方向时,这种神经元细胞就会活跃。具有更高智能水平的人类大脑使用其独特的自我学习机制,感知并理解外界刺激,通过逐层、逐区域地概括,生成对世界的主观认识。作为外界信息主要来源的人脑的视觉系统对于视觉信息的处理是一个不断迭代、不断抽象的过程,通过对低层的数据信息进行逐层的非线性变换,能够获得对目标更高层次的、更加抽象的特征表达,高层次的表达能够强化输入数据的区分能力,同时削弱不相关因素的不利影响。

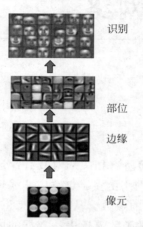

图 10-3   人眼视觉信息处理过程

以人脸识别为例,图 10-3 直观表现了人眼视觉信息分层处理过程。原始视觉信息输入为像元,大脑接收低层次的视觉信号后,首先提取出这些像素中包含的边缘信息,然后对这些边缘信息进行抽象进而获取中层的语义信息(如人的鼻子、眼睛等各个部件信息),接着人脑对这些部位信息不断抽象得到了更高层的信息,从低级区域提取边缘,到更高级区域的形状,最终人脑可以容易地识别出不同的人脸。以此为生物学基础,深度学习的视觉机理可概括为:利用深度学习网络的多个隐含层对输入的像元图像依次抽象出边缘特征、部位特征以及更高层的特征,最后利用高层特征可以很好地完成信息提取任务。高层特征是低层特征的组合,抽象层面越高,越能表现语义或意图,存在的可能猜测就越少,越利于信息提取。

受此生物学机制启发,深度学习自诞生起即受到广大研究者的重视。在深度模型发展前期,有监督的深度前馈框架模型都以前馈逐层传输模式作为信息的传递方式。Yann LeCun 教授团队以及 Grossberg 使用反向传播算法作为模型训练方法的卷积神经网络,根据任务特点有针对性地提取特征,提高分类准确性;与传统的机器学习方法相比,展现了优秀的特征提取和识别能力,但由于网络层次较多导致训练效率很低,容易产生“梯度扩散”。

为解决深度前馈模型中后向传播算法带来的缺陷,Geoffery Hinton、Yann LeCun 与 Yoshua Bengio 等分别提出了新型深度学习模型。Geoffery Hinton 教授首次提出了深度信念网络,使用受限玻耳兹曼机作为模型核心,采用无监督的快速贪婪算法逐块训练,实现整体网络的高效训练,构建了深度图像特征提取的模型。Yann LeCun 教授提出了深度卷积神经网络模型,通过平行训练多种特征卷积核,模拟大脑皮层信息层次处理方式,提取图像深层不变性特征。Yoshua Bengio 教授与其研究团队提出了基于自编码器的深度神经网络快速学习算法,该无监督快速学习策略将多层深度网络看作多个两层感知器的串行连接,本质上克服了 BP 算法的固有不足。微软与 Geoffery Hinton 合作研发了首个基于深度学习的语音识别框架。百度深度学习研究院 Andrew Ng 认为,百度的语音识别系统优于 Google、微软与苹果的系统。蒋兵围绕深度学习在语种识别中的应用,从特征提取和模型构建两方面展开研究,利用 RNN 对语音信号的时序结构进行建模的方法在语种识别领域中有着显著的优势。Li 等在中文连续语音识别方面比较了基于深度神经网络的不同声学模型的性能。Marmanis 等采用预设计的 CNN 模型处理 ImageNet 图像分类问题,提取初始特征集,然后代入监督型卷积分类器,这两层框架成功解决了端对端方案有限数据的问题。石程为了有效地提高融合图像的质量和高光谱图像的分类精度,从基于视觉稀疏表示的多光谱和全色图像的融合和基于深度脊波网络的高光谱图像分类两个方面进行了研究。
Geoffery Hinton 研究团队在 ILSVRC2012 竞赛上,将深度卷积神经网络用于图像数据库
ImageNet 进行图像场景分类,将 Top5 的错误率大幅降低到 15%。在遥感图像分类领域,
众多学者在卷积神经网络等深度学习方法上进行了深入研究,也取得了显著的成果。在人
工智能提出 60 周年时,Nature 杂志刊发了 Yann LeCun、Yoshua Bengio 和 Geoffrey
Hinton 三人合作的综述文章,详细介绍了卷积神经网络、分布式特征表示、循环神经网络等
及其不同的应用,并对深度学习技术的未来发展进行了展望。

基于深度学习的方法已非常广泛地应用于机器学习领域,使机器学习向着最初始的目
标——人工智能迈进了一大步。这是因为深度学习模拟大脑皮层,分层次学习目标的属性
表示,高层次的特征表达更加抽象的含义,并具有变换和尺度不变性。深度学习通过多层训
练机制挖掘潜在于数据中的非线性特征,从海量训练数据中自动学习全局特征,为与之前的
手工特征区别,称这种特征为"学习特征",促进了特征提取模型从手工特征向学习特征的质
变。其在计算机自动分类识别的研究层出不穷,取得了重大的研究成果。在某些特定领域
和特定的工程实际中,其表现甚至优于人脑。近年的热议话题当属 AlphaGo 挑战赛,
Google Deep Mind 团队研发的智能系统在围棋对战领域凭借强大的学习能力战胜了韩国
九段李世石。鉴于深度学习在各个领域的突出成果,Nature 和 Science 两大顶级杂志开辟
专刊,报道深度学习在视觉领域和智能领域超乎寻常的学习能力。常用的深度网络结构有
堆栈自动编码器(Stacked Auto-Encoders,SAE)、深度信念网络(Deep Belief Networks,
DBN)、卷积神经网络(Convolution Neural Networks,CNN)等。

10.1 玻耳兹曼机基本结构及学习

深度信念网络是由 Hinton 教授及其合作者在 2006 年提出的一种深度学习生成式模
型,对深度学习的发展有着里程碑式的重大意义。DBN 通过训练神经元之间的权值,让整
个网络根据最大概率生成训练数据,可以使用深度信念网络进行特征识别、数据分类以及对
数据进行统计建模,表征事物的抽象特征和统计分布。

10.1.1 玻耳兹曼机的基本结构

根据众多学者的研究,如果发生串扰或陷入局部最优解,反馈型(Hopfield)神经网络就
不能正确地辨别模式。而玻耳兹曼机可以通过让每个单元按照一定的概率分布发生状态变
化避免陷入局部最优解。各单元之间的连接权重是对称的,且没有自身的连接。此外,每个
单元的输出要么是 0,要么是 1,这些假设与 Hopfield 神经网络相同,两者最大的区别是
Hopfield 神经网络的输出是按照某种确定性决定的,而玻耳兹曼机的输出是按照某种概率
分布决定的,如式(10-1)所示。

$$\begin{cases} p(x_i = 1 \mid u_i) = \dfrac{\exp\left(\dfrac{x}{kT}\right)}{1 + \exp\left(\dfrac{x}{kT}\right)} \\[4mm] p(x_i = 0 \mid u_i) = \dfrac{\exp\left(\dfrac{x}{kT}\right)}{1 + \exp\left(\dfrac{x}{kT}\right)} \end{cases} \tag{10-1}$$

式中，kT 表示特定系数，随着它的值不断增大，x_i 为 1 的概率不会显著变化，但反之，随着它的减小，曲线在 0 附近的斜率急剧增大。当 T 趋于无穷时，无论 u_i 为何值，x_i 等于 1 或 0 的概率都是 0.5，达到稳定状态。玻耳兹曼机同 Hopfield 神经网络一样都是相互连接型网络，它的所有单元都通过连接权重与其他单元相连，训练过程也和 Hopfield 神经网络相同。

含有隐藏变量的玻耳兹曼机网络训练非常困难，所以，辛顿等在玻耳兹曼机中加入了"层内单元之间无连接"的限制，提出受限玻耳兹曼机，受限玻耳兹曼机是由可见层和隐含层构成的两层结构，可见层和隐含层又分别由可见变量和隐含变量构成。可见层和隐含层之间是相互连接的，而相同层内单元之间均无连接。受限玻耳兹曼机是一种特殊类型的玻耳兹曼机，在理论上是一种由可见层和隐含层组成的概率无向图模型，具有两层结构、对称连接和无自反馈等特点，如图 10-4 所示。

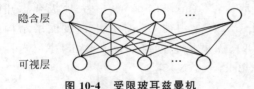

隐含层

可视层

图 10-4 受限玻耳兹曼机

10.1.2 玻耳兹曼机的训练方法

受限玻耳兹曼机的能量函数如式 10-2 所示。

$$E(v, h, \theta) = -\sum_{i=1}^{n} b_i v_i - \sum_{j=1}^{n} c_j h_j - \sum_{i=1}^{n} \sum_{j=1}^{n} w_{ij} v_i h_j \tag{10-2}$$

其中，b_i 为可见变量的偏置，c_j 为隐藏变量的偏置，w_{ij} 为连接权重，θ 表示所有连接权重和偏置参数的集合。能量函数 $E(v, h, \theta)$ 中可见变量和隐藏变量的乘积表示二者间的相关程度，其与连接权重一致时能够得到参数的最大似然估计量。状态 (v, h) 的联合概率分布如式（10-3）所示。

$$p(v, h \mid \theta) = \frac{1}{Z}\exp\{-E(v, h, \theta)\} \tag{10-3}$$

$$Z = \sum_{v, h} \exp\{-E(v, h, \theta)\} \tag{10-4}$$

在受限玻耳兹曼机的训练过程中，需要计算的参数包括可见变量的偏置，隐藏变量的偏置以及连接权重。和玻耳兹曼及一样，计算时也需要使用对数似然函数。和玻耳兹曼机一样,受限玻耳兹曼机也同样存在问题。$\sum p(v)$ 是所有输入模式的总和,不可避免会产生庞大的计算量。要想解决这个问题,可以采用 Gibbs 采样算法进行迭代计算求近似解,也可以使用对比散度算法求近似解。对比散度算法是一种近似算法,能够通过较少的迭代次数求出参数调整值。参数调整步骤如下。

1. 训练准备

使用随机数初始化连接权重和偏置。

2. 调整参数

(1) 在可见层 $v^{(0)}$ 设置输入模式。

(2) 调整隐含层中单元 $h^{(0)}$ 的值。

(3) 根据输出 x_i 和 x_j 调整连接权重和偏置。

(4) 调整连接权重和偏置。

(5) 重复步骤(1)~(4)。

根据玻耳兹曼机的结构特点可知,受限玻耳兹曼机是一种适用于降维、分类回归、协同过滤、特征学习以及主题建模的模型,其整体结构相对简单,但具有很强的应用性。每个可见层的节点都从训练的图像数据集的样本中获取低层次的特征,例如从灰度图像的数据集中,每个可见层节点将接收每一个图像的每一个像素值。以 MNIST 图像为例,图像长宽均为 28,因此每张图像都有 784 个像素,所以处理它们的神经网络可见层上具有 784 个输入节点,保证每一个像素对应一个可见层节点。

受限玻耳兹曼机可以根据具体的任务形式选择使用有监督的学习方式和无监督的学习方式。受限玻耳兹曼机在社交网络中有两个重要作用:一是对数据进行编码,编码可以理解为特征抽象的过程,例如将降维得到的结果交给有监督的学习方法,对数据进行分类;一是通过训练受限玻耳兹曼机获得神经网络的初始化权值矩阵和偏置项,然后供神经网络训练。

10.2　深度信念网络的基本结构

Hinton 等提出的深度信念网络由受限玻耳兹曼机通过堆叠组成,如图 10-5 所示。与多层神经网络最大的区别是网络的训练方法不同,训练多层神经网络时,首先要确定网络结构,根据最顶层的误差调整连接权重和偏置,核心思想是使用误差反向传播算法,将误差反向传播到下一层,调整所有的连接权重和偏置。而深度信念网络则使用对比散度算法逐层来调整连接权重和偏置,具体实施过程是:首先训练输入层和隐含层之间的参数,把训练后得到的参数作为下一层的输入,再调整该层与下一个隐含层的参数,然后逐次迭代完成多层网络的训练。

上述逐层训练的过程在深度学习中称为预训练过程,深度信念网络单独且无监督地训练每一层的受限玻耳兹曼机,通过层与层之间的映射,将特征向量映射到不同的特征空间,以使得特征尽可能多地保留。

深度信念网络既可以当作生成模型来使用,也可以当作判别模型来使用,作为生成模型使用时,网络会按照某种概率分布生成训练数据。概率分布可根据训练样本导出,但是覆盖全部数据模式的概率分布很难导出,所以,一般使用最大似然估计法训练参数,得到最能覆盖训练样本的概率分布。这种生成模型能够去除输入数据中含有的噪声,得到新的数据,也能够进行输入数据的压缩和特征表达。而作为判别模型使用时,需要在模型顶层添加一层来达到分类的功能。与手写字符识别相同,判别模型能够对输入数据进行分类,深层信念网络不能单独作为判别模型使用,必须在顶层增加特殊的层才能进行数据分类。有监督的深层信念网络结构,如图 10-6 所示。

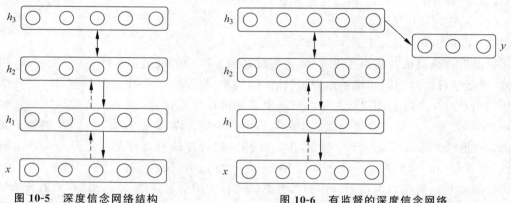

图 10-5　深度信念网络结构　　　　图 10-6　有监督的深度信念网络

有监督的深度信念网络一般由若干层的受限玻耳兹曼机和一层全连接的神经网络组成,最后一层受限玻耳兹曼机的隐含层与全连接的网络连接,将最后一层受限玻耳兹曼机输出的特征向量作为全连接的输入向量。在全连接的网络中进行分类训练,每一层的受限玻耳兹曼机都通过预训练,确保自身的网络层中对该层特征向量的映射已经达到最优,但并不保证整个信念网络的特征达到最优,因此反向传播算法会将错误的信息由上而下传递至每一层的受限玻耳兹曼机,因此必须进行微调(深度学习训练过程的第二个阶段)。故而玻耳兹曼机训练过程可以看作是前馈型神经网络中的参数初始化过程,这样的预训练方式克服了由于随机参数导致的训练周期过长及模型陷入局部最优的问题。

深层信念网络作为判别模型使用时,可以在顶层添加一个 softmax 层,进行分类时需要同时提供训练样本和期望输出,此为有监督训练模式。除最顶层外,其他各层都可以使用无监督学习训练,接下来把训练得到的参数作为初始值,使用误差反向传播算法,对包含最顶层的神经网络训练,最底层的参数使用随机数进行初始化。

10.3　深度信念网络的 MATLAB 实现

下面介绍深度信念神经网络的 MATLAB 的实现。

10.3.1　数据集

MNIST 数据集是一个手写体数据集(http://yann. lecun. com/exdb/mnist/),用来进行分类的手写字符如图 10-7 所示。该数据集包括 4 个文件,分别为一个训练图片集、一个训练标签集、一个测试图片集和一个测试标签集。从文件类型来看,本质上并不是普通的文本文件或图片文件,而是一个压缩文件,下载并解压出来,得到的是二进制文件,若要在 MATLAB 环境中使用,需要转换为 . mat 文件。

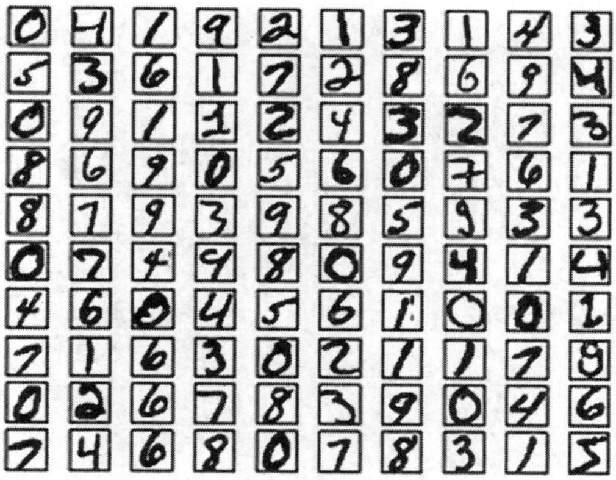

图 10-7　MNIST 手写字符

该数据集有 70 000 个手写数字 0～9 的图像,包含训练样本集和测试样本集两大部分,如图 10-8 所示,包含文件 Training set images:train-images-idx3-ubyte. gz(9.9MB,解压后 47MB,包含 60 000 个样本)、Training set labels:train-labels-idx1-ubyte. gz(29KB,解压后 60KB,包含 60 000 个标签)、Test set images:t10k-images-idx3-ubyte. gz(1.6MB,解压后 7.8MB,包含 10 000 个样本)和 Test set labels:t10k-labels-idx1-ubyte. gz(5KB,解压后 10KB,包含 10 000 个标签)。

```
train-images-idx3-ubyte.gz:  training set images (9912422 bytes)
train-labels-idx1-ubyte.gz:  training set labels (28881 bytes)
t10k-images-idx3-ubyte.gz:   test set images (1648877 bytes)
t10k-labels-idx1-ubyte.gz:   test set labels (4542 bytes)
```

图 10-8　MNIST 手写字符数据集构成

MNIST 数据有一个缺点,它比较简单,很容易达到较高的准确率,因为每个数字所对应的图像都较为接近,用一个简单的线性分类器就可以达到 88% 的指标准确率。虽然如此,但其中也有少量数字,在人类看来也很难辨别。因此实现 100% 的识别准确率几乎不可能。许多研究人员认为,由于其过于简单,而且只是抽象的数字形状,与现实图像的差距很大。GAN 的发明者 Ian Goodfellow 号召大家尽量少用 MNIST,而 Keras 的创始人 Francois Chollet 也深为赞同,表示 MNIST 的代表性较差。

2017 年 8 月,研究人员提出了可替代 MNIST 的数据集 Fashion-MNIST(https://github.com/zalandoresearch/fashion-mnist)。它比 MNIST 的难度更大,更具代表性,且与 MNIST 的数据结构完全相同,同样是 60000+10000 张 28×28 的灰度图像,目标也是分为 10 类,可直接替换原有的 MNIST 数据,无须修改任何代码,即可测试模型在这个更好的数据集上的性能。详细说来,Fashion-MNIST 的目标是将 28×28 的灰度服饰图像分成 10 类:标签 0 表示 T 恤,1 表示裤子,2 表示套头衫,3 表示连衣裙,4 表示外套,5 表示凉鞋,6 表示衬衫,7 表示运动鞋,8 表示袋包,9 表示靴子,如图 10-9 所示。2020 年 10 月,研究人员又开源了医学领域的 MNIST 数据集。

图 10-9　Fashion-MNIST 数据集中的图片

10.3.2 DeeBNet 工具箱实现

DeeBNet V3.1 是面向对象的 MATLAB 工具箱,其中定义了用于管理数据、定义采样的类和函数及 DBN 和 RBM。表 10-1 中列出了它与其他典型的同类算法间的比较。

表 10-1 DeeBNet 与其他深度信念网络算法工具箱的性能对比

工具箱/包	编程语言	开源	面向对象编程	学习方法	判别受限玻耳兹曼机	稀疏受限玻耳兹曼机	可见节点类型	微调	GPU	用户手册
deepLearn	MATLAB Octave	√	×	CD1	×	√	概率	√	×	不完整
deep autoencoder	MATLAB	√	×	CD1	×	×	概率	√	×	不完整
matrbm	MATLAB	√	×	CD1, PCD	√	×	概率	×	×	不完整
deepmat	MATLAB	√	×	CDk,PCD, FPCD	√	√	概率, 高斯	√	√	不完整
DigitDemo	MATLAB	×	×	CDk,PCD, RM,PL	√	×	概率	×	×	不完整
DBN Toolbox	MATLAB	√	√	CDk	×	×	概率, 高斯	√	×	不完整
DeeBNet	MATLAB Octave	√	√	Gibbs, CDk, PCD, FEPCD	√	√	二值, 概率, 高斯	√	√	完整(英文),完美(波斯语)

使用深度信念网络对数据集分类的主程序为 test_classificationMNIST.m 文件,按照运行流程,程序主要包括 RBM 逐层训练模块和反向传播算法微调参数模块。其中主函数中可调整的参数主要是各个隐含节点的个数与 RBM 的训练次数,该工具箱中采用默认值,3 个 RBM 的节点个数分别为 500、500、2000,训练次数设置为 50。当然也可根据重建结果错误率或项目需求等自行设置。

上述主函数详细描述了使用深层信念网络对 MNIST 数据分类的过程,其中所涉及的 DeeBNet 工具箱的主要函数和类如表 10-2 所示。

表 10-2 DeeBNet 工具箱的主要函数和类

类或函数名称		功能描述
基本类	ValueType	定义 DBN 中不同类型的单元,可以是二进制(0 或 1)、概率(0~1)和高斯(具有零均值和单位方差的实数)数据
	RbmType	定义 RBM 的类型、生成性(使用没有标签的数据)和判别性(需要数据与其标签,可以分类数据)

续表

	类或函数名称	功能描述
基本类	DataClasses	通过 Datastore.m 文件管理训练、验证与测试数据集
	SamplingClasses	定义不同的采样方法,包括 Gibbs、CD(Contrastive Divergence)、PCD(Persistent Contrastive Divergence)及 FEPCD(Free Energy in Persistent Contrastive Divergence)等
RBM 类	RBM	定义所有类型的 RBM 函数,如训练方法等,其他 RBM 类继承于此抽象类
	GenerativeRBM	用作生成模型,可以对不同类型的数据进行建模。作为组成 DBN 的学习模型,包括 train、getFeature、generateData 及 reconstructData 等方法
	DiscriminativeRBM	将 GenerativeRBM 转变为能够分类数据的 discriminative RBM
	SparseRBM	定义不同稀疏方法的正则化项梯度
	SparseGenerativeRBM	应用稀疏特征构建生成模型
	SparseDiscriminativeRBM	应用稀疏特征构建分类模型
DBN 类	addRBM 函数	堆叠根据 RbmParameters 定义的 RBM
	train 函数	逐层训练 DBN
	getFeature 函数	从输入数据提取特征
	backpropagation 函数	采用 BP 算法微调预训练的参数
	getOutput 函数	根据 DBN 的类型返回输出
	plotBases 函数	绘制 DBN 学习到的基础函数

1. MNIST 数据集的实现及结果

下面介绍 MNIST 数据集的实现及结果,代码如下:

```
% 使用 DBN 对 MNIST 数据进行分类
clc;
clear all;
res = {};
more off;
addpath(genpath('DeepLearnToolboxGPU'));            % 加载路径
addpath('DeeBNet');                                  % 加载路径
% 加入 MNIST 路径.根据自身文件位置设置,转换数据格式
data = MNIST.prepareMNIST('D:\matlab_project\Matlabprograms\DeeBNetV3.1\');
命令行窗口显示以下信息:
```

```
Beginning to convert
End of conversion
```

```
data.normalize('minmax');                            % 采用最小最大方法归一化数据
data.shuffle();                                      % 随机排列数据集元素
data.validationData = data.testData;                 % 测试集数据
```

```
data.validationLabels = data.testLabels;              % 测试集标签
dbn = DBN('classifier');                              % 使用 DBN 分类
% 设置每个 RBM 的类型及采样方法
% 第一个 RBM
rbmParams = RbmParameters(500,ValueType.binary);      % 设置 RBM 的参数,包括隐含节点数和类型
rbmParams.samplingMethodType = SamplingClasses.SamplingMethodType.PCD;     % RBM 采样方式
rbmParams.performanceMethod = 'reconstruction';       % 使用该 RBM 重建
rbmParams.maxEpoch = 50;                              % RBM 训练次数
dbn.addRBM(rbmParams);                                % 堆叠上述 RBM
% 第二个 RBM
rbmParams = RbmParameters(500,ValueType.binary);
rbmParams.samplingMethodType = SamplingClasses.SamplingMethodType.PCD;
rbmParams.performanceMethod = 'reconstruction';
rbmParams.maxEpoch = 50;
dbn.addRBM(rbmParams);
% 第三个 RBM
rbmParams = RbmParameters(2000,ValueType.binary);
rbmParams.samplingMethodType = SamplingClasses.SamplingMethodType.PCD;
rbmParams.maxEpoch = 50;
rbmParams.rbmType = RbmType.discriminative;           % 设置 RBM 类型为判别型
rbmParams.performanceMethod = 'classification';       % 使用该 RBM 分类
dbn.addRBM(rbmParams);
% 预训练 DBN
ticID = tic;
dbn.train(data);                                      % 逐层预训练 DBN
toc(ticID)
% 测试预训练后的 DBN 性能
classNumber = dbn.getOutput(data.testData,'bySampling');           % 根据 DBN 类型计算输出
errorBeforeBP = sum(classNumber ~ = data.testLabels)/length(classNumber);     % 计算错误率
```

命令行窗口显示以下信息:

```
****** RBM 1 ******* 784 - 500
epoch number:1    performance:0.0220062    remained RBM training time:258.453
epoch number:2    performance:0.0153773    remained RBM training time:252.178
epoch number:3    performance:0.0129983    remained RBM training time:249.147
epoch number:4    performance:0.0103718    remained RBM training time:242.093
epoch number:5    performance:0.00946275   remained RBM training time:235.752
    ⋮
epoch number:46   performance:0.00478151   remained RBM training time:22.5566
epoch number:47   performance:0.00475532   remained RBM training time:17.1278
epoch number:48   performance:0.00472584   remained RBM training time:11.5743
epoch number:49   performance:0.0046976    remained RBM training time:5.75192
epoch number:50   performance:0.00467306   remained RBM training time:0


****** RBM 2 ******* 500 - 500
epoch number:1    performance:0.0249527    remained RBM training time:206.866
```

```
epoch number:2    performance:0.0177125   remained RBM training time:200.372
epoch number:3    performance:0.0144542   remained RBM training time:195.683
epoch number:4    performance:0.0123127   remained RBM training time:192.978
epoch number:5    performance:0.0110358   remained RBM training time:186.775
            ⋮
epoch number:46   performance:0.00472612  remained RBM training time:16.4851
epoch number:47   performance:0.00462826  remained RBM training time:12.5014
epoch number:48   performance:0.00460814  remained RBM training time:8.40109
epoch number:49   performance:0.00459799  remained RBM training time:4.14218
epoch number:50   performance:0.00458571  remained RBM training time:0
****** RBM 3 ******* 500 - 2000
epoch number:1    performance:0.0726   remained RBM training time:751.041
epoch number:2    performance:0.0603   remained RBM training time:735.591
epoch number:3    performance:0.0499   remained RBM training time:714.127
epoch number:4    performance:0.0572   remained RBM training time:699.993
epoch number:5    performance:0.041    remained RBM training time:687.088
            ⋮
epoch number:46   performance:0.0248   remained RBM training time:63.1523
epoch number:47   performance:0.0239   remained RBM training time:47.592
epoch number:48   performance:0.0237   remained RBM training time:31.4551
epoch number:49   performance:0.0237   remained RBM training time:15.7431
epoch number:50   performance:0.0236   remained RBM training time:0
时间已过 1309.830288 秒.

errorBeforeBP =

    0.0236
```

训练过程中各 RBM 测试数据集的重建误差和重建时间曲线分别如图 10-10 和图 10-11 所示。

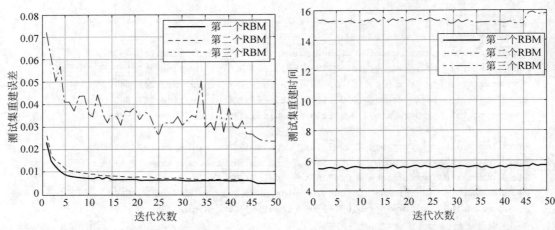

图 10-10　各 RBM 测试数据集重建误差曲线　　　图 10-11　各 RBM 测试数据集重建时间曲线

```
% 反向传播方法参数调优
ticID = tic;
dbn.backpropagation(data);                    % 反向传播过程参数调优
toc(ticID);
% 测试调优后的网络性能
classNumber = dbn.getOutput(data.testData);        % 计算测试数据集的输出
errorAfterBP = sum(classNumber~ = data.testLabels)/length(classNumber)    % 计算错误率
```

　　反向传播调优过程中,弹出新窗口实时显示每次迭代过程的网络设置信息,停止参数调整的条件为:达到最大迭代次数或达到最小的梯度。也可以手动强制停止训练,此时程序以当前的网络参数进行后续计算过程,获得测试集的输出,并计算错误率。

　　图 10-12 显示了第 73 次迭代时的过程参数,在运行到第 100 次迭代时停止调优训练,迭代过程参数如图 10-13 所示。

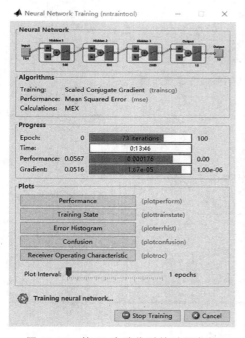

图 10-12　第 73 次迭代时的过程参数

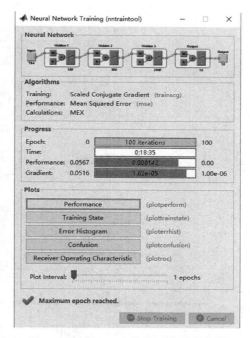

图 10-13　第 100 次迭代时的过程参数

命令行窗口显示以下信息:

时间已过 1123.314637 秒.

errorAfterBP =

　　0.0123

　　根据图 10-13 的过程参数列表,可描画出训练参数的统计信息,图 10-14 为 100 次迭代周期内均方误差曲线,图 10-15 为各迭代周期误差梯度曲线,图 10-16 和图 10-17 分别展示了误差直方图统计结果和受试者工作特征(receiver operating characteristic curve,ROC)曲线,从不同角度描述了训练过程信息变化趋势。最后 100 次迭代后原始手写数字图像与100 次迭代后图像对比见图 10-18。

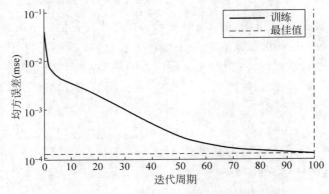

图 10-14　100 次迭代周期内均方误差曲线

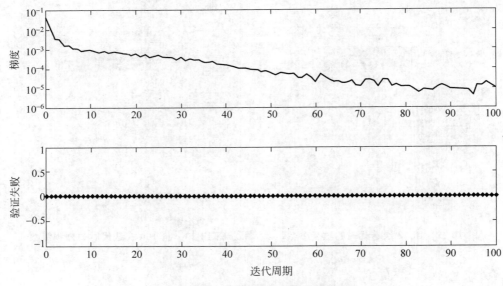

图 10-15　各迭代周期梯度曲线

2. FASHION-MNIST 数据集实现及结果

　　为了验证前述深度信念网络结构的推广能力,研究人员以相同的网络结构构建了深度信念网络,通过相同数量样本的训练并进行测试。

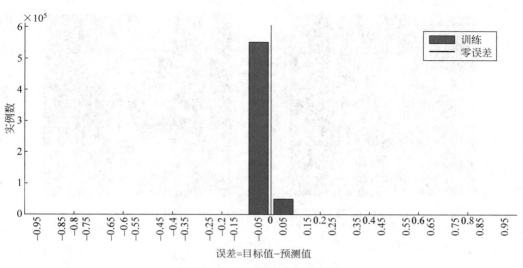

图 10-16　误差直方图统计结果

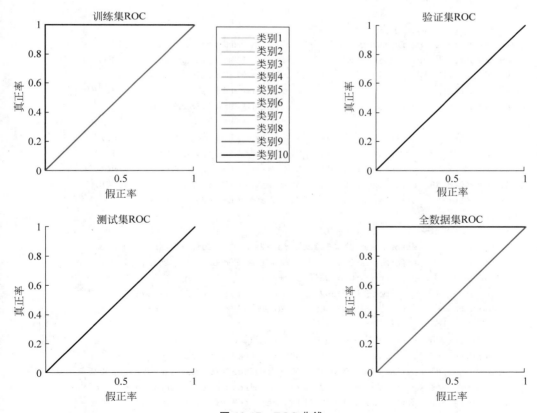

图 10-17　ROC 曲线

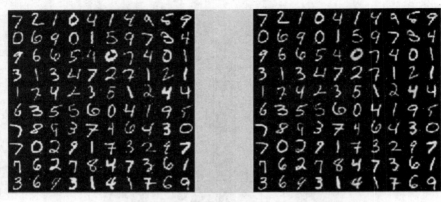

图 10-18　原始手写数字图像与 100 次迭代后图像对比

命令行窗口显示以下信息：

Beginning to convert
End of conversion

```
****** RBM 1 ******* 784 - 500
epoch number:1    performance:0.0487587    remained RBM training time:259.006
epoch number:2    performance:0.036127    remained RBM training time:249.887
epoch number:3    performance:0.0250408    remained RBM training time:244.644
epoch number:4    performance:0.0205585    remained RBM training time:244.729
epoch number:5    performance:0.0171118    remained RBM training time:235.296
    ⋮
epoch number:46    performance:0.0107764    remained RBM training time:21.622
epoch number:47    performance:0.0107328    remained RBM training time:16.1551
epoch number:48    performance:0.0107145    remained RBM training time:10.9047
epoch number:49    performance:0.0107025    remained RBM training time:5.37382
epoch number:50    performance:0.0106722    remained RBM training time:0


****** RBM 2 ******* 500 - 500
epoch number:1    performance:0.0154236    remained RBM training time:200.405
epoch number:2    performance:0.0105871    remained RBM training time:197.183
epoch number:3    performance:0.00686446    remained RBM training time:193.617
epoch number:4    performance:0.00529491    remained RBM training time:189.928
epoch number:5    performance:0.0048831    remained RBM training time:185.255
    ⋮
epoch number:46    performance:0.00231155    remained RBM training time:16.2716
epoch number:47    performance:0.00229085    remained RBM training time:12.1924
epoch number:48    performance:0.00228228    remained RBM training time:8.20025
epoch number:49    performance:0.00227175    remained RBM training time:4.1826
epoch number:50    performance:0.00226916    remained RBM training time:0


****** RBM 3 ******* 500 - 2000
```

```
epoch number:1    performance:0.3506   remained RBM training time:802.653
epoch number:2    performance:0.245    remained RBM training time:716.858
epoch number:3    performance:0.1943   remained RBM training time:699.874
epoch number:4    performance:0.1908   remained RBM training time:685.012
epoch number:5    performance:0.174    remained RBM training time:672.438
        ⋮
epoch number:46   performance:0.1559   remained RBM training time:61.7129
epoch number:47   performance:0.1553   remained RBM training time:46.4167
epoch number:48   performance:0.1533   remained RBM training time:30.8026
epoch number:49   performance:0.1537   remained RBM training time:15.4107
epoch number:50   performance:0.1538   remained RBM training time:0
时间已过 1277.855672 秒.
errorBeforeBP =
    0.1538
时间已过 1272.374444 秒.
errorAfterBP =
0.1072
```

与前面类似,可得 FASHION-MNIST 数据集的仿真结果。各个 RBM 的测试集误差曲线和重建时间曲线分别显示如图 10-19 和图 10-20 所示。

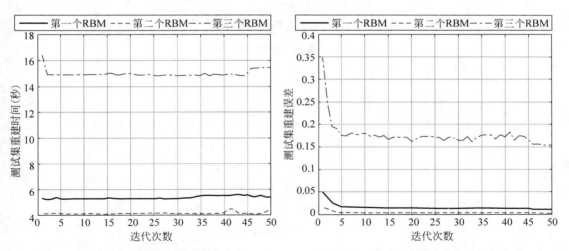

图 10-19　各 RBM 测试集重建误差曲线　　　　图 10-20　各 RBM 测试集重建时间曲线

根据图 10-21 的过程参数列表,可描画出训练参数的统计信息,图 10-22 为 100 次迭代周期内均方误差变化曲线,图 10-23 为各迭代周期误差梯度变化情况,图 10-24 和图 10-25 分别展示了误差直方图统计结果和 ROC 变化曲线,从不同角度描述了训练过程信息变化趋势。第一个 RBM 重建后的图像如图 10-26 所示。

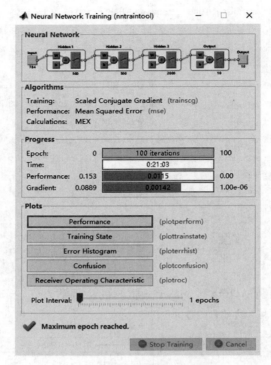

图 10-21　第 100 次优化迭代过程

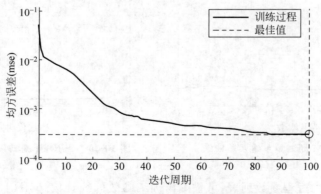

图 10-22　100 次迭代周期内均方误差曲线

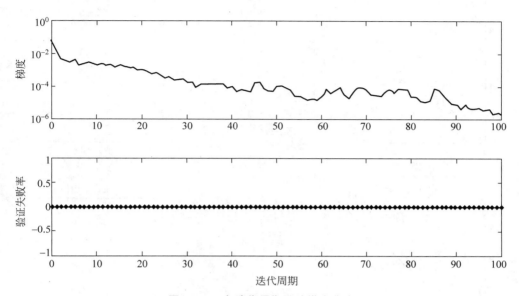

图 10-23 各迭代周期误差梯度曲线

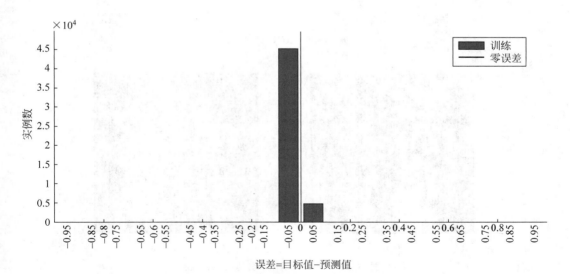

图 10-24 误差直方图统计结果

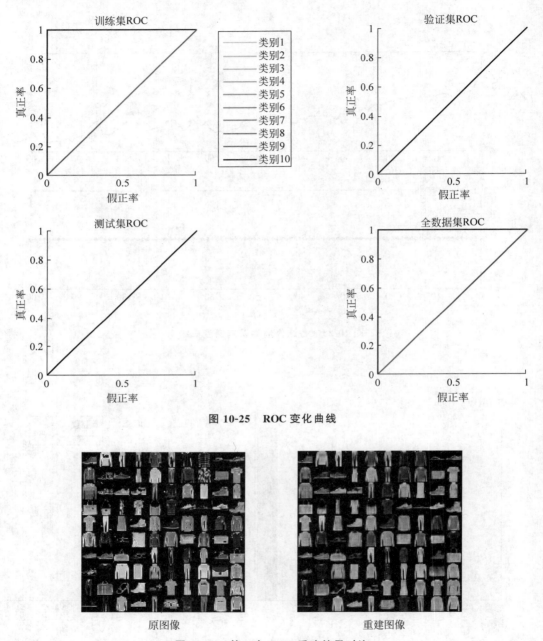

图 10-25 ROC 变化曲线

原图像   重建图像

图 10-26 第一个 RBM 重建结果对比

10.3.3 MATLAB 2019 深度学习工具箱的实现案例

深度学习工具箱（Deep Learning Toolbox）由 Rasmus Berg Palm 开发并托管在 GitHub

上，专为深度学习实践开发，包括深度信念网络，可用于手写数字字符的分类实现，工具箱函数结构如图 10-27 所示。

$$\text{test\_example\_DBN}\begin{cases}\text{dbnsetup}\\\text{dbntrain-rbmtrain}\\\text{dbnunfoldtonn-nnsetup}\\\text{nntrain}\\\text{nntest-nnpredict-nnff}\end{cases}$$

图 10-27　Deep Learning Toolbox 函数结构

深度信念网络（DBN）实现的主程序为 test_example_DBN. m，主要代码如下：

```
function test_example_DBN
load mnist_uint8; % 加载训练和测试数据集
% load fashionmnist
train_x = double(train_x) / 255;
test_x = double(test_x) / 255;
train_y = double(train_y);
test_y = double(test_y);


% 训练含 100 - 100 隐含节点的 DBN,权重用于初始化神经网络
% rand('state',0)
% 设置参数,训练 dbn
dbn. sizes = [100 100];              % 设置网络隐藏单元数
opts. numepochs = 20;                % 设置训练迭代次数
opts. batchsize = 100;               % 批次大小
opts. momentum = 0;                  % 动量
opts. alpha = 1;                     % 学习率
dbn = dbnsetup(dbn, train_x, opts);  % 初始化 RBM 的参数
dbn = dbntrain(dbn, train_x, opts);

% 展开 dbn,建立包含输出层的神经网络
nn = dbnunfoldtonn(dbn, 10);         % 10 为输出类别数
nn. activation_function = 'sigm';    % 激活函数

% 训练神经网络
opts. numepochs = 20;
opts. batchsize = 100;
nn = nntrain(nn, train_x, train_y, opts);   % 训练网络
[er, bad] = nntest(nn, test_x, test_y);     % 测试网络错误率
```

命令行窗口显示信息，包含了 DBN 训练中的平均重建误差，神经网络参数微调过程的计算成本、训练集块均方误差与整体训练误差，具体如下：

```
epoch 1/20. Average reconstruction error is: 65.7645
```

```
epoch 2/20. Average reconstruction error is: 49.7508
        ⋮
epoch 19/20. Average reconstruction error is: 40.2458
epoch 20/20. Average reconstruction error is: 40.1064
epoch 1/20. Average reconstruction error is: 13.4772
epoch 2/20. Average reconstruction error is: 9.6957
        ⋮
epoch 19/20. Average reconstruction error is: 7.74
epoch 20/20. Average reconstruction error is: 7.7345
epoch 1/20. Took 1.1374 seconds. Mini - batch mean squared error on training set is 0.1161;
Full - batch train err = 0.058140
epoch 2/20. Took 1.1127 seconds. Mini - batch mean squared error on training set is 0.05161;
Full - batch train err = 0.045260
        ⋮
epoch 19/20. Took 1.0944 seconds. Mini - batch mean squared error on training set is 0.016712;
Full - batch train err = 0.015864
epoch 20/20. Took 1.1042 seconds. Mini - batch mean squared error on training set is 0.016165;
Full - batch train err = 0.015399
```

根据最终的测试结果，可见测试数据集的错误率 $er = 0.0281$，分类总体精度为 97.19%。下面介绍主程序中涉及的其他主要子函数。

1. 创建深度信念网络函数

函数名：dbnsetup。

基本格式：dbn = dbnsetup(dbn, x, opts)。

参数说明：

dbn——初始创建的网络；

x——训练数据；

opts——超参数设置项。

示例代码如下：

```
function dbn = dbnsetup(dbn, x, opts)
n = size(x, 2);
dbn.sizes = [n, dbn.sizes];

for u = 1 : numel(dbn.sizes) - 1
    dbn.rbm{u}.alpha = opts.alpha;
    dbn.rbm{u}.momentum = opts.momentum;

    dbn.rbm{u}.W = zeros(dbn.sizes(u + 1), dbn.sizes(u));
    dbn.rbm{u}.vW = zeros(dbn.sizes(u + 1), dbn.sizes(u));

    dbn.rbm{u}.b = zeros(dbn.sizes(u), 1);
    dbn.rbm{u}.vb = zeros(dbn.sizes(u), 1);
```

```
        dbn.rbm{u}.c = zeros(dbn.sizes(u + 1), 1);
        dbn.rbm{u}.vc = zeros(dbn.sizes(u + 1), 1);
    end

end
```

2. 深度信念网络训练函数

函数名：dbntrain。

基本格式：dbn = dbntrain(dbn，x，opts)。

参数说明：

dbn——训练后的网络结构；

x——训练数据；

opts——超参数设置项。

示例代码如下：

```
function dbn = dbntrain(dbn, x, opts)
    n = numel(dbn.rbm);

    dbn.rbm{1} = rbmtrain(dbn.rbm{1}, x, opts);
    for i = 2 : n
        x = rbmup(dbn.rbm{i - 1}, x);
        dbn.rbm{i} = rbmtrain(dbn.rbm{i}, x, opts);
    end

end
```

3. 受限玻耳兹曼机训练函数

函数名：rbmtrain。

基本格式：rbm＝rbmtrain(rbm，x，opts)。

参数说明：

rbm——训练后的网络结构；

x——训练数据；

opts——超参数设置项。

示例代码如下：

```
function rbm = rbmtrain(rbm, x, opts)
    assert(isfloat(x), 'x must be a float');
    assert(all(x(:)>= 0) && all(x(:)<= 1), 'all data in x must be in [0:1]');
    m = size(x, 1);
    numbatches = m / opts.batchsize;

    assert(rem(numbatches, 1) == 0, 'numbatches not integer');
```

```
    for i = 1 : opts.numepochs
        kk = randperm(m);
        err = 0;
        for l = 1 : numbatches
            batch = x(kk((l - 1) * opts.batchsize + 1 : l * opts.batchsize), :);

            v1 = batch;
            h1 = sigmrnd(repmat(rbm.c', opts.batchsize, 1) + v1 * rbm.W');
            v2 = sigmrnd(repmat(rbm.b', opts.batchsize, 1) + h1 * rbm.W);
            h2 = sigm(repmat(rbm.c', opts.batchsize, 1) + v2 * rbm.W');

            c1 = h1' * v1;
            c2 = h2' * v2;

            rbm.vW = rbm.momentum * rbm.vW + rbm.alpha * (c1 - c2) / opts.batchsize;
            rbm.vb = rbm.momentum * rbm.vb + rbm.alpha * sum(v1 - v2)' / opts.batchsize;
            rbm.vc = rbm.momentum * rbm.vc + rbm.alpha * sum(h1 - h2)' / opts.batchsize;

            rbm.W = rbm.W + rbm.vW;
            rbm.b = rbm.b + rbm.vb;
            rbm.c = rbm.c + rbm.vc;

            err = err + sum(sum((v1 - v2) .^ 2)) / opts.batchsize;
        end

        disp(['epoch ' num2str(i) '/' num2str(opts.numepochs) '. Average reconstruction error
is: ' num2str(err / numbatches)]);

    end
end
```

4. 深度信念网络与神经网络转换函数

深度信念网络的每一层训练完成后还要把参数传递给一个 NN，增加一个输出层，以能够实现分类。

函数名：dbnunfoldtonn。

基本格式：nn＝dbnunfoldtonn(dbn，outputsize)。

参数说明：

nn——转换后的神经网络结构；

dbn——转换前的网络结构及参数；

outputsize——输出尺度。

示例代码如下：

```
function nn = dbnunfoldtonn(dbn, outputsize)
```

```
    if(exist('outputsize','var'))
        size = [dbn.sizes outputsize];
    else
        size = [dbn.sizes];
    end
    nn = nnsetup(size);
    for i = 1 : numel(dbn.rbm)
        nn.W{i} = [dbn.rbm{i}.c dbn.rbm{i}.W];
    end
end
```

第 11 章

自 编 码 器

11.1 自编码器的基本结构与算法基础

自编码器作为一种生成模型,从不带标签的数据中学习低维特征表达,通过对原图进行编码-解码的过程构造特征,同时使解码后重构的图尽可能与原图相同。与传统的人工神经网络算法类似,基本的自编码器是一种 3 层神经网络模型,包含了输入层、隐含层(中间层)、输出重构层,同时也是一种无监督学习模型,目的在于通过不断调整参数,重构经过维度压缩的输入样本。事实上,训练数据本来是没有标签的,所以自编码器令每个样本的标签为 $y=x$,也就是每个样本 x 的数据的标签也应为 x。自编码就相当于自己生成标签,而且标签是样本数据本身。

11.1.1 自编码器的基本结构

标准的自编码器也是具有层次结构的系统,而且是一个关于中间层对称的多层前馈网络,其期望输出与输入相同,用来学习恒等映射并抽取无监督特征。图 11-1 是单隐含层自编码器的例子,其中只有一个隐含层用于输入编码,并通过解码在输出层对输入进行重构,训练的目标是使网络的输出尽量逼近输入,理想情况是输出完全等于输入,根据输出与输入相同这一原则训练调整参数,得到每一层的权重。显然,系统能够得到输入的多种不同表示(每一层代表一种表示,只是概括程度不同),这些不同层次的表示可认为是输入的深层特征。自编码器的训练过程由编码和解码组成,编码过程将输入样本进行线性映射或非线性映射变换得到隐含层表示,将数据输入一个编码器,得到一个编码,也就是输入的一个表示;然后解码过程通过解码器,输出一个信息,如果这个信息和开始的输入相似(理想是一样的),那么该编码是可信的。通过调整编码和解码的参

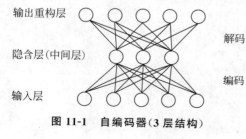

输出重构层

解码

隐含层(中间层)

编码

输入层

图 11-1 自编码器(3 层结构)

数,使重构误差最小,实现参数优化调整。单元自编码器无监督训练过程如图 11-2 所示。

图 11-2　单元自编码器无监督训练过程

设输入向量为 x,通过式(11-1)可得隐含层的表示为

$$r = f(W^1 x + b^1) \tag{11-1}$$

其中,W^1 和 b^1 分别代表输入层与隐含层之间的权重和偏置,$f(\cdot)$ 表示隐含层的激活函数,可为 sigmoid 函数或双曲正切 tanh 函数等。解码过程将 r 重新投影到原信号空间,得到解码信号 $\hat{x}$ 为

$$\hat{x} = f(W^2 r + b^2) \tag{11-2}$$

其中,W^2 和 b^2 分别代表隐含层与输出层之间的权重和偏置,$f(\cdot)$ 表示输出层的激活函数。网络的参数通过重构误差最小化来优化,目标函数为:

$$T_f(W^1, b^1, W^2, b^2) = \frac{1}{2N} \sum_{i=1}^{N} \| \hat{x}^{(i)} - x^{(i)} \|_2^2 \tag{11-3}$$

除了上面的单隐含层模型外,复杂的编码器也可以包含多个隐含层,但一般是具有关于中间层对称的结构。

1）降噪自编码

自编码器的重构结果和输入样本的模式是相同的,在自编码器的基础上,衍生的降噪自编码器的网络结构与自编码器一样,只是对训练方法进行了改进。自编码器是把训练样本直接输入给输入层,而降噪自编码器则是通过向训练样本中加入随机噪声得到的样本输入给输入层。随机噪声服从均值为 0,方差为 σ^2 的正态分布。目的是训练神经网络,使得重构结果不含噪声的样本之间的误差收敛于极小值,误差函数对不含噪声的样本进行测试,降噪自编码能够实现两项训练:一是保存样本数不变的条件下,提取能够更好地反映样本属性的特征;二是消除输入样本中包含的噪声。

2）稀疏自编码器

如前所述,自编码器是一种有效的数据维度压缩算法,它可以实现神经网络参数的训练,使输出层尽可能如实地重构输入样本。但是,中间层的单元个数太少,会导致神经网络很难重构输入样本,而单元个数太多又会产生单元冗余,降低压缩效率。为了解决这个问题,人们将稀疏正则化引入自编码器中,提出了稀疏自编码器,通过增加正则化项,大部分单元的输出都变成了 0,因此能够利用少数单元有效完成压缩或重构,如图 11-3 所示。在图像的特征提取阶段的底层应实现边缘检测任务的生成,即从自然图像中随机选取一些小图像块,通过这些块生成能够描述它们的“基”,也就是图右侧的 $8 \times 8 = 64$ 个基,然后给定一个测试图像块,通过“基”的线性组合得到该测试数据的描述矩阵,图中的 a 中有 64 个维度,其中非零项只有 3 个,因此称为稀疏表示,相应的自编码器为稀疏自编码器。

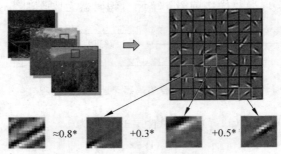

$[a_1,...,a_{64}]=[0.0,...,0,0.8,0,...0,0.3,0,...0,0.5,0]$

图 11-3 稀疏自编码示意

3）堆栈自编码器

自编码器、降噪自编码器以及稀疏自编码器都是包括编码器和解码器的 3 层结构。但是在进行维度压缩时可以只包括输入层和中间层，把输入层和中间层多层堆叠后，就可以得到堆栈自编码器。堆栈自编码器和深度信念网络一样都是逐层训练。从第二层开始，前一个自编码器的输出作为后一个编码器的输入。但两种网络的训练方法不同，深度信念网络是利用对比散度算法，逐层训练两层的参数，而自编码器首先训练第一个自编码器，然后保留第一个自编码器的编码器部分，并把第一个自编码器的中间层作为第二个自编码器的输入层进行训练，后续过程反复地把前一个自编码器的中间层作为后一个自编码器的输入层进行迭代训练。通过多层堆叠，堆栈自编码器能够有效地完成输入模式的压缩。以手写字符为例，第一层自编码器能够捕捉到部分字符，第二层自编码器能够捕捉部分字符的组合，更上层的自编码器能够捕捉更进一步的组合，这样就能逐层完成低维到高维的特征提取。

简言之，在某一层的训练过程中，其他层的参数不变。训练好一层自动编码器后，将其输出层的输出信号作为下一层自动编码器的输入，这样将多层自编码器堆叠起来构成了堆栈自编码器，如图 11-4 所示。

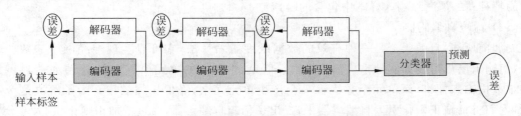

图 11-4 堆栈自编码器自顶向下的训练与微调过程

堆栈自编码器是一种典型的深度神经网络，被广泛用于特征学习与表示。先逐层贪婪学习来确定参数，再从最顶层反向传播来微调整个网络的参数。本章研究的最终目标是信息提取，所以在最顶层加入带标签的样本，通过标准的人工神经网络的监督训练方法（梯度下降法）微调网络参数并优化提取算法参数。

4）自编码器在预训练中的应用

堆栈自编码器和多层神经网络都能得到有效的网络参数,因此可以把训练后的参数作为神经网络或卷积神经网络的参数初始值,称为预训练。首先选取多层神经网络的输入层和第一个中间层,组成一个自编码器,然后先进行正向传播,再进行反向传播,计算输入与重构结果的误差,调整参数,从而使误差收敛于极小值。接下来训练输入层与第一个中间层的参数,把正向传播的值作为输入,训练其与第二个中间层之间的参数。然后调整参数使第一个中间层的值与第二个中间层反向传播的值之间的误差收敛于极小值,完成对第一个中间层值的重构。对网络的所有层进行预训练后,可以得到神经网络的参数初始值。至此,使用的一直是无监督学习,接下来需要使用有监督学习来调整整个网络的参数,称为微调。如果不实施预训练,而是使用随机数初始化网络参数网络训练,可能会无法顺利完成,实施预训练后可以得到更好地表达训练对象的参数,使训练过程更加顺利。

11.1.2　自编码器的学习算法

理论上,作为一种特殊的多层感知器,自编码器可以反向传播算法学习权值和偏置等参数,但由于 BP 算法在遇到局部极小问题时的缺陷,一个深层的自编码器如果直接采用反向传播算法学习,得到的结果经常是不稳定的,不同的初始值可能产生截然不同的结果,且学习收敛过程比较慢,甚至达不到收敛。此时可采用两阶段训练方法实现,包括无监督预训练和有监督调优两个步骤。

1. 无监督预训练

把相邻两层看作一个受限玻耳兹曼机,每个玻耳兹曼机的输出是下一个紧邻受限玻耳兹曼机的输入,并对基层的玻耳兹曼机采用无监督学习算法,如 CD、PCD、EPCD 等,逐层对所有受限玻耳兹曼机进行训练,预训练的全称为贪婪逐层无监督预训练。步骤如下:

（1）随机初始化网络参数。

（2）使用 CD-k 算法训练第一个受限玻耳兹曼机,该 RBM 的可视层为网络输入 x,隐含层为 h_1。

（3）对 $1 \leqslant i \leqslant r$,把 h_{i-1} 作为第 i 个 RBM 的可视层,把 h_i 作为第 i 个 RBM 的隐含层,逐层训练 RBM。

（4）反向堆叠预训练好的 RBM,初始化 $r+1$ 到 $2r$ 层的自编码器参数。

2. 有监督微调

使用有监督算法对网络参数微调,方法包括 BP、随机梯度下降和共轭梯度下降等,通常采用 BP 算法从输出层到输入层逐层实现对网络参数的调整。

11.2　自编码器的 MATLAB 实现

在理解了自编码器的基本原理与结构后,下面以 MNIST 手写字符数据集为例实现自编码器(包括降噪自编码器)的识别任务。在实现过程中,应特别关注损失函数的选择以及训练过程中前向传播和后向传播的权重更新。

11.2.1 堆栈自编码器的实现案例 1

本节所采用的实验数据集同第 10 章,包括手写字符数据集 MNIST。开源深度学习工具箱(Deep Learning Toolbox)由 Rasmus Berg Palm 开发并托管在 GitHub 上,专用于深度学习实践开发,堆栈自编码仿真主程序为 test_example_SAE. m。程序实现结构如图 11-5 所示。

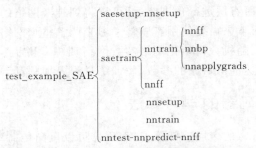

图 11-5　Deep Learning Toolbox 的 SAE 程序实现结构

本节实现采用 784-100-100 网络结构预训练,分别构造 784-100-784 与 100-100-100 两个自编码网络,形成堆栈自编码网络。两个主程序执行中涉及的主要支持函数如图 11-5 所示。

1. 建立网络结构

网络结构的建立可以由以下函数及过程说明。

1)堆栈自编码网络创建函数

函数名:saesetup。

基本格式:sae=saesetup(size)。

参数说明:

size——输入参数,为构建网络的节点向量,预训练阶段的网络为 784-200-100;

sae——输出参数,元胞矩阵,每一个元胞矩阵对应一个堆栈自编码网络。

示例代码如下:

```
function sae = saesetup(size)
    for u = 2 : numel(size)                                    //numel(size) = 2
        sae.ae{u - 1} = nnsetup([size(u - 1) size(u) size(u - 1)]);    % 调用 nnsetup 函数
            % 返回的也是 nn 结构体,训练后是把 nn 替代成 SAE
    end
end
```

2)网络参数预设函数

函数名:nnsetup。

基本格式：nn＝nnsetup(architecture)。

参数说明：

architecture——构建网络的结构,也就是每层网络的神经元节点个数;

nn——元胞矩阵,元胞矩阵中存放一个堆栈自编码网络的配置参数。

示例代码如下:

```
function nn = nnsetup(architecture)
    nn.size = architecture;
    nn.n = numel(nn.size);

    nn.activation_function        = 'tanh_opt';      % 激活函数
    nn.learningRate               = 2;               % 学习率
    nn.momentum                   = 0.5;             % 动量项
    nn.scaling_learningRate       = 1;               % 学习率步长设置
    nn.weightPenaltyL2            = 0;               % 权值惩罚项
    nn.nonSparsityPenalty         = 0;
    nn.sparsityTarget             = 0.05;            % 稀疏目标
    nn.inputZeroMaskedFraction    = 0;               % 输入噪声设置
    nn.dropoutFraction            = 0;               % 隐含层节点的忽略比例
    nn.testing                    = 0;
    nn.output                     = 'sigm';

    for i = 2 : nn.n
        % 权重和权重动量
        nn.W{i - 1} = (rand(nn.size(i), nn.size(i - 1) + 1) - 0.5) * 2 * 4 * sqrt(6 /
(nn.size(i) + nn.size(i - 1)));
        nn.vW{i - 1} = zeros(size(nn.W{i - 1}));
        nn.p{i} = zeros(1, nn.size(i));
    end
end
```

2. 网络训练阶段

1) 堆栈自编码训练函数

函数名：saetrain。

基本格式：sae＝saetrain(sae，x，opts)。

参数说明:

sae——输入参数,结构建立阶段设置的网络结构;

x——输入数据;

opts——包含两个子项,numepochs 为训练次数,batchsize 为在对所有样本进行 minibatch 训练时,每个 batch(批)的容量,即每个 batch 的样本个数;

sae——输出参数,训练好的元胞矩阵 sae。

示例代码如下:

```matlab
function sae = saetrain(sae, x, opts)
    for i = 1 : numel(sae.ae);
        disp(['Training AE ' num2str(i) '/' num2str(numel(sae.ae))]);
        sae.ae{i} = nntrain(sae.ae{i}, x, x, opts);          % 调用 nntrain 函数
        t = nnff(sae.ae{i}, x, x);
        x = t.a{2};
        % 去掉偏置项
        x = x(:,2:end);
    end
end
```

2）基本神经网络训练函数

函数名：nntrain。

基本格式：[nn，L]＝nntrain(nn，train_x，train_y，opts，val_x，val_y)。

参数说明：

nn——元胞矩阵,存放网络的配置参数;

train_x——训练输入数据;

train_y——训练样本标签,自编码网络中与输入数据相同;

opts——网络设置参数;

val_x——验证输入数据;

val_y——验证样本标签;

nn——输出参数,已经训练好的网络参数,主要训练权重 W 和偏置 b;

L——损失函数值,自编码网络中为重构误差。

示例代码如下：

```matlab
function [nn, L] = nntrain(nn, train_x, train_y, opts, val_x, val_y)
assert(isfloat(train_x), 'train_x must be a float');
assert(nargin == 4 || nargin == 6,'number of input arguments must be 4 or 6')

loss.train.e           = [];
loss.train.e_frac      = [];
loss.val.e             = [];
loss.val.e_frac        = [];
opts.validation = 0;
if nargin == 6
    opts.validation = 1;
end

fhandle = [];
if isfield(opts,'plot') && opts.plot == 1
    fhandle = figure();
end
```

```matlab
m = size(train_x, 1);                    % 提取样本总数

batchsize = opts.batchsize;              % 每个 batch(批)中样本个数
numepochs = opts.numepochs;              % 所有样本训练次数

numbatches = m / batchsize;              % 所有样本分成的 batch 数目

assert(rem(numbatches, 1) == 0, 'numbatches must be a integer');

L = zeros(numepochs * numbatches,1);
n = 1;
% 训练过程开始
for i = 1 : numepochs                    % 每次提取 batchsize 个样本,一共提取 numbatches 次
    tic;
    kk = randperm(m);
    for l = 1 : numbatches
        batch_x = train_x(kk((l - 1) * batchsize + 1 : l * batchsize), :);

        % 加入噪声,用于降噪自编码训练
        if(nn.inputZeroMaskedFraction ~ = 0)
            batch_x = batch_x. * (rand(size(batch_x))> nn.inputZeroMaskedFraction);
        end

        batch_y = train_y(kk((l - 1) * batchsize + 1 : l * batchsize), :);

        nn = nnff(nn, batch_x, batch_y); % 前馈计算网络
        nn = nnbp(nn);                    % 计算误差和权值梯度
        nn = nnapplygrads(nn);            % 参数更新

        L(n) = nn.L;
        n = n + 1;
    end

    t = toc;

    if opts.validation == 1
        loss = nneval(nn, loss, train_x, train_y, val_x, val_y);
        str_perf = sprintf('; Full - batch train mse = % f, val mse = % f', loss.train.e
(end), loss.val.e(end));
    else
        loss = nneval(nn, loss, train_x, train_y);
        str_perf = sprintf('; Full - batch train err = % f', loss.train.e(end));
    end
    if ishandle(fhandle)
        nnupdatefigures(nn, fhandle, loss, opts, i);
    end
    % 显示参数
```

```
        disp(['epoch ' num2str(i) '/' num2str(opts.numepochs) '. Took ' num2str(t) ' seconds' '. Mini
    - batch mean squared error on training set is ' num2str(mean(L((n - numbatches):(n - 1)))) str_
    perf]);
        nn.learningRate = nn.learningRate * nn.scaling_learningRate;
    end
end
```

3）神经网络前向传播函数

函数名：nnff。

基本格式：nn＝nnff(nn,x,y)。

参数说明：

nn——元胞矩阵，计算隐含层的激活函数值；

x——训练样本数据；

y——训练样本标签。

示例代码如下：

```
function nn = nnff(nn, x, y)

    n = nn.n;
    m = size(x, 1);

    x = [ones(m,1) x];
    nn.a{1} = x;

    % 前向编码阶段
    for i = 2 : n - 1
        switch nn.activation_function
            case 'sigm'
                % 计算前向节点输出,包括偏置项
                nn.a{i} = sigm(nn.a{i - 1} * nn.W{i - 1}');
            case 'tanh_opt'
                nn.a{i} = tanh_opt(nn.a{i - 1} * nn.W{i - 1}');
        end


        % calculate running exponential activations for use with sparsity
        if(nn.nonSparsityPenalty > 0)
            nn.p{i} = 0.99 * nn.p{i} + 0.01 * mean(nn.a{i}, 1);
        end

        % 添加偏置项
        nn.a{i} = [ones(m,1) nn.a{i}];
    end
    % 解码阶段
        switch nn.output
```

```
        case 'sigm'
            nn.a{n} = sigm(nn.a{n - 1} * nn.W{n - 1}');
        case 'linear'
            nn.a{n} = nn.a{n - 1} * nn.W{n - 1}';
        case 'softmax'
            nn.a{n} = nn.a{n - 1} * nn.W{n - 1}';
            nn.a{n} = exp(bsxfun(@minus, nn.a{n}, max(nn.a{n},[],2)));
            nn.a{n} = bsxfun(@rdivide, nn.a{n}, sum(nn.a{n}, 2));
    end

    % 计算损失值
    nn.e = y - nn.a{n};

    switch nn.output
        case {'sigm', 'linear'}
            nn.L = 1/2 * sum(sum(nn.e .^ 2)) / m;
        case 'softmax'
            nn.L = - sum(sum(y .* log(nn.a{n}))) / m;
    end
end
```

4）神经网络后向传播函数

函数名：nnbp。

基本格式：nn = nnbp(nn)。

参数说明：

nn——元胞矩阵，存储训练后的网络结构及参数。

示例代码如下：

```
function nn = nnbp(nn)
% NNBP performs backpropagation
    n = nn.n;
    sparsityError = 0;
    % 输出层误差
    switch nn.output
        case 'sigm'
            d{n} = - nn.e .* (nn.a{n} .* (1 - nn.a{n}));
        case {'softmax','linear'}
            d{n} = - nn.e;
    end
    % 中间层误差
    for i = (n - 1) : -1 : 2
        % 各层激活函数求导
        switch nn.activation_function
            case 'sigm'
                d_act = nn.a{i} .* (1 - nn.a{i});
            case 'tanh_opt'
```

```
                      d_act = 1.7159 * 2/3 * (1 - 1/(1.7159)^2 * nn.a{i}.^2);
            end


            if(nn.nonSparsityPenalty > 0)
                  pi = repmat(nn.p{i}, size(nn.a{i}, 1), 1);
                   sparsityError = [zeros(size(nn.a{i},1),1) nn.nonSparsityPenalty * ( - nn.
sparsityTarget ./ pi + (1 - nn.sparsityTarget) ./ (1 - pi))];
            end


            if i + 1 == n
                  d{i} = (d{i + 1} * nn.W{i} + sparsityError) . * d_act;
            else
                  d{i} = (d{i + 1}(:,2:end) * nn.W{i} + sparsityError) . * d_act;
            end


            if(nn.dropoutFraction > 0)
                  d{i} = d{i} . * [ones(size(d{i},1),1) nn.dropOutMask{i}];
            end

        end
        % 计算权重更新量
        for i = 1 : (n - 1)
           if i + 1 == n
                  nn.dW{i} = (d{i + 1}' * nn.a{i}) / size(d{i + 1}, 1);
              else
                  nn.dW{i} = (d{i + 1}(:,2:end)' * nn.a{i}) / size(d{i + 1}, 1);
              end
        end
end
```

5）权重更新函数

函数名：nnapplygrads。

基本格式：nn＝nnapplygrads(nn)。

参数说明：

nn——元胞矩阵,存储权重更新后的网络结构及参数。

```
function nn = nnapplygrads(nn)                    % 权值更新

    for i = 1 : (nn.n - 1)
        if(nn.weightPenaltyL2 > 0)
            dW = nn.dW{i} + nn.weightPenaltyL2 * [zeros(size(nn.W{i},1),1)
nn.W{i}(:,2:end)];
        else
            dW = nn.dW{i};
        end
```

```
        dW = nn.learningRate * dW;

        if(nn.momentum > 0)
            nn.vW{i} = nn.momentum * nn.vW{i} + dW;
            dW = nn.vW{i};
        end

        nn.W{i} = nn.W{i} - dW;
    end
end
```

3. 测试阶段

下面介绍网络测试函数 nntest。

函数名：nntest。

基本格式：[er，bad，labels] = nntest(nn，x，y)。

参数说明：

x——为测试数据；

y——测试数据的标签；

er——错误率；

bad——判错的数据；

labels——判别得到的标签。

示例代码如下：

```
function [er, bad,labels] = nntest(nn, x, y)
    [labels] = nnpredict(nn, x);          % 计算样本属于每个分类的"概率"
    [dummy, expected] = max(y,[],2);      % 根据最大化原则,确定样本的分类,并提取类别标签
    bad = find(labels ~ = expected);
    er = numel(bad) / size(x, 1);         % 计算错误率
end
```

4. 实现过程与结果

示例代码如下：

```
function test_example_SAE
clear all
clc
load mnist_uint8;                         % 加载 MNIST 数据集

train_x = double(train_x)/255;            % 将输入数据归一化在[0,1]区间
test_x = double(test_x)/255;
train_y = double(train_y);
test_y = double(test_y);
```

```matlab
% 训练一个包含 100 个隐含节点的 SAE,用于初始化全连接前馈型神经网络
rand('state',0)
sae = saesetup([784 100 100]);              % 设置 SAE 结构和参数,权重已被随机初始化
sae.ae{1}.activation_function = 'sigm';      % 设置激活函数
sae.ae{1}.learningRate = 1;                  % 设置学习率
sae.ae{1}.inputZeroMaskedFraction = 0;       % 设置加入噪声参数,0 为不加噪声
sae.ae{2}.activation_function = 'sigm';
sae.ae{2}.learningRate = 1;
sae.ae{2}.inputZeroMaskedFraction = 0;
opts.numepochs = 50;                         % 设置迭代次数
opts.batchsize = 100;                        % 设置迷你块大小
sae = saetrain(sae, train_x, opts);          % 预训练 SAE

visualize(sae.ae{1}.W{1}(:,2:end)')
```

命令行窗口显示信息
_____

Training AE 1/2
epoch 1/50. Took 2.3084 seconds. Mini-batch mean squared error on training set is 8.1786; Full-batch train err = 4.333766
epoch 2/50. Took 2.2266 seconds. Mini-batch mean squared error on training set is 4.0577; Full-batch train err = 4.136356
epoch 3/50. Took 2.2028 seconds. Mini-batch mean squared error on training set is 3.4506; Full-batch train err = 2.881796
epoch 4/50. Took 2.1792 seconds. Mini-batch mean squared error on training set is 3.1968; Full-batch train err = 2.884429
epoch 5/50. Took 2.2448 seconds. Mini-batch mean squared error on training set is 3.0508; Full-batch train err = 4.183986
    ⋮
epoch 46/50. Took 2.1964 seconds. Mini-batch mean squared error on training set is 2.0793; Full-batch train err = 1.775613
epoch 47/50. Took 2.2138 seconds. Mini-batch mean squared error on training set is 2.0696; Full-batch train err = 2.340007
epoch 48/50. Took 2.1719 seconds. Mini-batch mean squared error on training set is 2.0487; Full-batch train err = 2.088080
epoch 49/50. Took 2.2023 seconds. Mini-batch mean squared error on training set is 2.0504; Full-batch train err = 1.769677
epoch 50/50. Took 2.192 seconds. Mini-batch mean squared error on training set is 2.0156; Full-batch train err = 2.080401
Training AE 2/2
epoch 1/50. Took 0.36782 seconds. Mini-batch mean squared error on training set is 1.3994; Full-batch train err = 0.444310
epoch 2/50. Took 0.35962 seconds. Mini-batch mean squared error on training set is 0.31451; Full-batch train err = 0.236945
epoch 3/50. Took 0.36752 seconds. Mini-batch mean squared error on training set is 0.20598; Full-batch train err = 0.180792
epoch 4/50. Took 0.37118 seconds. Mini-batch mean squared error on training set is 0.17193; Full-batch train err = 0.171597
epoch 5/50. Took 0.39628 seconds. Mini-batch mean squared error on training set is 0.15735; Full-batch train err = 0.143635

⋮

epoch 46/50. Took 0.36682 seconds. Mini − batch mean squared error on training set is 0.13424;
Full − batch train err = 0.104006
epoch 47/50. Took 0.38668 seconds. Mini − batch mean squared error on training set is 0.11458;
Full − batch train err = 0.102257
epoch 48/50. Took 0.36944 seconds. Mini − batch mean squared error on training set is 0.11448;
Full − batch train err = 0.100616
epoch 49/50. Took 0.39515 seconds. Mini − batch mean squared error on training set is 0.11975;
Full − batch train err = 0.100154
epoch 50/50. Took 0.37291 seconds. Mini − batch mean squared error on training set is 0.11501;
Full − batch train err = 0.114273

```
% 初始化神经网络
nn = nnsetup([784 100 100 10]);          % 创建神经网络
nn.activation_function = 'sigm';         % 设置激活函数
nn.learningRate = 1;                     % 设置学习率
nn.W{1} = sae.ae{1}.W{1};                % 采用预训练的 SAE 参数更新网络权重
nn.W{2} = sae.ae{2}.W{1};

% 训练神经网络
opts.numepochs = 50;                     % 设置迭代次数
opts.batchsize = 100;                    % 设置迷你块大小
nn = nntrain(nn, train_x, train_y, opts);
% 采用测试数据集测试网络性能
[er, bad] = nntest(nn, test_x, test_y);
disp(str)
```

命令行窗口显示信息

epoch 1/50. Took 1.1793 seconds. Mini − batch mean squared error on training. set is 0.20459;
Full − batch train err = 0.096545
epoch 2/50. Took 1.1845 seconds. Mini − batch mean squared error on training set is 0.07876;
Full − batch train err = 0.066930
epoch 3/50. Took 1.2032 seconds. Mini − batch mean squared error on training set is 0.06158;
Full − batch train err = 0.054805
epoch 4/50. Took 1.1903 seconds. Mini − batch mean squared error on training set is 0.052509;
Full − batch train err = 0.047851
epoch 5/50. Took 1.1311 seconds. Mini − batch mean squared error on training set is 0.046105;
⋮
epoch 46/50. Took 1.141 seconds. Mini − batch mean squared error on training set is 0.0073442;
Full − batch train err = 0.006998
epoch 47/50. Took 1.1513 seconds. Mini − batch mean squared error on training set is 0.0071829;
Full − batch train err = 0.006754
epoch 48/50. Took 1.1384 seconds. Mini − batch mean squared error on training set is 0.0069844;
Full − batch train err = 0.006670
epoch 49/50. Took 1.1597 seconds. Mini − batch mean squared error on training set is 0.0068125;
Full − batch train err = 0.006492
epoch 50/50. Took 1.1477 seconds. Mini − batch mean squared error on training set is 0.006672;
Full − batch train err = 0.006390
testing error rate is: 0.024300

可视化显示 SAE 参数结果如图 11-6 所示。

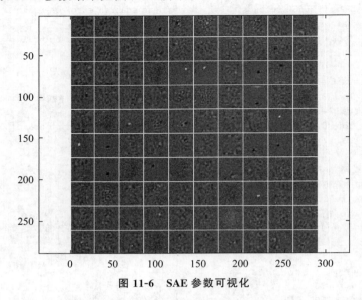

图 11-6　SAE 参数可视化

根据上述过程获得的中间性能参数，绘制性能参数曲线，如图 11-7 所示。

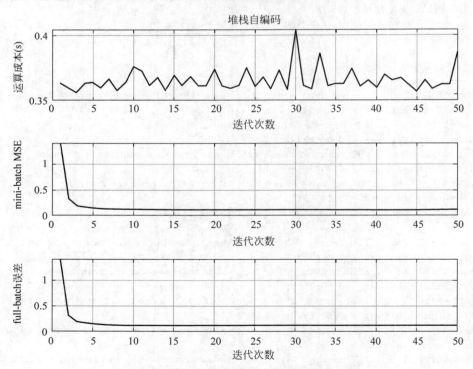

图 11-7　各迭代周期性能参数曲线

11.2.2　降噪堆栈自编码的实现

如果要采用降噪自编码，可在程序中设置噪声参数。代码如下：

```
sae.ae{1}.inputZeroMaskedFraction = 0.5; % 输入层加入50 % 噪声
```

命令行窗口显示信息

```
Training AE 1/2
epoch 1/50. Took 2.5345 seconds. Mini - batch mean squared error on training set is 10.7232;
Full - batch train err = 10.352602
epoch 2/50. Took 2.4998 seconds. Mini - batch mean squared error on training set is 7.5577; Full
 - batch train err = 9.533861
epoch 3/50. Took 2.4841 seconds. Mini - batch mean squared error on training set is 6.9227; Full
 - batch train err = 8.905378
epoch 4/50. Took 2.4848 seconds. Mini - batch mean squared error on training set is 6.5354; Full
 - batch train err = 8.856537
epoch 5/50. Took 2.4898 seconds. Mini - batch mean squared error on training set is 6.2868; Full
 - batch train err = 8.422906
          ⋮
epoch 46/50. Took 2.4747 seconds. Mini - batch mean squared error on training set is 4.884; Full
 - batch train err = 6.754740
epoch 47/50. Took 2.4641 seconds. Mini - batch mean squared error on training set is 4.8822;
Full - batch train err = 7.080153
epoch 48/50. Took 2.4633 seconds. Mini - batch mean squared error on training set is 4.8701;
Full - batch train err = 6.716160
epoch 49/50. Took 2.4578 seconds. Mini - batch mean squared error on training set is 4.8654;
Full - batch train err = 6.641806
epoch 50/50. Took 2.4607 seconds. Mini - batch mean squared error on training set is 4.8629;
Full - batch train err = 6.703254
Training AE 2/2
epoch 1/50. Took 0.42044 seconds. Mini - batch mean squared error on training set is 4.0721;
Full - batch train err = 2.050163
epoch 2/50. Took 0.40508 seconds. Mini - batch mean squared error on training set is 3.3109;
Full - batch train err = 1.848021
epoch 3/50. Took 0.44524 seconds. Mini - batch mean squared error on training set is 3.156; Full
 - batch train err = 1.746315
epoch 4/50. Took 0.40724 seconds. Mini - batch mean squared error on training set is 3.0506;
Full - batch train err = 1.635427
epoch 5/50. Took 0.41343 seconds. Mini - batch mean squared error on training set is 2.9757;
Full - batch train err = 1.611388
          ⋮
epoch 46/50. Took 0.4076 seconds. Mini - batch mean squared error on training set is 2.5503;
Full - batch train err = 1.339881
epoch 47/50. Took 0.41773 seconds. Mini - batch mean squared error on training set is 2.5494;
Full - batch train err = 1.315731
epoch 48/50. Took 0.40646 seconds. Mini - batch mean squared error on training set is 2.5431;
Full - batch train err = 1.354921
epoch 49/50. Took 0.44465 seconds. Mini - batch mean squared error on training set is 2.5456;
```

```
Full - batch train err = 1.329776
epoch 50/50. Took 0.41843 seconds. Mini - batch mean squared error on training set is 2.5471;
Full - batch train err = 1.311847

epoch 1/50. Took 1.1034 seconds. Mini - batch mean squared error on training set is 0.16426;
Full - batch train err = 0.078721
epoch 2/50. Took 1.0808 seconds. Mini - batch mean squared error on training set is 0.066984;
Full - batch train err = 0.057041
epoch 3/50. Took 1.0873 seconds. Mini - batch mean squared error on training set is 0.052982;
Full - batch train err = 0.047519
epoch 4/50. Took 1.1013 seconds. Mini - batch mean squared error on training set is 0.045321;
Full - batch train err = 0.041405
epoch 5/50. Took 1.09 seconds. Mini - batch mean squared error on training set is 0.040233; Full
 - batch train err = 0.037199
        ⋮
epoch 46/50. Took 1.0805 seconds. Mini - batch mean squared error on training set is 0.0087341;
Full - batch train err = 0.008364
epoch 47/50. Took 1.0887 seconds. Mini - batch mean squared error on training set is 0.0085417;
Full - batch train err = 0.008090
epoch 48/50. Took 1.1006 seconds. Mini - batch mean squared error on training set is 0.0083527;
Full - batch train err = 0.007930
epoch 49/50. Took 1.0848 seconds. Mini - batch mean squared error on training set is 0.0081481;
Full - batch train err = 0.007868
epoch 50/50. Took 1.0827 seconds. Mini - batch mean squared error on training set is 0.0079936;
Full - batch train err = 0.007621
testing error rate is: 0.020800
```

降噪自编码的权重可视化结果如图 11-8 所示，训练过程性能参数曲线如图 11-9 所示，在迭代次数达到 30 次以后，各误差下降幅度明显趋缓。

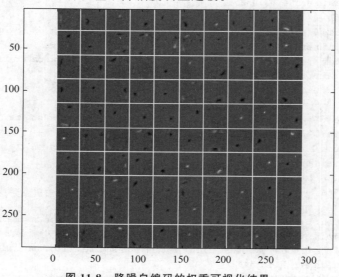

图 11-8 降噪自编码的权重可视化结果

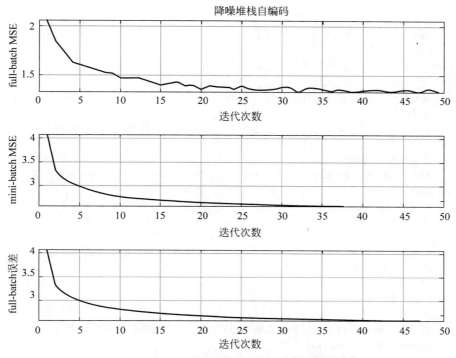

图 11-9　降噪自编码训练过程性能参数曲线

11.2.3　堆栈自编码器的实现案例 2

MATLAB 2019b 软件工具包中包含了基本的自编码器的实现方式,堆栈自编码的实现主程序可参考 MAT2019SAE.m 文件,具体代码如下:

```
close all
clc
clear all
% 加载训练数据及对应标签,训练样本个数为 5000
[train_x, train_y] = digitTrainCellArrayData;
% 加载测试数据及对应标签,测试样本个数为 5000
[test_x, test_y] = digitTestCellArrayData;

% 将训练和测试样本数据的元胞转换为矩阵
for i = 1:size(train_x,2)
    train_matrix(:,i) = reshape(train_x{1,i},28 * 28,1);
end
for i = 1:size(test_x,2)
    test_matrix(:,i) = reshape(test_x{1,i},28 * 28,1);
end
```

```matlab
% 随机选择 100 个训练数据进行可视化
n = 100;
idx = randi([1, size(train_x, 2)], n);
for i = 1:n
    subplot(10, 10, i), imshow(train_x{idx(i)});
end
% 设计具有单隐含层的堆栈式自编码器
rng('default');
num_hid1 = 200;                                    % 隐含层的神经元节点数为 100

% 训练第一个自编码器
ae1 = trainAutoencoder(train_x, num_hid1, ...      % 无监督学习,不需引入数据标签
    'MaxEpochs', 500, ...                          % 最大训练次数
    'L2WeightRegularization', .004, ...
    'SparsityRegularization', 4, ...
    'SparsityProportion', .15, ...
    'ScaleData', false);
% 可视化第一个模型拓扑结构
view(ae1);
% 可视化学习到的权值矩阵
plotWeights(ae1);
% 使用第一个编码器得到其对应的压缩编码,作为第二个自编码器的训练输入
feat1 = encode(ae1, train_x);
% % 训练第二个自编码器
num_hid2 = 100;
ae2 = trainAutoencoder(feat1, num_hid2, ...
        'MaxEpochs', 500, ...
        'L2WeightRegularization', .002, ...
        'SparsityRegularization', 4, ...
        'SparsityProportion', .1, ...
        'ScaleData', false);
view(ae2);

% 使用第二个自编码器得到其对应的压缩编码
feat2 = encode(ae2, feat1);
% 训练用于分类的输出层
softnet = trainSoftmaxLayer(feat2, train_y, 'MaxEpochs', 500);
view(softnet);
% 堆叠上述自编码器,构建堆栈自编码分类网络
deepnet = stack(ae1, ae2, softnet);
view(deepnet)

% 训练深度网络
deepnet = train(deepnet,train_matrix, train_y);

% 数据测试
% 使用训练出的网络计算输入数据属于各类别的概率类型
```

```
[ypred,Xf,Af,E,perf] = sim(deepnet,test_matrix);
% 可视化混淆矩阵
plotconfusion(test_y,ypred);
```

图 11-10 展示了部分字符示例,图 11-11 与图 11-12 分别展示了第一个和第二个自编码器训练过程参数。

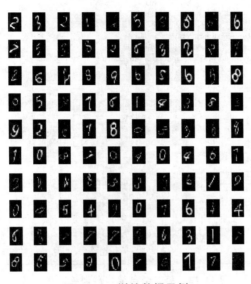

图 11-10 训练数据示例

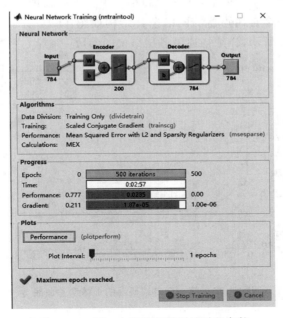

图 11-11 第一个自编码器训练过程参数

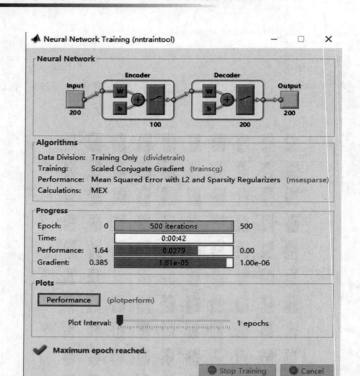

图 11-12　第二个自编码器训练过程参数

　　根据训练过程参数,用户可获得第一个和第二个自编码器的训练误差曲线,如图 11-13 和图 11-14 所示。第一个自编码器的网络拓扑结构如图 11-15 所示,第二个自编码器的网络拓扑结构如图 11-16 所示,详细描述了各层结构的参数。

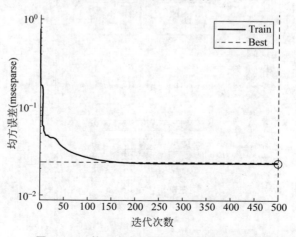

图 11-13　第一个自编码器的训练误差曲线

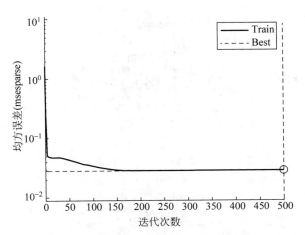

图 11-14　第二个自编码器的训练误差曲线

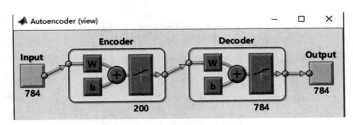

图 11-15　第一个自编码器的网络拓扑结构

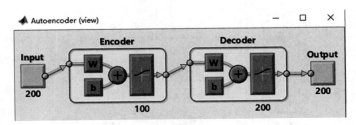

图 11-16　第二个自编码器的网络拓扑结构

　　图 11-17 及图 11-18 给出了训练分类输出层网络及有监督训练微调网络参数。

　　在分别训练完毕后，堆栈自编码分类网络的拓扑结构如图 11-19 所示，图中各子块网络的结构及参数描述了网络在前向部署后的信息流向与各隐含层间的输入、输出关系。测试结果的分类混淆矩阵见表 11-1。

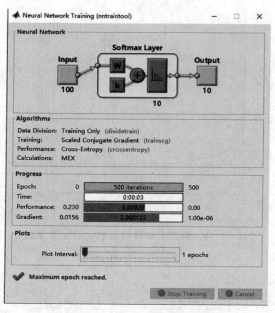

图 11-17　训练分类输出层网络

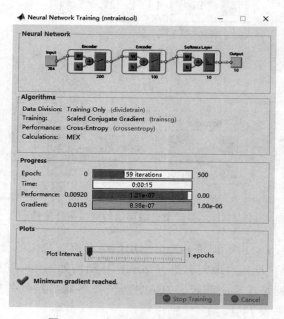

图 11-18　有监督训练微调网络参数

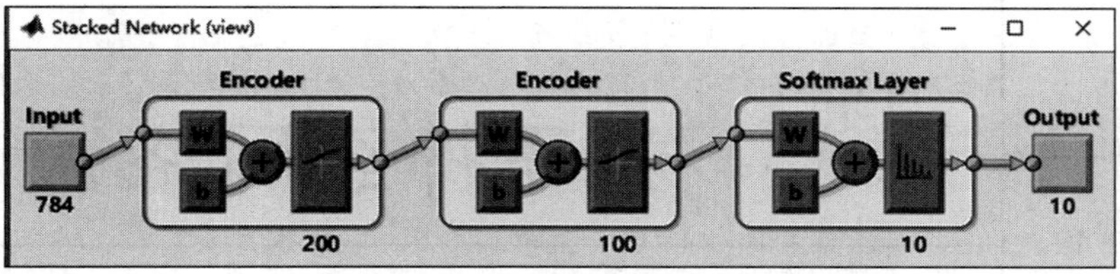

图 11-19 堆栈自编码分类网络的拓扑结构

表 11-1 混淆矩阵

预测值与实际值序号		预 测 值									精确度
		1	2	3	4	5	6	7	8	9	10	
实际值	1	478	3	0	2	0	0	5	0	2	0	97.6%
		9.6%	0.1%	0.0%	0.0%	0.0%	0.0%	0.1%	0.0%	0.0%	0.0%	2.4%
	2	4	489	1	3	0	0	2	0	1	3	97.2%
		0.1%	9.8%	0.0%	0.1%	0.0%	0.0%	0.0%	0.0%	0.0%	0.1%	2.8%
	3	8	2	476	0	7	0	0	4	2	0	95.4%
		0.2%	0.0%	9.5%	0.0%	0.1%	0.0%	0.0%	0.1%	0.0%	0.0%	4.6%
	4	0	0	3	485	0	0	0	1	1	0	99.0%
		0.0%	0.0%	0.1%	9.7%	0.0%	0.0%	0.0%	0.0%	0.0%	0.0%	1.0%
	5	2	0	8	0	488	4	0	0	2	1	96.6%
		0.0%	0.0%	0.2%	0.0%	9.8%	0.0%	0.0%	0.0%	0.0%	0.0%	3.4%
	6	1	2	0	3	2	490	0	1	0	2	97.8%
		0.0%	0.0%	0.0%	0.1%	0.0%	9.8%	0.0%	0.0%	0.0%	0.0%	2.2%
	7	7	0	0	0	0	0	488	0	5	0	97.8%
		0.1%	0.0%	0.0%	0.0%	0.0%	0.0%	9.8%	0.0%	0.1%	0.0%	2.2%
	8	0	1	7	3	3	4	3	492	1	2	95.3%
		0.0%	0.0%	0.1%	0.1%	0.1%	0.1%	0.1%	9.8%	0.0%	0.0%	4.7%
	9	0	3	5	4	0	0	2	2	485	1	96.6%
		0.0%	0.1%	0.1%	0.1%	0.0%	0.0%	0.0%	0.0%	9.7%	0.0%	3.4%
	10	0	0	0	0	0	2	0	0	1	491	99.4%
		0.0%	0.0%	0.0%	0.0%	0.0%	0.0%	0.0%	0.0%	0.0%	9.8%	0.6%
召回率		95.6%	97.8%	95.2%	97.0%	97.6%	98.0%	97.6%	98.4%	97.0%	98.2%	97.2%
		4.4%	2.2%	4.8%	3.0%	2.4%	2.0%	2.4%	1.6%	3.0%	1.8%	2.8%

卷积神经网络

卷积神经网络(convolutional neural networks,CNN)最初是受视觉神经机制的启发而设计的,是专为识别二维形状而设计的一个多层感知器。该网络结构对平移、比例缩放、倾斜或者其他形式的变形具有高度不变性。1962 年,Hubel 和 Wiesel 通过对猫视觉皮层细胞的研究,提出了感受野(receptive field)的概念。1984 年,日本学者 Fukushima 基于感受野概念提出了神经认知机模型,它可以看作是卷积神经网络的第一个实现网络,也是感受野概念在人工神经网络领域的首次应用。CNN 在图像分析和处理领域取得了众多突破性的进展,在常用的标准图像标注集 ImageNet 上,基于卷积神经网络取得了很多成就,包括图像特征提取分类、场景识别等。相较于传统的图像处理算法,卷积神经网络避免了对图像复杂的前期预处理过程,尤其是人工参与图像预处理过程,卷积神经网络可以直接输入原始图像进行一系列工作,至今已经广泛应用于各类图像处理的相关应用中。

12.1　卷积神经网络的基本结构与算法基础

1998 年,计算机科学家 Yan LeCun 等提出的 LeNet-5 采用了梯度的反向传播算法对网络进行有监督的训练。Yan LeCun 在机器学习、计算机视觉等方面都有杰出贡献,被称为卷积神经网络之父。LeNet-5 网络通过交替连接的卷积层和下采样层,将原始图像逐层抽象为特征图,并且将这些特征传递给全连接的神经网络,以根据图像的特征对图像进行分类。CNN 的卷积核则是局部感受野概念的结构表现,学术界对于卷积神经网络的关注,也始于 LeNet-5 网络的提出及应用于手写体识别的成功。同时,卷积神经网络在语音识别、物体检测、人脸识别等应用领域的研究也逐渐开展起来。

2012 年,AlexNet 的提出奠定了卷积神经网络在深度学习应用中的地位。Krizhevsky等提出的 AlexNet 在 ImageNet 的训练集上取得了图像分类的冠军,使得卷积神经网络成为计算机视觉中的重点研究对象,且研究不断深入。之后,不断有新的卷积神经网络提出,包括牛津大学的 VGG 网络、微软的 ResNet 网络、谷歌的 GoogLeNet 网络等,这些网络的提出使得卷积神经网络逐步开始走向商业化应用,只要是存在图像的地方,几乎都会有卷积神经网络的身影。

12.1.1 卷积神经网络的特点

卷积神经网络的 3 个主要特点如下。

(1) 局部感受野: 对于一般的深度神经网络,往往会把图像的每一个像素点连接到全连接层的每一个神经元中,而卷积神经网络则是把每一个隐含节点只连接到图像的某个局部区域,从而减少参数训练的数量。例如,一张 1024×720 的图像,使用 9×9 的感受野,则只需要 81 个权值参数。对于一般的视觉神经机制也是如此,当观看一张图像时,更多的时候关注的是局部。

(2) 共享权值: 在卷积神经网络的卷积层中,神经元对应的权值是相同的,由于权值相同,可以减少训练的参数量。共享的权值和偏置也被称作卷积核或过滤器。

(3) 池化: 由于待处理的图像与卷积后的图像往往都比较大,而在实际过程中,没有必要对原图进行分析,最主要的是有效获得图像的特征,因此采用类似于图像压缩的思想,对图像进行卷积之后,通过下采样过程来调整图像的大小。

1. 局部感受野

传统的神经网络采用全连接方式,即输入层到隐含层的神经元全部连接,导致参数量巨大,会使训练耗时甚至失败,且极易过拟合。而卷积神经网络通过局部连接、权值共享等方法避免了这一困难。卷积神经网络将原始图像直接输入输入层,原始图像的大小决定了输入向量的尺寸,各神经元提取图像的局部特征,因此每个神经元都与前一层的局部感受野相连,核心中间层由卷积层(C-层)和下采样层(S-层)组成,每层均包含多个平面,输入层直接映射到第一个 C-层包含的多个平面上,每层中各平面的神经元提取图像中特定区域的局部特征,如边缘特征、方向特征等,在训练时不断修正 C-层神经元的权值。同一平面上的神经元权值相同,这样可以有相同程度的位移,旋转不变性。C-层中每个神经元局部输入窗口的大小均为 5×5,由于同一个平面上的神经元共享一个权值向量,所以从一个平面到下一个平面的映射可以看作是卷积运算,S-层为下采样层,起到二次特征提取的作用。隐含层与隐含层之间空间分辨率递减,而每层所含的平面数递增,这样可用于检测更多的特征信息。

如图 12-1 所示,以 MNIST 手写字符图片输入为例,每张图片为 28×28 的二维数据矩阵,如果下一个隐含层的神经元数目为 10^4,采用全连接则有 784×10^4 个权值参数,参数训练出现困难,容易过拟合。而采用局部连接,隐含层每个神经元仅与图像中 5×5 的局部相连接,那么此时的权值参数为 25×10^4 个,减少了 70%。对于像元更多的输入图像,减少程度更明显,例如 200×200 的图像,隐含层神经元个数相同,则权值参数由 4×10^8 减少到 1.6×10^5,减少了 3 个数量级,这与前述的局部感受野是相对应的。

2. 权值共享

如前所述,卷积神经网络的参数数量即使减少了几倍,但依然较多,可通过"权值共享"

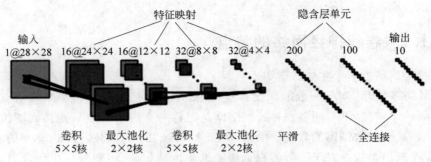

图 12-1 卷积神经网络结构示例

进一步减少参数！一个卷积层可以有多个不同的卷积核,而每一个卷积核都对应一个过滤后映射的新图像,即图 12-1 中的特征映射(Feature Maps),同一个特征映射中的每一个像元都来自完全相同的卷积核,就是卷积核的权值共享。具体做法是在局部连接中将隐含层的每一个神经元连接一个 5×5 的局部图像,因此有 5×5 个权值参数,将这 5×5 个参数共享给其余神经元,不管隐含层神经元的数目,需要训练的参数就是这 5×5 个参数(卷积核的尺寸)。如果要增加特征的维度,则可以增加多个卷积核,不同的卷积核能够得到图像不同映射的特征。图 12-1 中第一个卷积层有 16 个卷积核,该层最终的权值参数仅为 5×5×16 个。

常见的卷积核如下。

(1) 对图像无任何影响的卷积核:

$$
\begin{matrix}
0 & 0 & 0 \\
0 & 1 & 0 \\
0 & 0 & 0
\end{matrix}
$$

(2) 对图像进行锐化的过滤器:

$$
\begin{matrix}
-1 & -1 & -1 \\
-1 & 9 & -1 \\
0 & 1 & 1
\end{matrix}
$$

(3) 浮雕过滤器:

$$
\begin{matrix}
-1 & -1 & 0 \\
-1 & 0 & 1 \\
0 & 1 & 1
\end{matrix}
$$

(4) 均值模糊过滤器:

$$
\begin{matrix}
0 & 0.2 & 0 \\
0.2 & 0.2 & 0.2 \\
0 & 0.2 & 0
\end{matrix}
$$

均值模糊是对像素点周围的像素值进行均值化处理,将上、下、左、右及当前像素点分成

5份,然后进行平均,每份占 0.2,并对当前像素点周围点进行均质化处理。

（5）高斯模糊过滤器:

均值模糊是一种简单的模糊处理方式,但是会显示模糊不够平滑,而高斯模糊可以很好地处理,因此高斯模糊经常用在图像的降噪处理上,尤其是在边缘检测之前,进行高斯模糊,可以移除细节带来的影响。在常见的图像处理软件中均能够见到,例如 Photoshop、Paint. NET。

二维高斯函数为

$$G(x) = \frac{1}{\sqrt{2\pi\sigma^2}} e^{\frac{-(x^2-y^2)}{2\sigma^2}} \tag{12-1}$$

一维高斯函数为

$$G(x) = \frac{1}{\sqrt{2\pi\sigma^2}} e^{\frac{-x^2}{2\sigma^2}} \tag{12-2}$$

当然,在实际应用中,读者可以根据具体场景设计自己的卷积核,初始化时可以选择随机生成的卷积核。

3. 池化

通常在卷积神经网络的卷积层之后,会有一个池化层(Pooling),用于池化操作,池化层也被称作下采样层(Subsampling),下采样层可以大大降低特征的维度,减少计算量,同时可以避免过拟合问题。池化一般有两种方式:最大池化(Max Pooling)与均值池化(Mean Pooling)。池化层操作不改变模型的深度,对输入数据在深度上的切片作为输入,不断滑动窗口,取这些窗口的最大值为输出结果,减少空间尺寸,最大池化层的操作过程如图 12-2 所示。

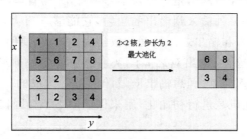

图 12-2 最大池化操作

以图 12-1 为例,第一卷积层的输出图像尺寸为 24×24,如图 12-2 所示窗口大小为 2×2,步长为 2 的池化操作,每次操作都从窗口中选择最大值,同时滑动 2 个步长进入新的窗口,则第一池化层的输出图像尺寸为 12×12。对整个图像来讲,丢弃了 75% 的信息,保留其中最大值,达到了去除部分噪声的目的。

总之,卷积神经网络的特点即卷积层中的局部连接、权值共享和池化。这些特点降低了参数量,使得训练复杂度大大降低,并减少了过拟合的风险。同时还赋予卷积神经网络对平移、形变、尺度的不变性,提高了模型泛化能力。一般的卷积神经网络由卷积层、池化层、全连接层和 softmax 层组成。

（1）卷积层。卷积层是卷积神经网络最重要的部分。卷积层中每一个节点的输入是上一层的局部，卷积层试图将神经网络中的每一个小块进行更加深入的分析从而得到抽象程度更高的特征。

（2）池化层。池化层的神经网络不会改变三维矩阵的深度，但是它将缩小矩阵的大小，将分辨率较高的图像转化为分辨率较低的图像。

（3）全连接层。经过多轮的卷积核池化处理后，卷积神经网络会连接 1～2 层全连接层来给出最后的分类结果。

（4）softmax 层。softmax 函数主要用于分类问题，是概率论中常见的归一化函数，将 K 维的向量 x 映射到另一个 K 维向量 $p(x)$ 中，并使得新的 K 维向量的每一个元素取值在 $[0,1]$ 区间，且所有 K 维向量之和为 1。公式如下：

$$p(x) = \frac{e^{x_i}}{\sum_{j=0}^{k} e^{x_j}}, \quad i = 1, 2, \cdots, K \tag{12-3}$$

例如，输入三维向量 $[5.0, 2.0, 3.0]$，通过 softmax 函数得到的三维向量为 $[0.844, 0.042, 0.114]$。作为一种归一化函数，与其他的归一化方法相比，softmax 函数有着其独特的作用，特点是：在对向量的归一化处理过程中，尽可能凸显较大值的权值，抑制较小值的影响，因此在分类中可以凸显分类权值较高的类别。

12.1.2　卷积神经网络的训练

用于模式识别的主流神经网络是有监督学习网络，无监督学习网络更多用于聚类分析。卷积神经网络在本质上是一种输入到输出的映射，它能够学习大量的输入与输出之间的映射关系，而不需要任何输入和输出之间精确的数学表达式，只要用已知的模式对卷积神经网络加以训练，网络就具有输入、输出对之间的映射能力。卷积神经网络执行的是有监督训练，所以其样本集是由输入向量、理想输出向量的向量对构成的。开始训练前，所有的权值都应该用一些不同的小随机数进行初始化，用来保证网络不会因权值过大而进入饱和状态，从而导致训练失败。

训练算法主要包括 4 步，这 4 步分为两个阶段。第一阶段为前向传播阶段，包括：

（1）从样本集中取一个样本 (X, Y_p)，将 X 输入网络。

（2）计算相应的实际输出 O_p。

信息从输入层经过逐级变换，传送到输出层。这个过程也是网络在完成训练后正常运行时执行的过程，即

$$O_p = F_n(,,(F_2(F_1(X_p W(1)) W(2)),,) W(n)) \tag{12-4}$$

第二阶段为后向传播阶段，包括：

（1）计算实际输出 O_p 与相应的理想输出 Y_p 的差。

(2) 按极小化误差的方法调整权矩阵。

两个阶段的过程一般应受到精度要求的控制,用式(12-5)计算 E_p。作为网络关于第 p 个样本的误差测度。

$$E_p = \frac{1}{2} \sum_{j=1}^{m} (y_{pj} - o_{pj})^2 \tag{12-5}$$

而将网络关于整个样本集的误差测度定义为:$E = \sum E_p$。

之所以将此阶段称为后向传播阶段,是对应于输入信号的正向传播而言。因为在开始调整神经元的连接权值时,只能求出输出层的误差,而其他层的误差要通过此误差反向逐层后推才能得到。有时候也称之为误差传播阶段。

为了说明卷积神经网络的训练过程,假设输入层、中间层和输出层的单元数分别为 N、L 和 M。$\boldsymbol{X} = (x_0, x_1, \cdots, x_N)$ 为网络输入矢量,$\boldsymbol{H} = (h_0, h_1, \cdots, h_L)$ 为中间层输出矢量,$\boldsymbol{Y} = (y_0, y_1, \cdots, y_M)$ 是网络的实际输出矢量,$\boldsymbol{D} = (d_0, d_1, \cdots, d_M)$ 表示训练组中各模式的目标输出矢量,输出层单元 i 到隐含层单元 j 的权值是 V_{ij},而隐含层单元 j 到输出层单元 k 的权值是 W_{jk}。另外,θ_k 和 φ_j 分别表示输出层单元和隐含层单元的阈值。

中间层各单元的输出为

$$h_j = f \left(\sum_{i=0}^{N-1} V_{ij} x_i + \varphi_j \right) \tag{12-6}$$

而输出层各单元的输出

$$y_k = f \left(\sum_{j=0}^{L-1} W_{jk} h_j + \theta_k \right) \tag{12-7}$$

其中 $f(\cdot)$ 是激活函数。在上述条件下,网络的训练过程如下:

(1) 选定训练组。从样本集中分别随机选取训练组。

(2) 将各权值 V_{ij}、W_{jk} 与阈值 θ_k 和 φ_j 设置成接近于 0 的随机值,并初始化精度控制参数 ε 和学习率 η。

(3) 从训练组中取一个输入模式 $\boldsymbol{X}$ 输入网络,并给定它的目标输出矢量 $\boldsymbol{D}$。

(4) 利用式(12-6)计算中间层输出量 $\boldsymbol{H}$,再用式(12-7)计算出网络的实际输出矢量 $\boldsymbol{Y}$。

(5) 将输出矢量中的元素 y_k 与目标矢量中的元素 d_k 进行比较,计算出 M 个输出误差项

$$\delta_k = (d_k - y_k) y_k (1 - y_k) \tag{12-8}$$

对中间层的隐含层单元也计算出 L 个误差项,即

$$\delta_j = h_j (1 - h_j) \sum_{k=0}^{M-1} \delta_k W_{jk} \tag{12-9}$$

(6) 依次计算出各权值的调整量

$$\Delta W_{jk}(n) = (\alpha / (1 + L)) * (\Delta W_{jk}(n-1) + 1) * \delta_k * h_j \tag{12-10}$$

$$\Delta V_{ij}(n) = (\alpha / (1 + N)) * (\Delta V_{ij}(n-1) + 1) * \delta_k * h_j \tag{12-11}$$

和阈值的调整量

$$\Delta\theta_k(n) = (\alpha/(1+L)) * (\Delta\theta_k(n-1)+1) * \delta_k \tag{12-12}$$

$$\Delta\varphi_j(n) = (\alpha/(1+L)) * (\Delta\varphi_j(n-1)+1) * \delta_j \tag{12-13}$$

（7）调整权值

$$W_{jk}(n+1) = W_{jk}(n) + \Delta W_{jk}(n) \tag{12-14}$$

$$V_{ij}(n+1) = V_{ij}(n) + \Delta V_{ij}(n) \tag{12-15}$$

调整阈值

$$\theta_k(n+1) = \theta_k(n) + \Delta\theta_k(n) \tag{12-16}$$

$$\varphi_j(n+1) = \varphi_j(n) + \Delta\varphi_j(n) \tag{12-17}$$

（8）当 k 每遍历 1～M 次后，判断指标是否满足精度要求：$E \leqslant \varepsilon$，其中，E 是总误差函数，若不满足，则返回步骤（3），继续迭代，如果满足进入下一步。

（9）训练结束，将权值和阈值保存在结构参数文件中。

12.1.3 常见的卷积神经网络结构

1. LeNet-5 架构

LeNet-5 是一种典型的卷积神经网络，主要用于手写字和印刷字识别，由 Yann LeCun 等在 1988 年发表的论文 *Gradient-Based Learning Applied to Document Recognition* 中提出，其网络结构如图 12-3 所示。

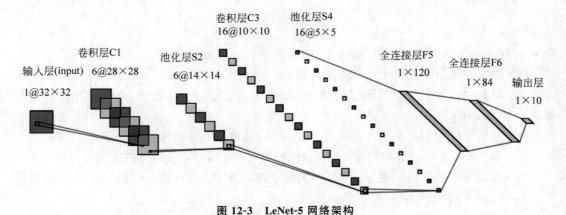

图 12-3　LeNet-5 网络架构

图 12-3 中，输入层(input)定义的输入图像大小为 32×32，卷积核大小为 5×5，卷积核的种类个数为 6 个，卷积层 C1 表示经过卷积操作之后的特征映射图，卷积输出的特征图为 28×28，计算方式为 28=32−5+1。

在 LeNet-5 中定义了 6 个不同的卷积核种类，因此神经元的数量为 28×28×6，每一个卷积核需训练的参数为(5×5+1)(其中 1 为偏置项)，因此可训练的参数为(5×5+1)×6，总连接数为(5×5+1)×6×(28×28)。

S2 层为池化层(下采样层)，输入为 28×28 的矩阵，采样的区域大小为 2×2，采样的方式为采用 4 个输入值相加,然后乘以一个可训练的参数,再加上偏置项,通过 sigmoid 函数进行激活。由于是在 28×28 的矩阵中,进行区域为 2×2 的采样,因此输出的特征图大小为 14×14。采样的种类数量为 6 个,则神经元的数量为 14×14×6,可以训练的参数为 2×6,因此总的连接数为(2×2+1)×6×14×14,通过和 C1 层的比较可知,S2 层的输出特征图大小只有 C1 层的 1/4。

C3 层属于卷积层,输入为 S2 层中的 6 个或者多个特征图的组合,卷积核大小为 5×5,卷积核的种类为 16,输入的特征图大小为 10×10。C3 层中的每个特征图都是 S2 层中的 6 个或多个特征图的组合,表示本层的特征图是上一层提取到的特征图的不同组合。训练方式可以采用 C3 的前 6 个特征图和 S2 层的 3 个相邻的特征图子集作为输入;之后 6 个特征图采用 S2 层的 4 个相邻的特征图子集作为输入,后面 3 个则采用不相邻的 4 个特征图子集作为输入,最后一个则采用 S2 层的所有特征图作为输入,因此可训练的参数总量为 6×(3×25+1)+6×(4×25+1)+3×(4×25+1)+1×(6×25+1)=1516。因此,连接数量为 1516×(10×10)=151600。

S4 是一个池化层(下采样层),输入是 10×10 的矩阵,采样区域为 2×2,采样方式同 S2 层一样是 4 个输入相加,然后乘以一个可以训练的参数,再加上偏置,激活函数采用 sigmoid 函数。

根据输入矩阵大小和采样区域,可知输出的特征图大小为 5×5,采样种类的数量设定为 16,因此神经元的数量为 5×5×16=400,可以训练的参数为 32(2×16),总的连接数为 2000(16×(2×2+1)×5×5)。从这个过程中也可以看出,S4 层输出的特征图是 C3 层输出特征图大小的 1/4。

F5 是最后一个卷积层,F5 层的输入是 S4 层的输出特征图,并且与 S4 层是全连接关系,不再是 S2 层与 C3 层的组合关系。定义卷积核的大小为 5×5,卷积核的种类数量为 120,输出的特征图大小为 5×5+1,因此可以训练的参数为 48120(16×(5×5+1)×120)。

F6 层为全连接层,有 84 个单元,输入是 C5 层输出的 120 维向量,计算方式与经典的神经网络相同,采用输入向量与权值向量之间的点积,再加上偏置,可以训练的参数数量为 84×(120+1)=10164,最终激活函数采用 sigmoid 函数。

以上为 LeNet-5 卷积神经网络,LeNet-5 中的 5 是指卷积层与池化层的数量之和。

2. AlexNet 架构

AlexNet 于 2012 年出现在 ImageNet 的图像分类比赛中,并取得了当年的冠军,从此卷积神经网络开始受到人们的强烈关注。AlexNet 是深度卷积神经网络研究热潮的开端,也是研究热点从传统视觉方法过渡到卷积神经网络方法的标志。

AlexNet 模型共有 8 层,包含 5 个卷积层和 3 个全连接层,对于每一个卷积层,均包含了 ReLU 激活函数和局部响应归一化处理,接着进行了下采样操作。AlexNet 的模型结构如图 12-4 所示。

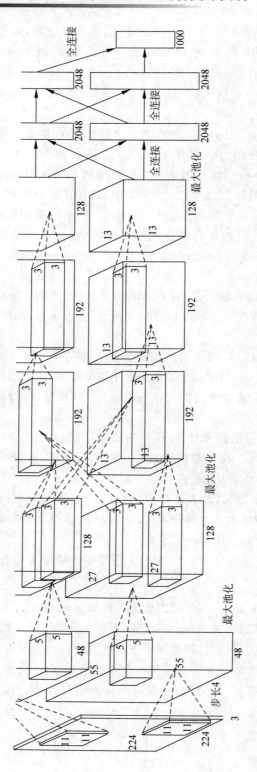

图 12-4　AlexNet 模型结构

从图 12-4 中可见,输入的图像大小为 224×224,且图像是由 RGB 组成的三通道,因此输入图像的尺寸是 224×224×3(在 AlexNet 模型的实际处理过程中会通过预处理,图像的输入尺寸是 227×227×3)。

AlexNet 模型共有 96 个 11×11 的卷积核进行特征提取,考虑到图像为 RGB 图像,共 3 个通道,因此这 96 个过滤器实际使用过程中也是 11×11×3 大小,即原始图像是彩色图像,那么提取的特征也具有彩色的特质。特征图大小的计算方式采用如下公式:

$$特征图大小 = \frac{(图像大小 - 卷积核大小)}{\text{stride}} + 1$$

其中,stride 表示步长,决定了卷积核滑动幅度的大小。图 12-4 中步长为 4,因此第一层在卷积层生成的特征图大小为(227−11)/4+1=55,因此第一层卷积层得到的特征图一共是 96 个,每一个特征图的大小是 55×55,且带 RGB 三通道。

为了加快深度神经网络的训练速度,AlexNet 模型使用 ReLU 函数作为激活函数,使得特征图中特征值取值范围在合理范围。

AlexNet 模型中使用到了局部区域归一化处理的方式。例如内核是 3×3 的矩阵,则该过程是对 3×3 区域的数据进行处理,通过下采样处理可以得到(55−3)/2+1=27,得到 96 个 27×27 的特征图,这 96 个特征图将作为第二次卷积层操作的输入。

第二层卷积层的输入是第一层卷积层输出的 96×27×27 的特征图,采用的是 256 个 5×5 大小的卷积核,利用卷积核对输入的特征图进行处理,处理方式与第一层卷积层的处理方式略有不同。过滤器是对 96 个特征图中的某几个特征图中相应的区域乘以相应的权值,然后加上偏置之后对所得区域进行卷积,第二卷积层计算完毕后,特征图的尺寸是 256 个 13×13((27−3)/2+1=13)。

后续的操作类似,第三层卷积层没有采用下采样操作,得到的是 384 个 13×13 的新特征图,第四层依然没有进行下采样操作,因此得到的依然是 384 个 13×13 的特征图,第五层得到的是 256 个 6×6 的特征图。

对于第六层的全连接层,使用 4096 个神经元,并对第五层输出的 256 个 6×6 的特征图进行全连接;第七层的全连接层与上一层全连接层类似;第八层全连接层采用的是 1000 个神经元,对第七层的 4096 个神经元进行全连接,然后通过高斯滤波器,得到各项预测的可能性。

AlexNet 网络有超过 6000 万的参数,虽然大规模视觉识别挑战赛(ImageNet Large Scale Visual Recognition Challenge,ILSVRC)含有大量的训练数据,但仍然很难完成对如此庞大参数的完全训练,导致严重的过拟合。为了解决过拟合问题,AlexNet 网络巧妙地使用图像增强和 dropout 两种方法处理。2012 年,参加 ImageNet 竞赛的 AlexNet 的网络结构参数如表 12-1 所示,其以 8 层的神经网络以 top1 分类误差 16.4% 的成绩摘得 ILSVRC 的桂冠。2013 年,ZFNet 在 AlexNet 的基础上做了超参调整,使 top1 的误差率降低到 11.7%,并成为新冠军。ZFNet 将 AlexNet 第一个卷积层的核改为 7×7,步长为 2;第三、四、五层的卷积核个数分别改为 512、1024 和 512。2014 年,Simonyan 和 Zisserman 设计了层次更深且核更小的 VGGNet。

表 12-1　AlexNet 网络结构参数

序号	输　　入	操作层	核	核数量	步长	扩展
1	$[227 \times 227 \times 3]$	Conv1	$11 \times 11 \times 3$	96	4	0
2	$[55 \times 55 \times 96]$	M pool1	3×3		2	0
3	$[27 \times 27 \times 96]$	Norm1				
4	$[27 \times 27 \times 96]$	Conv2	$5 \times 5 \times 96$	256	1	2
5	$[13 \times 13 \times 256]$	M pool2				0
6	$[13 \times 13 \times 256]$	Norm2				
7	$[13 \times 13 \times 256]$	Conv3	$3 \times 3 \times 256$	384	1	1
8	$[13 \times 13 \times 384]$	Conv4	$3 \times 3 \times 384$	384	1	1
9	$[13 \times 13 \times 384]$	Conv5	$3 \times 3 \times 384$	256	1	1
10	$[13 \times 13 \times 256]$	M pool3	3×3		2	0
11	$[6 \times 6 \times 256]$	FC6				
12	4096	FC7				
13	4096	FC8				

3. VGGNet 网络

　　VGGNet 网络包含两种结构，分别为 16 层的 VGG16Net 和 19 层的 VGG19Net，所有的卷积层的核都只有 3×3 大小，其连续使用 3 组 3×3 核（步长为 1）的原因是它与使用一个 7×7 核产生的效果相同，然而更深的网络结构能够学习到更复杂的非线性关系，使得模型的效果更好，同时减少了参数量。图 12-5 和表 12-2 描述了 VGG16Net 的网络结构及其参数。

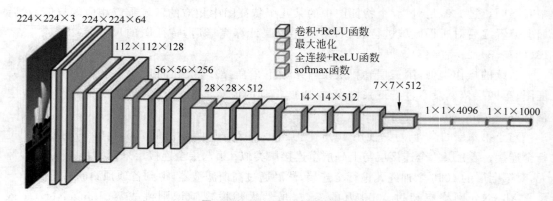

图 12-5　VGG16Net 网络结构

表 12-2　VGG16Net 的网络结构参数

序号	输入尺寸	操作层	序号	输入尺寸	操　　作
1	$[224 \times 224 \times 3]$	input	7	$[56 \times 56 \times 128]$	Pool2
2	$[224 \times 224 \times 64]$	Conv3-64	8	$[56 \times 56 \times 256]$	Conv3-256
3	$[224 \times 224 \times 64]$	Conv3-64	9	$[56 \times 56 \times 256]$	Conv3-256
4	$[112 \times 112 \times 64]$	Pool2	10	$[56 \times 56 \times 256]$	Conv3-256
5	$[112 \times 112 \times 128]$	Conv3-128	11	$[28 \times 28 \times 256]$	Pool2
6	$[112 \times 112 \times 128]$	Conv3-128	12	$[28 \times 28 \times 512]$	Conv3-512

续表

序号	输入尺寸	操作层	序号	输入尺寸	操 作
13	[28×28×512]	Conv3-512	18	[14×14×512]	Conv3-512
14	[28×28×512]	Conv3-512	19	[7×7×512]	Pool2
15	[14×14×512]	Pool2	20	[1×1×4096]	FC
16	[14×14×512]	Conv3-512	21	[1×1×4096]	FC
17	[14×14×512]	Conv3-512	22	[1×1×1000]	FC

VGG19Net 的网络结构参数如表 12-3 所示。

表 12-3　VGG19Net 的网络结构参数

序号	输入尺寸	操 作	序号	输入尺寸	操 作
1	[224×224×3]	input	13	[28×28×512]	Conv3-512
2	[224×224×64]	Conv3-64	14	[28×28×512]	Conv3-512
3	[224×224×64]	Conv3-64	15	[28×28×512]	Conv3-512
4	[112×112×64]	Pool2	16	[14×14×512]	Pool2
5	[112×112×128]	Conv3-128	17	[14×14×512]	Conv3-512
6	[112×112×128]	Conv3-128	18	[14×14×512]	Conv3-512
7	[56×56×128]	Pool2	19	[14×14×512]	Conv3-512
8	[56×56×256]	Conv3-256	20	[14×14×512]	Conv3-512
9	[56×56×256]	Conv3-256	21	[7×7×512]	Pool2
10	[56×56×256]	Conv3-256	22	[1×1×4096]	FC
11	[28×28×256]	Pool2	23	[1×1×4096]	FC
12	[28×28×512]	Conv3-512	24	[1×1×1000]	FC

4. GoogLeNet 架构

一般情况下,若想要得到更好的预测效果,就要增加网络的复杂度,即从两个方面考虑:网络深度和网络宽度。但其中包含了两个明显的难题:首先,更复杂的网络必然要更多的训练参数,就算是 ILXVRC 这种包含了 1000 类标签的数据集也很容易过拟合;再者,复杂的网络必然带来更加多的计算资源的消耗,而且卷积核的个数设计不合理会导致核中的参数没有被完全利用(多数权重趋近 0),导致资源浪费。

GoogLeNet 引入了 inception 结构解决上述问题,图 12-6 为降维后的 inception 结构,完整的 GoogLeNet 网络结构如图 12-7 所示,由于结构层数过多,本图将分段展示。

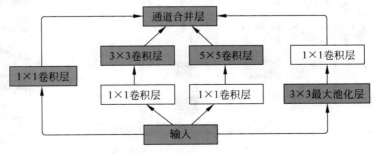

图 12-6　降维后的 inception 结构

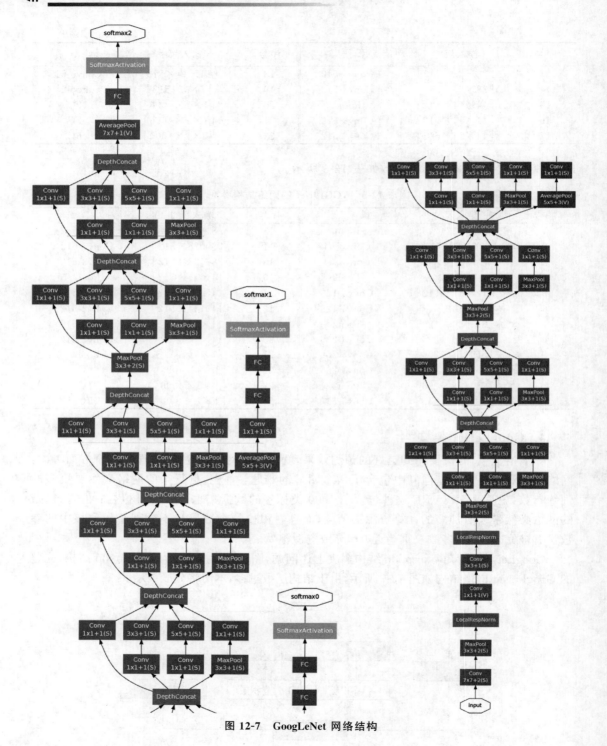

图 12-7　GoogLeNet 网络结构

12.2 卷积神经网络的实现

12.1 节介绍了卷积神经网络的基本结构,本节将结合之前知识点,通过不同的 MATLAB 工具箱(Deep Learning Toolbox-Master 和 MATLAB 2019b 自带 Deep Learning Toolbox)实现卷积神经网络,完成典型手写字符识别分类。

12.2.1 卷积神经网络的实现 1

深度学习工具箱(Deep Learning Toolbox)实现了简单卷积神经网络 LeNet 的构建与训练整个过程。主程序为 test_example_CNN.m,其构建的网络结构包括输入层、卷积层 1、池化层 1、卷积层 2、池化层 2、输出层等。主程序子函数调用结构如图 12-8 所示。

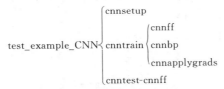

图 12-8 主程序函数调用结构

主程序如下:

```
function test_example_CNN
load mnist_uint8;

% 加载手写数字数据集
train_x = double(reshape(train_x',28,28,60000))/255;
test_x = double(reshape(test_x',28,28,10000))/255;
train_y = double(train_y');
test_y = double(test_y');

% 构建卷积神经网络基本架构
rand('state',0)
cnn.layers = {
    struct('type', 'i')                                   % 输入层
    struct('type', 'c', 'outputmaps', 6, 'kernelsize', 5)  % 卷积层
    struct('type', 's', 'scale', 2)                        % 池化层(下采样层)
    struct('type', 'c', 'outputmaps', 12, 'kernelsize', 5) % 卷积层
    struct('type', 's', 'scale', 2)                        % 池化层(下采样层)
    };
cnn = cnnsetup(cnn, train_x, train_y);
```

```
% 设置训练过程参数
opts.alpha = 1;
opts.batchsize = 100;                          % 批大小
opts.numepochs = 50;                           % 迭代次数
% 训练卷积神经网络
cnn = cnntrain(cnn, train_x, train_y, opts);
% 测试卷积神经网络性能
[er, bad] = cnntest(cnn, test_x, test_y);

% 可视化均方误差
figure; plot(cnn.rL);
```

由实现结果可知,该卷积网络的测试数据集错误率为 0.0170,各个迭代周期训练中最小批序列的均方误差曲线如图 12-9 所示。

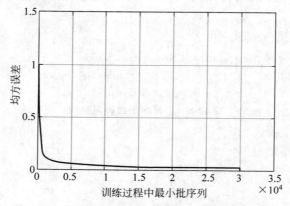

图 12-9 所有迭代训练过程中各最小批序列的均方误差曲线

12.2.2　卷积神经网络的实现 2

MATLAB 2019b 包含了卷积神经网络的库函数以及小容量的阿拉伯数字数据集。本节通过示例演示如何通过调用内部库函数实现卷积网络的训练以及预测功能。

1. 加载和浏览图像数据

将加载数字样本数据存储为图像数据,作为卷积神经网络的二维输入,示例图像如图 12-10 所示。根据文件夹名称自动标记图像,并将数据存储为 ImageDatastore 对象。通过采用图像数据存储方式可以存储大图像数据,包括无法放入内存的数据,并在卷积神经网络的训练过程中高效分批读取图像。代码如下:

```
digitDatasetPath = fullfile(matlabroot,'toolbox','nnet','nndemos', ...
    'nndatasets','DigitDataset');             % 数据集所在路径
imds = imageDatastore(digitDatasetPath, ...
    'IncludeSubfolders',true,'LabelSource','foldernames');
```

```
% 显示数据存储中的部分图像.
figure;
perm = randperm(10000,100);
for i = 1:100
    subplot(10,10,i);
    imshow(imds.Files{perm(i)});
end
```

图 12-10 随机显示数据图像

2. 计算每个类别中的图像数量

计算每个类别中的图像数量,代码如下:

```
labelCount = countEachLabel(imds)
```

命令行窗口显示信息:

```
labelCount = 10 × 2 table
    Label Count

    _____  _____

      0    1000
      1    1000
      2    1000
      3    1000
      4    1000
      5    1000
```

6	1000
7	1000
8	1000
9	1000

其中,labelCount 是一个表(table),表中列出了数字标签以及各标签包含的图像数量。数字标签 0~9 共 10000 个图像,每个数字标签都包含 1000 个图像。

可在网络的输入层中指定图像的大小。检查数据集中图像的大小,每个图像的大小均为 28×28×1 像素。代码如下:

```
img = readimage(imds,1);
size(img)
```

3. 指定训练集和验证集

将数据划分为训练数据集和验证数据集,可设置训练集中的每个类别包含 750 个图像,验证集包含对应的其余 250 个图像,新数据对象为 imdsTrain 与 imdsValidation。
代码如下:

```
numTrainFiles = 750;
[imdsTrain,imdsValidation] = splitEachLabel(imds,numTrainFiles,'randomize');
```

4. 定义网络架构

定义卷积神经网络架构,代码如下:

```
% imageInputLayer(图像输入层)函数指定图像大小
layers = [
    imageInputLayer([28 28 1])

% 卷积层,参数 3 指卷积核的大小.参数 8 为卷积核数量,决定了
% 特征图的数量,参数 Padding 指对输入特征图进行填充,默认步长为 1,
% 采用 same 方式填充,确保空间输出大小与输入大小相同
    convolution2dLayer(8,3,'Padding','same')
% 批量归一化层对网络中的激活值和梯度传播进行归一化,使网络训练成为更简单的优
% 化问题.在卷积层和非线性部分(例如 ReLU 层)之间使用批量归一化层加速网络训练
% 并降低对网络初始化的敏感度
    batchNormalizationLayer
% 创建修正线性单元
    reluLayer
% 池化(下采样)操作,以减小特征图的空间大小并删除冗余空间信息。通过池化可以增加
% 更深卷积层中的过滤器数量,而不会增加每层所需的计算量。本例设置为最大池化,步
% 长为 2
    maxPooling2dLayer(2,'Stride',2)

    convolution2dLayer(3,16,'Padding','same')
```

```
    batchNormalizationLayer
    reluLayer

    maxPooling2dLayer(2,'Stride',2)

    convolution2dLayer(3,32,'Padding','same')
    batchNormalizationLayer
    reluLayer
```

% 创建全连接层,该层将前面各层学习的特征组合在一起,识别概率较大的模式,此例中输出
% 大小为 10,对应于 10 个类

```
    fullyConnectedLayer(10)
```

% softmax 激活函数对全连接层的输出进行归一化,由总和为 1 的多个正数组成,可
% 作为分类层的分类概率

```
    softmaxLayer
```

% 分类层根据 softmax 激活函数对每个输入返回的概率,将输入分配到其中一个互斥
% 类并计算损失

```
    classificationLayer];
```

5. 指定训练选项

定义网络结构后,指定训练选项。使用具有动量的随机梯度下降(SGDM)训练网络,初始学习率为 0.01。将最大训练迭代次数设置为 10。一轮训练是对整个训练数据集的一个完整训练周期。默认情况下,如果有 GPU 可用,训练即可使用 GPU;否则,使用 CPU 进行训练。代码如下:

```
options = trainingOptions('sgdm', ...
    'InitialLearnRate',0.01, ...
    'MaxEpochs',10, ...
    'Shuffle','every - epoch', ...
    'ValidationData',imdsValidation, ...
    'ValidationFrequency',50, ...
'ExecutionEnvironment','auto',...
    'Verbose',false, ...
    'Plots','training - progress');
```

6. 应用训练数据训练网络

训练进度图显示了小批量损失和准确度以及验证损失和准确度。有关训练进度图的详细信息,请参阅监控深度学习训练进度。损失是交叉熵损失。准确度是网络分类正确的图像的百分比。

使用 layers 定义的架构、训练数据和训练选项训练网络。代码如下:

```
net = trainNetwork(imdsTrain,layers,options);
```

在图 12-11 中,两条曲线分别描述了各个迭代周期内测试数据分类精度(Accuracy)和损失(Loss),可知达到了满意的程度。图中右侧信息包括测试结果(Results)、训练时间

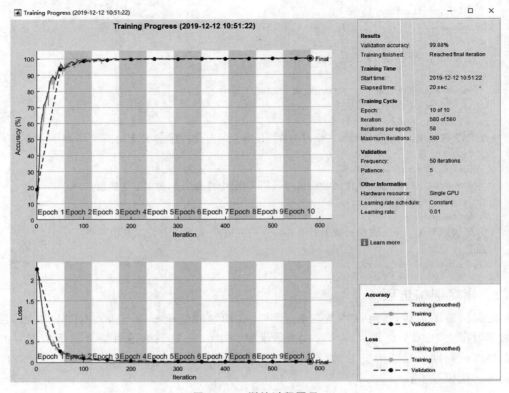

图 12-11　训练过程图示

（Training Times）等参数，其中 Other Information 栏中 Hardware resource 为 Single GPU（单 GPU）表明实验运行设备的配置，与实际相一致，即 Nvidia GeForce RTX 2070（指英伟达 GPV 品牌型号，8GB/微星）。

7. 对测试数据进行分类并计算准确度

采用训练后的网络预测测试数据的标签，并计算最终验证准确度。代码如下：

```
YPred = classify(net,imdsValidation);              % 测试数据集图像标签
YValidation = imdsValidation.Labels;               % 测试数据集图像的真实标签

accuracy = sum(YPred == YValidation)/numel(YValidation) % 计算测试精度
```

命令窗口显示结果：

```
accuracy = 0.9912.
```

12.2.3　MATLAB 2019b 深度学习工具箱

MATLAB 2019b 深度学习工具箱（Deep Learning Toolbox）致力于为用户提供一个用

于通过算法、预训练模型和应用程序设计和实现深度神经网络的框架。研究人员可以使用卷积神经网络(CNN)和长短期记忆(LSTM)网络对图像、时序和文本数据执行分类和回归。应用程序和绘图可帮助用户可视化地编辑激活值、编辑网络架构和监控训练进度。对于小型训练集,可以使用预训练深度网络模型(包括 SqueezeNet、Inception-v3、ResNet-101、GoogLeNet 和 VGG-19)以及从 TensorFlow^{TM}-Keras 和 Caffe 导入的模型执行迁移学习。重要的预训练网络的结构与参数如表 12-4 所示。

表 12-4 预训练网络的结构与参数

网络名称	深度(层数)	模型大小/MB	参数个数(百万)	图像输入
alexnet	8	227	61.0	227×227
vgg16	16	515	138	224×224
vgg19	19	535	144	224×224
squeezenet	18	4.6	1.24	227×227
googlenet	22	27	7.0	224×224
inceptionv3	48	89	23.9	299×299
densenet201	201	77	20.0	224×224
mobilenetv2	53	13	3.5	224×224
resnet18	18	44	11.7	224×224
resnet50	50	96	25.6	224×224
resnet101	101	167	44.6	224×224
xception	71	85	22.9	299×299
inceptionresnetv2	164	209	55.9	299×299
shufflenet	50	6.3	1.4	299×299
nasnetmobile	—	20	5.3	224×224
nasnetlarge	—	360	88.9	331×331

如果要加速对大型数据集的训练,可以将计算和数据分布到桌面计算机上的多核处理器和 GPU 中(使用 Parallel Computing Toolbox^{TM})或者扩展到群集和云,包括 Amazon EC2$^{®}$ P2、P3 和 G3 GPU 实例(使用 MATLAB$^{®}$ Parallel Server^{TM})。

工具箱的函数包括 5 大类,分别为预训练网络(见表 12-4)、训练网络函数、网络层函数、有向无环图网络函数、预测函数等。函数列表如表 12-5～表 12-8 所示。

表 12-5 训练网络函数

函数名	函数描述
trainingOptions	深度神经网络参数项
trainNetwork	训练深度神经网络
analyzeNetwork	分析深度神经网络

表 12-6 网络层函数

函数名	函数描述
imageInputLayer	图像输入层
image3dInputLayer	3-D 图像输入层
convolution2dLayer	2-D 卷积层

续表

函数名	函数描述
convolution3dLayer	3-D 卷积层
groupedConvolution2dLayer	2-D 组合卷积层
transposedConv2dLayer	调换 2-D 卷积层
transposedConv3dLayer	调换 3-D 卷积层
fullyConnectedLayer	全连接层
reluLayer	修正线性单元(ReLU)层
eluLayer	指数线性单元(ELU) 层
tanhLayer	双曲正切(tanh) 层
batchNormalizationLayer	批量归一化层
dropoutLayer	舍弃(Dropout)层
averagePooling2dLayer	平均池化层
maxPooling2dLayer	最大池化层
maxUnpooling2dLayer	最大反池化层
additionLayer	附加层
concatenationLayer	级联层
softmaxLayer	softmax 层
classificationLayer	分类输出层
regressionLayer	创建回归输出层

表 12-7　有向无环图网络函数

函数名	函数描述
layerGraph	深度学习网络层图
plot	绘制神经网络层图层
addLayers	增加图层
removeLayers	移除图层
replaceLayer	替换图层
connectLayers	连接图层
disconnectLayers	切断图层
DAGNetwork	构建有向无环图网络

表 12-8　预测函数

函数名	函数描述
classify	使用训练后的深度神经网络对数据分类
activations	计算网络层激活值
predict	使用训练后的深度神经网络预测响应
confusionchart	对分类问题建立混淆矩阵表(Create Confusion Matrix Chart for Classification Problem)
ConfusionMatrixChart Properties	设置混淆矩阵表外观和性能
sortClasses	对混淆矩阵表中的类别排序

GoogLeNet 已经对超过一百万个图像进行了训练，可以将图像分为 1000 个对象类别（例如水果、水杯、铅笔和多种动物）。该网络已基于大量图像学习了丰富的特征表示。网络以图像作为输入，然后输出图像中对象的标签以及每个对象类别的概率。下面的示例说明如何使用预训练的深度卷积神经网络 GoogLeNet 对图像进行分类。

步骤如下：

（1）加载预训练的 GoogLeNet 网络。可以选择加载不同的预训练网络进行图像分类。此步骤需要 Deep Learning Toolbox™ Model for GoogLeNet Network 支持包。如果没有安装所需的支持包，软件会提供下载链接。例如未安装 shufflenet 网络时，在命令行窗口输入：

```
net = shufflenet;
```
显示错误提示：

错误使用 shufflenet (line 55)

shufflenet 需要 Deep Learning Toolbox Model for ShuffleNet Network 支持包。要安装此支持包，请使用附加功能资源管理器。

单击附加功能资源管理器，打开"附加功能资源管理器"页面，如图 12-12 所示。

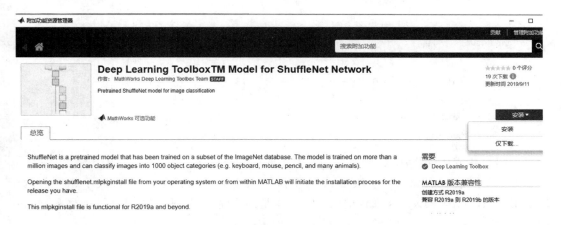

图 12-12　附加功能资源管理器

在图 12-12 右上方单击"安装"按钮，下载并安装预训练网络。在此过程中需要使用用户的 MathWorks 账户登录。安装成功后单击"管理"按钮显示曾经安装和刚安装的工具箱和可选功能（预训练网络），如图 12-13 所示，框选的预训练网络为 GoogLeNet 网络。

正式加载 GoogLeNet 预训练网络。在命令行窗口输入：

```
net = shufflenet
```

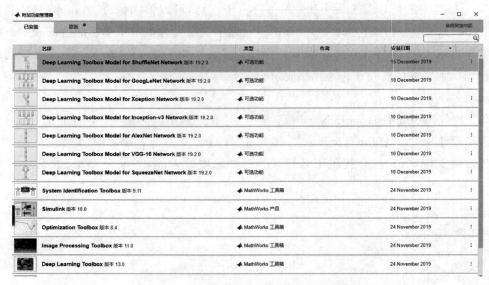

图 12-13   已经安装的工具箱和可选功能包

显示如下网络结构信息：

```
net =

  DAGNetwork - 属性:

          Layers: [144 × 1 nnet.cnn.layer.Layer]
     Connections: [170 × 2 table]
      InputNames: {'data'}
     OutputNames: {'output'}
```

说明加载成功，网络参数存储在 net 这个 DAGNetwork 中。

（2）调整输入图像大小。要分类的图像的大小必须与网络的输入大小相同。对于 GoogLeNet，网络的 Layers 属性的第一个元素是图像输入层。网络输入大小是图像输入层的 InputSize 属性。代码如下：

```
inputSize = net.Layers(1).InputSize

inputSize = 1 × 3

    224   224   3
```

说明输入图像的大小必须为 $224 \times 224 \times 3$，因此对于不符合该尺寸的待分类图像要调整大小。如读取图像：

```
I = imread('peppers.png');
Size(I)

ans = 1×3

   384   512   3
```

使用 imresize 函数将图像大小调整为网络的输入大小。调整大小会略微更改图像的纵横比。代码如下：

```
I = imresize(I,inputSize(1:2));
```

（3）对图像进行分类。使用 classify 函数对图像进行分类并计算类概率。例如网络正确地将图像分类为菜椒。代码如下：

```
[label,scores] = classify(net,I);
Label

label = categorical
      bell pepper
```

显示图像、预测的标签以及具有该标签的图像的预测概率，如图 12-14 所示。代码如下：

```
figure
imshow(I)
title(string(label) + ", " + num2str(100 *
scores(classNames == label),3) + "%");
```

菜椒，95.5%

图 12-14 分类图像和准确率

（4）显示排名靠前的预测值。显示排名前 5 的预测标签，并以直方图形式显示它们的相关概率，如图 12-15 所示。由于网络将图像分类为如此多的对象类别，并且许多类别是相似的，因此在评估网络时通常会考虑准确度排名前 5 的几个类别，网络以高概率将图像分类为菜椒。代码如下：

```
[∼,idx] = sort(scores,'descend');
idx = idx(5:-1:1);
classNamesTop = net.Layers(end).ClassNames(idx);
scoresTop = scores(idx);

figure
barh(scoresTop)
xlim([0 1])
title('Top 5 Predictions')
xlabel('Probability')
yticklabels(classNamesTop)
```

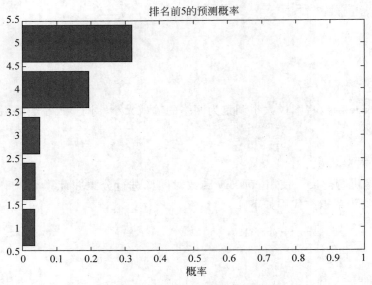

图 12-15 排名 Top5 的预测标签

12.2.4 MATLAB 2019b 深层网络设计器的实现

1. 加载使用预训练的网络

通过 MATLAB 2019 的 APP 菜单栏下拉获得可用 APP 列表,从中可选择用户要实现的具体功能,如图 12-16 所示,选择 Deep Network Designer(深层网络设计器)选项。

图 12-16 选择 Deep Network Designer 选项

双击鼠标左键,打开设计窗口,如图 12-17 所示。

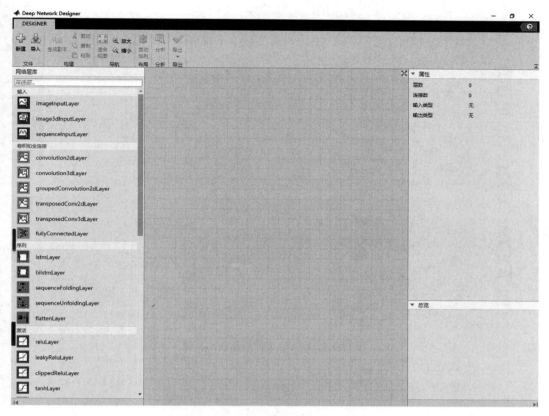

图 12-17　Deep Network Designer 窗口

读者可以导入上例中已加载的预训练网络,在"导入网络"对话框中选择需要的网络,如图 12-18 所示的 net-DAGNetwork(144 个层)。

导入网络后工作区显示网络的结构图,同时可以分析网络,显示网络各层的具体参数,如图 12-19 所示。

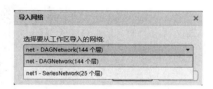

图 12-18　导入网络对话框

2. 定制搭建网络结构

当然,读者也可以自行设计网络,可简单理解为搭积木式设计。步骤如下:

(1) 从图层库拖动模块到设计区进行连接"装配",如图 12-20 所示,搭建简单网络。在设计过程中可以显示或编辑图层的参数,选中某一图层,右侧将显示该图层的详细参数,读者可以根据设计需求编辑各参数,实现特定的网络结构功能。

(2) 网络构建完成后,为了检验网络连接的正确性,单击"分析网络"工具,获得分析结果,包括各网络层的名称、类型、激活与可学习参数,如图 12-21 所示。

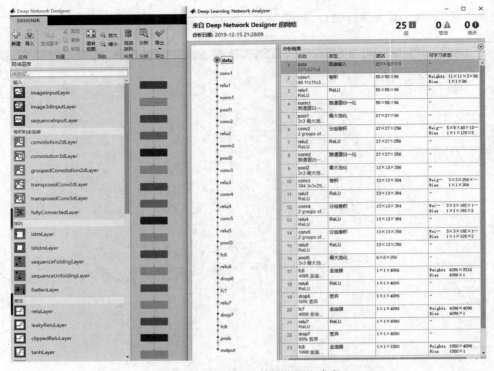

图 12-19　导入网络的结构图和参数

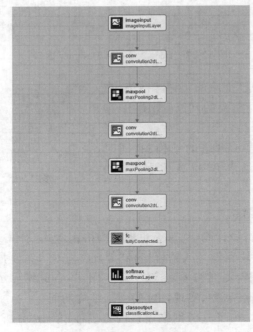

图 12-20　搭建简单网络

图 12-21 搭建网络的分析结果

（3）使用 Designer 的导出功能生成代码，如图 12-22 所示。生成的用于创建网络架构代码存储在 ＊.mlx 文件中，输出 Layer 变量 layers，暂存在工作区中，用于后续的网络训练。

图 12-22 Designer 导出生成代码

Selflenet. mlx 内容如下：

创建深度学习网络架构
脚本用于创建如下深度学习网络：
层数:9
连接数:8
创建层组

```
layers = [
    imageInputLayer([28 28 1],"Name","imageinput")
    convolution2dLayer([3 3],6,"Name","conv_1","Padding","same")
    maxPooling2dLayer([5 5],"Name","maxpool_1","Padding","same")
    convolution2dLayer([3 3],16,"Name","conv_2","Padding","same")
    maxPooling2dLayer([2 2],"Name","maxpool_2","Padding","same") convolution2dLayer([1 1],
120,"Name","conv_3","Padding","same")
    fullyConnectedLayer(84,"Name","fc")
    softmaxLayer("Name","softmax")
    classificationLayer("Name","classoutput")];
```

绘制层，结果如图 12-23 所示，代码如下：

```
plot(layerGraph(layers));
```

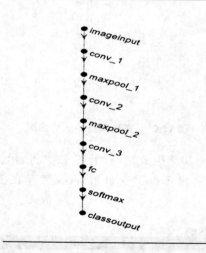

图 12-23　绘制层结果

（4）训练网络。在网络训练之前要对输入图像进行预处理，可对不符合网络输入层要求的数据调节尺度（rescaling）与裁剪（cropping），然后确定训练参数选项。示例如下：

```
options = trainingOptions('sgdm', ...
    'MiniBatchSize',10, ...
    'MaxEpochs',20, ...
    'InitialLearnRate',1e - 4, ...
```

```
'Shuffle','every-epoch', ...
'ValidationData',augimdsValidation, ...
'ValidationFrequency',6, ...
'Verbose',false, ...
'Plots','training-progress');

trainedNet = trainNetwork(images,layers,options)
```

其中,images 为经过预处理的增强图像数据存储单元的输入图像,名称为 images,训练后的
网络结果存储在 trainedNet,后续可以调用该网络进行分类预测。

第 13 章

生成对抗网络(GAN)

前面章节描述的普通神经网络分为"生成模型"和"判别模型"两类。判别模型试图在输入的特征之间建立一个近似关系,以达到对输入进行分类的目的。生成模型则用于模拟训练样本的概率分布,并试图生成与训练样本具有相同概率分布或相似特征的新样本。生成模型可用于图像清晰度提升、破损或遮挡图像的修复、样本数据生成等场景。自编码器从不带标签的数据中学习低维特征表达,通过对原图进行编码-解码的过程构造特征,同时使解码后重构的图尽可能与原图相同。而生成对抗网络通过自我博弈学习得到目标。

13.1 GAN 的起源与发展

近年来深度学习取得的成就和影响力大多集中在判别模型,相比之下,生成模型的进展和突破则相对缓慢。这主要是因为传统的生成模型,如高斯混合模型、隐马尔可夫链模型等需要估计真实样本的概率分布,通过参数拟合出真实样本的概率分布后,再对分布随机采样,进而生成新样本,这其中最大的难点在于如何估计真实样本的概率分布。

13.1.1 GAN 的起源

受二人零和博弈的启发,2014 年,Goodfellow 等在神经信息处理系统大会(Conference and Workshop on Neural Information Processing Systems,NIPS)发表了开创性论文 *Generative Adversative Nets*,其中第一次提出了生成对抗网络,该文章阐明了生成对抗网络背后的基本思想是学习训练样本的概率分布。

生成对抗网络(Generative Adversarial Nets,GAN)通过两个不同网络(生成网络 G 和判别网络 D)相互竞争不断提升各自的性能,G 网络不断捕捉训练集里真实样本的概率分布,然后通过加入随机噪声将其转变成生成样本。D 网络观察真实样本和生成样本,判断生成样本到底是不是真实样本。首先 D 网络观察(机器学习)一些真实样本,当 D 网络对真实样本有了一定的认知之后,G 网络尝试用生成样本来愚弄 D 网络,让 D 网络相信生成样本是真实样本。开始的时候 G 网络能够成功骗过 D 网络,但是随着 D 网络对真实样本了解的加深（即学习的样本数据越来越多），G 网络发现越来越难以愚弄 D 网络，因此 G 网络不断提升自己仿制生成样本的能力。如此往复多次，不仅 D 网络能精通真实样本的鉴别，G 网络对真实样本的伪造技术也大幅提升。

由上所述，生成对抗网络主要解决的问题是如何生成出符合真实样本概率分布的新样本。根据不同的应用场景，生成对抗网络能够获得相应的应用能力，当输入的样本为图像时，生成对抗网络则生成与真实样本具有相似概率分布的图像；当输入的样本为文本时，生成对抗网络则生成与真实样本具有相似概率分布的文本；当输入的样本为语音时，生成对抗网络则生成与真实样本具有相似概率分布的语音。

13.1.2　GAN 的发展

目前，在基础的 GAN 上衍生出了许多变种。Mehdi Mirza 等于 2014 年提出了条件对抗网络（Conditional Generative Adversarial Nets，CGAN），通过在输入中引入样本的标签信息，解决了原始 GAN 无法输出指定类别样本的问题。Alec Radford 等于 2015 年提出的深度卷积对抗网络（Deep Convolutional Generative Adversarial Networks，DCGAN），通过结合深度卷积方法，得到了更稳定的训练过程和更高质量的图像样本。Jun-Yan Zhu 等于 2017 年提出的循环一致性对抗网络（Cycle-Consistent Adversarial Networks，CycleGAN）使用一对 GANs 在两个类别的数据之间相互训练，完成了带风格迁移效果的样本生成任务。Arjovsky 与 Gulrajani 等针对 GANs 存在的训练不稳定、生成样本缺乏多样性等通病，尝试从数学角度分析，提出了改进后的 Wasserstein GAN 模型。

随着 GAN 研究的不断深入，生成的合成图像也越来越真实。除了将合成图像用于主观性评价之外，近年来也逐渐出现了将 GANs 用于生成人工样本扩充数据集的研究。Wang 等对利用 GANs 提升监督学习准确率的想法进行了分析，并得出肯定结论。Shrivastava 等在 MPIIGaze 数据集上，使用 GAN 对已有的人工样本进行再优化，提高了眼球角度预测和手势识别任务的准确率。此外，有很多研究人员对不同 GAN 之间的性能评价进行了深入的研究，Lucic 等对原始 GAN 和众多衍生模型在统一标准下进行了评价，认为原始 GAN 相比于当前多数衍生模型，仍具有优秀的生成能力。

总之，GAN 是深度学习在无监督学习上的新创举。据其特性，可以预见 GANs 可能在以下应用领域发挥作用，如由卫星照片生成地图（地图绘制），由黑白图像生成彩色图像（老旧照片上色），由手绘图片生成真实照片（嫌犯画像绘制），由低分辨率图片生成高分辨率图片（超分辨率重建）。但由于 GANs 诞生的时间不长，其架构等都仍处于研究阶段，若要在实际的应用场景中广泛成熟地运用 GANs 技术仍需较长时间。

13.1.3　GAN 的特点

GAN 具备很多优势，主要特点如下：

（1）能学习真实样本的分布，探索样本的真实结构。

（2）具有强大的预测能力。

（3）样本的脆弱性在很多机器学习模型中都普遍存在，而 GAN 对生成样本的鲁棒性能优秀。

（4）通过 GAN 生成以假乱真的样本，缓解了小样本机器学习的困难。

（5）为指导人工智能系统完成复杂任务提供了一种全新的思路。

（6）与强化学习相比，对抗式学习更接近人类的学习机理。

（7）GAN 与传统神经网络的一个重要区别是传统神经网络需要人工精心设计和建构一个损失函数，而 GAN 可以学习损失函数。

（8）GAN 解决了先验概率难以确定的难题。

13.2   GAN 的结构与原理

13.2.1   GAN 的基本结构

生成对抗网络的基本结构如图 13-1 所示。

1. 网络结构

生成对抗网络是一种无监督学习领域的人工智能算法，通过无监督的方式对真实样本进行学习，模拟其数据分布的情况，以产生相似的样本数据。

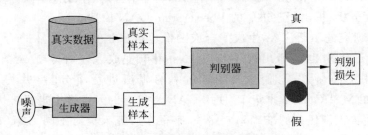

图 13-1   生成对抗网络基本结构

GAN 由生成器（生成模型 G 和判别器判别模型）D 两个子模型组成，生成器的目的是使生成的新样本与真实样本尽可能相似，而判别器的目的则是尽量准确无误地区分真实样本和生成样本。在 GAN 提出之前，生成模型的主要思想是模拟真实样本的概率分布，在获取真实样本概率分布的前提下，通过对其随机采样生成新的样本。鉴于获取真实样本的概率分布难度通常较大，GAN 通过学习一组随机变量到真实样本的映射关系，进而获取一个由多层神经网络组成的模型。GAN 不直接估计真实样本的概率分布，而是通过模型学习的方式生成与真实样本具有相同概率分布的新样本。

简单生成对抗网络的生成模型和判别模型可通过全连接神经网络实现，称为朴素生成对抗网络。对于朴素生成对抗网络，判别模型、生成模型和损失函数是极其重要的组成部分。

1）判别模型

判别模型示例如图 13-2 所示。判别模型是基于简单的神经网络结构，由输入层、隐藏层、输出层组成的 3 层神经网络。该神经网络输入的是真实样本或生成样本，输出的是当前样本为真实样本而非生成样本的概率。

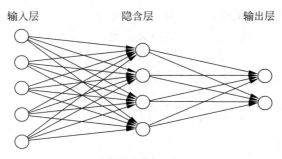

图 13-2 简单神经网络作为判别模型示例

2）生成模型

生成模型与判别模型类似，也是由输入层、隐藏层、输出层组成的 3 层神经网络，不同的是，生成模型输入的是 n 维服从某一已知概率分布的随机数，如服从均匀分布或正态分布的随机噪声；输出为生成样本。

2. 损失函数

判别模型和生成模型都有其各自的损失函数。判别模型的目标是准确地将输入的真实样本标记为真，输入的生成样本标记为假。因此，在判别模型中存在两种损失：将输入的真实样本标记为假以及将输入的生成样本标记为真的损失。其损失函数可定义为

$$\text{loss}D = \text{loss}D(\text{real}) + \text{loss}D(\text{fake}) \tag{13-1}$$

其中，$\text{loss}D(\text{real})$ 表示输入为真实样本时判别模型的损失，$\text{loss}D(\text{fake})$ 表示输入为生成样本时判别模型的损失：

$$\text{loss}D(\text{real}) = -\frac{1}{N_{\text{real}}}\sum_{i=1}^{N_{\text{real}}}\left[y(i)\log D_{\text{al}}(i) + (1-y(i))(1-\log D_{\text{al}}(i))\right] \tag{13-2}$$

$$\text{loss}D(\text{fake}) = -\frac{1}{N_{\text{fake}}}\sum_{i=1}^{N_{\text{fake}}}\left[y(i)\log D_{\text{al}}(i) + (1-y(i))(1-\log D_{\text{al}}(i))\right] \tag{13-3}$$

其中，N_{real} 表示输出输入判别模型的真实样本数量，N_{fake} 表示输入判别模型的生成样本数量，$y(i)$ 表示样本 i 输入判别模型时的期望输出，即

$$y(i) = \begin{cases} 1, & i \text{ 为真实样本} \\ 0, & i \text{ 为生成样本} \end{cases} \tag{13-4}$$

因此，判别模型的损失函数可简化为

$$\text{loss}D = -\frac{1}{N_{\text{real}}}\sum_{1}^{N_{\text{real}}}\log D_{\text{al}}(i) - \frac{1}{N_{\text{fake}}}\sum_{1}^{N_{\text{fake}}}\left[1-\log D_{\text{al}}(i)\right] \tag{13-5}$$

上面内容阐述了判别模型的损失函数,而生成模型的目标是能够生成欺骗判别模型的样本,因此损失函数可以定义为

$$\mathrm{loss}G = -\frac{1}{N_{\mathrm{fake}}} \sum_{i=1}^{N_{\mathrm{fake}}} \big[y(i) \log D_{\mathrm{al}}(i) + (1-y(i))(1-\log D_{\mathrm{al}}(i)) \big] \qquad (13\text{-}6)$$

其中,N_{fake} 为输入判别模型的生成样本数量。$y(i)$ 表示输入为生成样本时,判别模型的期望输出,此时 $y(i)=1$。因此,生成模型的损失函数可简化为

$$\mathrm{loss}G = -\frac{1}{N_{\mathrm{fake}}} \sum_{i=1}^{N_{\mathrm{fake}}} \log D_{\mathrm{al}}(i) \qquad (13\text{-}7)$$

13.2.2 GAN 的训练过程

图 13-3 可视化地展示了 GAN 的训练过程。判别器 D 的目标是将生成图像 $G(z)$ 鉴别为 0,将真实图像 x 鉴别为 1。生成器 G 的目标是尽量骗过判别器 D,尽可能让 $D(G(z))$ 接近 1。理论上,最终判别器 D 和生成器 G 将会达到均衡,即生成器 G 能够生成栩栩如生的图像,判别器 D 无法分辨生成图像 $G(z)$ 和真实图像 x 的区别,$D(G(z))$ 和 $D(x)$ 都等于 0.5。但在实际训练中,判别器 D 会很快学会分辨生成图像 $G(z)$ 和真实图像 x 的区别,虽然偶尔会被生成器 G 欺骗,但又很快找到生成器 G 的漏洞,恢复辨别能力。另一方面,生成器 G 在多次成功和失败后,生成的图像质量会越来越高。GANs 在训练过程中,判别器与生成器交替运行,不断博弈,学习并优化自身。为了防止判别器学习的速度过慢而导致生成器难以学习,一般地,每训练 k 次判别器,再训练 1 次生成器,其中 k 为大于 0 的整数。生成对抗网络的详细训练过程如下:

(1) 固定生成器 G 训练判别器 D。仅采用生成器 G 的前馈过程得到输出,但不执行其反向传播过程。训练开始时,从原始训练集中随机选出一批真实样本 x 输入判别器 D 中,判别器 D 输出判别概率 $D(x)$。判别概率 $D(x)$ 与样本的真实性标签,即 1 比较,得到误差 LossD1;再将随机噪声 z 输入生成器 G 得到伪造样本 $G(z)$,并将 $G(z)$ 输入判别器中,得到判别概率 $D(G(z))$。伪造样本的判别概率 $D(G(z))$ 与其真实性标签,即 0 比较,得到误差 LossD2。最后计算判别器 D 的总误差,将误差反向传播至判别器 D 中各个网络节点,并更新网络中的参数。至此,判别器 D 的一轮训练学习完成。

(2) 固定判别器 D 训练生成器 G。将随机噪声 z 输入生成器 G,得到伪造样本 $G(z)$,再将 $G(z)$ 作为输入送进判别器 D,得到判别器给出的概率数值 $D(G(z))$。与在判别器求误差的过程不同,判别器中伪造样本 $G(z)$ 的真实性标签为 0,即标注为"生成样本"。而在生成器中,其目的就是要训练出生成样本去"欺骗"判别器,使判别器认为生成样本是真实样本,并给出判别概率 $D(G(z))$ 接近 1 的结果。因此在生成器中,通常将输出的真实性标签设置为 1,这样生成器 G 将随机噪声 z 向着与真实样本相似的方向进行拟合。同样,得到伪造样本的真实性判别概率 $D(G(z))$ 与真实性标签 1 的误差 LossG 之后,将误差反向传播至生成器 G 中的各个节点,并更新网络中的参数。至此,生成器 G 的一轮学习完成。

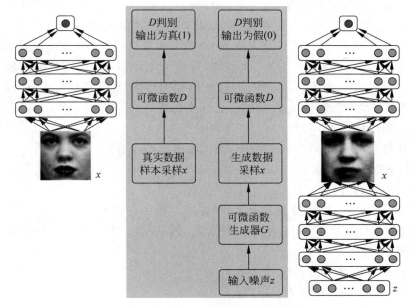

图 13-3　GAN 网络的训练过程

上述过程中，判别概率与真实性标签的误差计算，一般选择交叉熵代价函数（Cross-entropy Cost Function）。神经网络中交叉熵代价函数的一般定义为

$$C = -\frac{1}{n}\sum_n \left[y\ln a + (1-y)\ln(1-a) \right] \tag{13-8}$$

其中，n 表示所有样本的数量，y 表示 x 的期望输出，a 表示样本的实际输出。当期望输出 y 与实际输出 a 越接近，代价函数越接近 0。

在生成对抗网络中，整体的价值函数 $V(G,D)$ 定义为

$$(\min G, \max D)V(G,D) = E(x - P\mathrm{data}(x)[\log D(x)] + E(z - pz(z)[\log(1-D(G(z)))] \tag{13-9}$$

其中，G、D 分别代表生成器与判别器。$x - P\mathrm{data}(x)$ 表示 x 采样于真实样本分布 $P\mathrm{data}(x)$，$E(\,\cdot\,)$ 表示计算期望值。$z - pz(z)$ 表示 z 采样于某一噪声分布，如标准正态分布 $pz(z) = N(0,1)$。该价值函数 $V(G,D)$ 与神经网络中的交叉熵代价函数 C 形式上是一样的。之所以不称之为代价函数而改称为价值函数，原因在于：生成器 G 和判别器 D 对函数的优化目标是不同的。

对于判别器 D，$D(x)$ 是将真实样本判定为真实样本的概率，因此要最大化 $\log D(x)$ 这一项；而 $D(G(z))$ 则是将生成样本判定为真实样本的概率，显然需要最小化 $D(G(z))$，也就是最大化 $\log(1-D(G(z)))$ 这一项。因此判别器 D 需要最大化整体价值函数 $V(G,D)$，即对应等式左边的 $\max D$ 项。

对于生成器 G，生成的伪造样本 $G(z)$ 应该让判别器尽可能地判定成真实样本，也即最

大化 $D(G(z))$，因此需要最小化 $\log(1-D(G(z)))$。而等式右边第一项与生成器 G 无关，因此，生成器需要最小化整体价值函数 $V(G,D)$，即对应等式左边的 $\min G$ 项。

Goodfellow 等已证明，对于价值函数 $V(G,D)$，如果有足够的样本，并且判别器 D 可以在每次对于生成器 G 的博弈训练中达到最优，那么最终 $V(G,D)$ 将达到全局最优解。此时可以获得一个最优的生成器 G^*，使得此时的判别器 D^* 对于真实样本 x 和样本 $G(z)$ 的判别概率都为 0.5。这意味着生成器 G 的生成样本已经可以"以假乱真"，判别器 D^* 已无法区分真实样本和生成样本。

根据上述过程及分析，GAN 的整体训练过程可概括如下。

（1）随机选取真实图像 x。

（2）将 x 输入 D，得到 $D(x)$。

（3）希望 $D(x)=1$，获得反向梯度，保存备用。

（4）由随机采样生成 z，如 z 为 100 维的 $\{Z_1,Z_2,\cdots,Z_{100}\}$，其中，$Z_i$ 是标准差为 1 的正态分布的随机数。

（5）将 z 输入 G，生成 $G(z)$。

（6）将 $G(z)$ 输入 D，得到 $D(G(z))$。

（7）希望 $D(G(z))=0$，获得反向梯度，与之前 D 的梯度相加，训练 D。

（8）将 $G(z)$ 再次输入 D，得到新的 $D(G(z))$。

（9）希望 $D(G(z))=1$，获得对于输入的梯度，反向传入 G，训练 G。

（10）重复上述过程直到满足停止条件。

13.2.3　GAN 的改进模型

GAN 虽然具备很多优势，但却存在致命的弱点，即网络难以收敛。针对这一问题，出现了种类繁多的 GAN 变形模型。

1. DCGAN（Deep Convolution GAN，深度卷积 GAN）模型

卷积神经网络与普通的神经网络结构类似，不同之处在于卷积神经网络的隐含层包含卷积层和池化层作为特征提取器。卷积神经网络的卷积层输入与卷积核相连接，卷积层通常包含许多个特征平面，每个特征平面皆为矩形排列的神经元，同一特征平面的所有节点共享权重，被共享的权重为卷积核。卷积核的初始化为随机的很小的数值，网络在训练过程中逐步更新卷积核的值，使其趋向合理的范围。每一个特征平面共享权重，可减少网络各层之间的参数，同时降低过拟合的风险。池化也称为子采样，常用的有均值池化（Mean Pooling）和最大值池化（Max Pooling）两种形式。池化可看作一种特殊的卷积过程，以最大池化为例，卷积核内的 1，对应池化节点的最大值，其他为 0。卷积和池化极大地减少了神经网络的参数，降低了模型的复杂度。在图像应用领域，理论和实践都已经证明：深度卷积神经网络是目前处理图像的最有效手段，广泛应用于图像分类、图像理解等。另一方面，生成对抗网络中的判别模型可以理解为一个二元分类器。

鉴于上述两点，DCGAN 将深度卷积神经网络引入判别模型。判别模型将输入的图像信息经过深度卷积神经网络后，提取图像特征，逐层减小图像尺寸，进而输出原始图像信息的抽象表达，最后达到图像分类的目的。DCGAN 中生成模型的处理流程可近似看作判别模型的逆向过程，其目标是生成图像，将一组特征值逐层恢复成图像。生成模型将输入的一维随机变量，经过深度反卷积神经网络（可理解为深度卷积神经网络的逆向过程），通过上采样，逐层放大原始信息的特征，最终排列成新的图像，生成新的样本。

DCGAN 模型将 CNN 和 GAN 结合到一起，GAN 模型在结构上需做出以下改变：

（1）将池化层用卷积层替代，判别器用步幅卷积（Strided Convolutions）替代，生成器用反卷积（Fractional-strided Convolutions）替代。

（2）判别器 D 和生成器 G 都使用批归一化（Batch Norm，BN）策略解决初始化问题，防止生成器 G 把所有样本都视为同一类样本。

（3）直接将 BN 应用到所有层会导致样本震荡和模型的不稳定，在生成器 G 输出层和判别器 D 输入层不采用 BN（指批归一化）可以防止这一问题。

（4）移除全连接的全局池化层增加模型的稳定性，但会影响收敛速度。

（5）生成器 G 中除了输出层外的所有层都使用了 ReLU 函数，输出层采用 tanh 函数，判别器 D 的所有层使用 LeakyReLU 函数。DCGAN 的生成器结构如图 13-4 所示，其中，x 表示输入，h 表示隐含层。

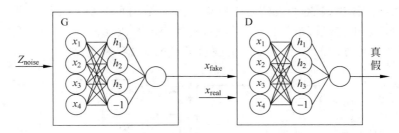

图 13-4　DCGAN 的生成器结构

2. CGAN 模型

CGAN（Conditional Generative Adversarial Nets，条件生成对抗网络）模型对生成器 G 和判别器 D 都增加了额外信息 C_{class} 作为条件，用于指导样本的生成。如果条件变量 C_{class} 是类别标签，那么 CGAN 是把无监督的 GAN 变成了有监督的 GAN。CGAN 的模型结构如图 13-5 所示。

3. EBGAN 模型

从能量模型的角度对 GAN 进行扩展，衍生了 EBGAN 模型。该模型把判别器 D 看作一个能量函数，这个能量函数在真实样本域附近区域中的能量值较小，而在非真实样本区域拥有较高的能量值。因此，EBGAN 中给予 GAN 一种能量模型的解释，即生成器 G 是以生成能量最小的样本为目的，而判别器 D 则以对这些生成的样本赋予较高的能量为目的。EBGAN 模型的优点是可以用更多、更宽泛的结构和损失函数来训练 GAN 结构。EBGAN

模型结构如图 13-6 所示。在模型的稳定性方面，EBGAN 优于 GAN，能生成更加清晰、逼真的图像。

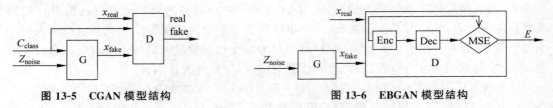

图 13-5　CGAN 模型结构　　　　　　　图 13-6　EBGAN 模型结构

4. CycleGAN 模型

循环一致性对抗网络(CycleGAN)模型由 Zhu 等在 2017 年基于 GANs 提出。设计初衷是为解决图像风格迁移问题。图像风格迁移问题是指，对于给定的某类图像 X，试图在尽量保持图像原本内容含义的情况下，加入 Y 类图像风格。例如，人们希望给自己拍的风景照加上梵高的油画风格。针对图像风格迁移问题，传统的解决方法是，使用大量的 Y 类图像建立数学分布模型，再通过改变图像 X 使其数学分布更接近 Y 类图像模型。这种传统方法的缺点是，针对不同的风格 Y 类图像，需要重新编写程序进行分析与建模。这对于大规模的实际应用是非常不利的。而 Cycle GAN 由于其巧妙的设计思想，相对于原始 GANs 获得了更强大的图像生成能力，并通过设置输入的参考空间和目标空间，完成图像风格迁移的任务。同时得益于神经网络的自学习特性，使其不需要改动模型结构就可以学习到不同的风格，克服了传统方法的缺点。图 13-7 展示了 CycleGAN 模型结构。

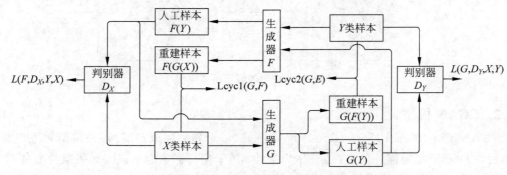

图 13-7　CycleGAN 模型结构

网络中有两对 GANs：生成器 G 与判别器 D_Y，生成器 F 与判别器 D_X。CycleGAN 里，整个网络的损失函数设计如下：

（1）X 类样本通过生成器 G，得到人工样本 $G(X)$。$G(X)$ 和 Y 类样本通过判别器 D_Y，得到第一个 GANs 的损失函数 $L(G,D_Y,X,Y)$。

（2）人工样本 $G(X)$ 通过生成器 F，得到重建样本 $F[G(X)]$。$F[G(x)]$ 与 X 进行相似性评估，得到一部分循环一致性损失函数 $L(G,F)$。

(3) Y 类样本通过生成器 F,得到人工样本 $F(Y)$。$F(Y)$ 和 X 类样本通过判别器 D_X,得到第二个 GANs 的损失函数 $L(F,D_X,Y,X)$。

(4) 人工样本 $F(Y)$ 通过生成器 G,得到重建样本 $G[F(Y)]$。$G[F(Y)]$ 与 Y 进行相似性估计,得到一部分损失函数 $L(G,F)$。

(5) 对于整个 CycleGAN,总体的优化目标就是以上损失函数的加权和,即

$$L(G,F,D_X,D_Y)=L(G,D_Y,X,Y)+L(F,D_X,Y,X)+\lambda(G,F) \tag{13-10}$$

其中,λ 为大于 0 的实数。λ 越大,则意味着对样本重建相似性的重视程度越高。

对于 CycleGAN 中 GANs 损失函数的定义,Zhu 等与原始 GANs 中的定义保持了一致,即

$$L(G,D_Y,X,Y)=E_Y-P\mathrm{data}[\log D_Y(Y)]+E_X-P\mathrm{data}[\log(1-D_Y(X))]$$

而公式(13-10)中真实样本与重建样本损失函数的定义,则使用了 $L1$ 距离。两个向量的 $L1$ 距离指向量中所有对应分量之间差的绝对值之和。在这里,真实样本与重建样本的 $L1$ 距离,就是所有对应位置像素之间差的绝对值之和,即

$$L(G,N)=L1(G,F)+L2(G,F) \tag{13-11}$$

13.2.4 GAN 的应用

1. 超分辨率图像的生成

实现超分辨率图像的生成可概括为以下几部分。

(1) 用生成图像的整体方差作为图像空间的损失约束项,以保证图像的平滑性。

(2) 将生成样本和真实样本分别输入 VGG-19 网络,然后根据得到的特征图的差异来定义损失项。其与 GAN 的主要区别在于加入了规则化的特征图差异损失,而不是直接累加求和。

$$l_{\mathrm{VGG}/ij}^{\mathrm{SR}}=\frac{1}{W_{ij}H_{ij}}\sum_{x=1}^{W_{ij}}\sum_{y=1}^{H_{ij}}(\phi_{ij}(I^{HR})_{xy}-\phi_{ij}(I^{LR})_{xy})^2 \tag{13-12}$$

其中,ϕ_{ij} 表示在 VGG-19 网络中第 i 个池化层前面的第 j 个卷积层,W_{ij} 和 H_{ij} 为特征图的宽和高。

(3) 将对抗损失、图像平滑项、特征差异 3 个损失项作为 SRGAN 模型的损失函数,能够生成比其他方法效果更好的超分辨图像。

2. 视频帧预测

GAN 可以同时生成和预测下一视频帧。为了生成视频帧,该模型的生成器 G 将动态前景部分和静态背景部分分开建模和生成,构建双向生成器,然后将生成的前景和背景进行组合后作为生成器 G 生成的视频;判别器 D 的主要任务是识别出视频帧间的行为,从而指导生成器 G 生成视频。

生成器 G 和判别器 D 互相竞争,生成了越来越真实的视频。当让人从两种视频中挑选真实的视频时,人挑选了机器合成而非真实视频的比例有 20%。

3. 艺术风格的迁移

若一个卷积网络足够深,则其可以在高层表示图像的高级抽象特征,如果把这些高级抽象特征应用到另外一个图上,那么另外一个图也可以继承到这些高级特征,可以用格拉姆(gram)矩阵来描述艺术特征的转化。艺术风格迁移的最初形式计算的是原图和艺术图的每个像素的损失函数,格拉姆矩阵很大,需要通过一个逻辑回归更新每一层的参数,耗时较长,一般一幅图的转换需要几十秒。

13.3　GAN 的 MATLAB 实现

在理解并掌握了 GAN 基本原理的基础下,本小节以实例方式向读者阐述 GAN 的实现过程。

13.3.1　GAN 的 MATLAB 实现 1

本节用来实现简单的生成对抗网络,网络层包含了卷积层、反卷积层、扩张卷积层、下采样层与全连接层等。代码的结构文件列表如图 13-8 所示。

文件夹 activation 支持目前有效的常用激活函数,如图 13-9 所示,包括 tanh、sigmoid、relu、leaky_relu 函数等。

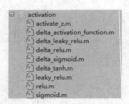

图 13-8　代码结构文件列表　　　　　　图 13-9　激活函数

文件夹 erro_term 包含计算残差的函数,gradient 文件夹包含梯度计算函数,layer 文件夹包括各种卷积、重塑和全连接操作函数,util 提供了基本操作的函数。实现简单的生成对抗网络的代码如下:

```
% example_1 搭建简单的生成对抗网络结构,生成手写数字图片
clear;
clc;
% ──────────────── - load mnist data
load('mnist_uint8', 'train_x');              % 加载手写数字数据集
train_x = double(reshape(train_x, 60000, 28, 28))/255;
% train_x:[height, width, channel, images_index]
train_x = permute(train_x,[3,2,4,1]);        % 重塑后的数据格式为四维数组,28×28×1×60000
batch_size = 64; % 批处理尺寸
```

```
% ——————————————— — model
% 生成器的网络结构和参数设置
generator.layers = {
  struct('type', 'input', 'output_shape', [100, batch_size])            % 输入层
  struct('type', 'fully_connect', 'output_shape', [7 * 7 * 32, batch_size], 'activation', 'leaky
_relu')                                                                 % 全连接层
  struct('type', 'reshape', 'output_shape', [7,7,32, batch_size])
  struct('type', 'conv2d_transpose', 'output_shape', [14, 14, 16, batch_size], 'kernel_size',
5, 'stride', 2, 'padding', 'same', 'activation', 'leaky_relu')          % 反卷积层
  struct('type', 'conv2d_transpose', 'output_shape', [28, 28, 1, batch_size], 'kernel_size', 5,
'stride', 2, 'padding', 'same', 'activation', 'sigmoid')
};

% 判别器的网络结构和参数设置
discriminator.layers = {
  struct('type', 'input', 'output_shape', [28, 28, 1, batch_size])
  struct('type', 'conv2d', 'output_maps', 16, 'kernel_size', 5, 'padding', 'same', 'activation',
'leaky_relu')                                                          % 卷积层
  struct('type', 'sub_sampling', 'scale', 2)                           % 池化层（下采样层）
  struct('type', 'conv2d', 'output_maps', 32, 'kernel_size', 5, 'padding', 'same', 'activation',
'leaky_relu')
  struct('type', 'sub_sampling', 'scale', 2)
  struct('type', 'reshape', 'output_shape', [7 * 7 * 32, batch_size])
  struct('type', 'fully_connect', 'output_shape', [1, batch_size], 'activation', 'sigmoid')
};
args = struct('batch_size', batch_size, 'epoch', 10, 'learning_rate', 0.001, 'optimizer', 'adam');
                                                                       % 设置训练过程参数
[generator, discriminator] = gan_train(generator, discriminator, train_x, args);
```

在生成器和判别器的结构设置中涉及的参数如下。

（1）type：网络层的类型。

（2）output_shape：网络层的输出大小。

（3）activation：指定的激活函数，如 sigmoid、relu、tanh、leaky_relu 等。

（4）output_maps：输出的特征图个数。

（5）kernel_size：卷积核大小。

（6）stride：步长，conv2d 层只支持步长为 1 的卷积操作。

（7）padding：卷积操作指定的填充（padding）模式，支持 same（相同尺寸）或者 valid（不填充）模式。

（8）rate：扩张卷积的扩张率。

（9）scale：下采样层的缩小比率。

生成对抗网络的训练函数，代码如下：

```
[generator, discriminator] = gan_train(g_structure, d_structure, train_images, args)
    % ———————————
    setup_environment();
```

```matlab
    % ————————————初始设置
    options.epoch = 1;
    options.batch_size = 10;
    options.learning_rate = 0.001;
    options.optimizer = 'sgd';
    options.results_folder = './results';
% ————————
    options = argparse(options, args);                    % 更新训练过程参数

    images_count = size(train_images, 4);
    batch_num = ceil(images_count / options.batch_size);  % 批处理数量
    switch options.optimizer                              % 选择优化方式
        case 'sgd'
            nn_applygrads = @nn_applygrads_sgd;
        case 'adam'
            nn_applygrads = @nn_applygrads_adam;
        otherwise
            error('unsupported optimizer type:               % s', options.optimizer);
    end
    % ————————
    generator = nn_setup(g_structure);                    % 创建初始生成器网络
    discriminator = nn_setup(d_structure);                % 创建初始判别器网络

    % ————————————————— 创建生成图像存储路径
    if ~exist(options.results_folder, 'dir')
        mkdir(options.results_folder)
        fprintf('create folder:                            % s\n', options.results_folder)
    end
    % ————————————初始化损失值存储变量
    c_lossall = [];
    d_lossall = [];
    % % % % % % % % % % % % % % % % % % % % %
    for e = 1:options.epoch                               % 开始迭代训练
        kk = randperm(images_count);
        for t = 1:batch_num
            % ———————————————— 数据准备
            batch_index_start = (t - 1) * options.batch_size + 1;
            batch_index_end = min( t * options.batch_size, numel(kk));
            images_real = train_images(:, :, :, batch_index_start:batch_index_end);
            noise = unifrnd( - 1, 1, 100, options.batch_size);
            % ————————————————训练
            % ———————————固定生成器,更新判别器
            generator = nn_ff(generator, noise);          % 生成器网络前向传播函数
            images_fake = generator.layers{end}.a;
            discriminator = nn_ff(discriminator, images_fake); % 判别器网络前向传播函数
            logits_fake = discriminator.layers{end}.z;
            discriminator = nn_bp_d(discriminator, logits_fake, ones(size(logits_fake)));
```

```
% 判别器 BP 函数
% 函数
            generator = nn_bp_g(generator, discriminator);        % 生成器 BP 函数
            generator = nn_applygrads_adam(generator, options.learning_rate);
% adam 算法更新网络
            % ——————————————— 固定判别器,更新生成器
            generator = nn_ff(generator, noise);
            images_fake = generator.layers{end}.a;
            images = cat(4, images_fake, images_real);
            discriminator = nn_ff(discriminator, images);
            logits = discriminator.layers{end}.z;
            labels = ones(size(logits));
            labels(1:size(images_fake, 4)) = 0;
            discriminator = nn_bp_d(discriminator, logits, labels);
            discriminator = nn_applygrads_adam (discriminator, options.learning_rate);
            % ——————————————————————输出损失值
            if t == batch_num || mod(t, 100) == 0
                c_loss = sigmoid_cross_entropy(logits(:, 1:options.batch_size), ones(1,
options.batch_size));
                d_loss = sigmoid_cross_entropy(logits, labels);
                fprintf('epoch:% d, t:% d, c_loss:"% f",d_loss:"% f"\n', e, t, c_loss, d_
loss);
                % ———————————————————存储器各迭代周期的损失值
                c_lossall = [c_lossall c_loss]
                d_lossall = [d_lossall d_loss]
                % % % % % % % % % % % % % % % % % % % % % % % % % % % %
            end
            if t == batch_num || mod(t, 100) == 0
                path = fullfile(options.results_folder, sprintf('epoch_% d_t_% d.png',e,t));
                save_images(images_fake, [4, 4], path);
                fprintf('save_sample:                    % s\n', path);
            end
        end
    end
    % ——————————————————保存损失值
    save lossall c_lossall d_lossall
end
```

运行上述例程,命令行窗口显示信息:

```
epoch:1, t:100, c_loss:"2.161164",d_loss:"0.407179"
save_sample:.\results\epoch_1_t_100.png
epoch:1, t:200, c_loss:"1.656207",d_loss:"0.484509"
save_sample:.\results\epoch_1_t_200.png
epoch:1, t:300, c_loss:"2.273635",d_loss:"0.449062"
save_sample:.\results\epoch_1_t_300.png
```

```
epoch:1, t:400, c_loss:"1.490183",d_loss:"0.486880"
save_sample:.\results\epoch_1_t_400.png
epoch:1, t:500, c_loss:"1.562587",d_loss:"0.531123"
save_sample:.\results\epoch_1_t_500.png
epoch:1, t:600, c_loss:"1.255819",d_loss:"0.658528"
save_sample:.\results\epoch_1_t_600.png
epoch:1, t:700, c_loss:"1.361648",d_loss:"0.564763"
save_sample:.\results\epoch_1_t_700.png
epoch:1, t:800, c_loss:"1.094158",d_loss:"0.611106"
save_sample:.\results\epoch_1_t_800.png
epoch:1, t:900, c_loss:"1.375610",d_loss:"0.626662"
save_sample:.\results\epoch_1_t_900.png
epoch:1, t:938, c_loss:"1.015826",d_loss:"0.566800"
save_sample:.\results\epoch_1_t_938.png
    ⋮
epoch:10, t:100, c_loss:"1.056312",d_loss:"0.603518"
save_sample:.\results\epoch_10_t_100.png
epoch:10, t:200, c_loss:"1.218204",d_loss:"0.615949"
save_sample:.\results\epoch_10_t_200.png
epoch:10, t:300, c_loss:"1.150631",d_loss:"0.631692"
save_sample:.\results\epoch_10_t_300.png
epoch:10, t:400, c_loss:"1.258806",d_loss:"0.633772"
save_sample:.\results\epoch_10_t_400.png
epoch:10, t:500, c_loss:"1.207987",d_loss:"0.635566"
save_sample:.\results\epoch_10_t_500.png
epoch:10, t:600, c_loss:"1.051229",d_loss:"0.607787"
save_sample:.\results\epoch_10_t_600.png
epoch:10, t:700, c_loss:"1.208664",d_loss:"0.629215"
save_sample:.\results\epoch_10_t_700.png
epoch:10, t:800, c_loss:"1.087193",d_loss:"0.646450"
save_sample:.\results\epoch_10_t_800.png
epoch:10, t:900, c_loss:"1.111172",d_loss:"0.627459"
save_sample:.\results\epoch_10_t_900.png
epoch:10, t:938, c_loss:"0.967478",d_loss:"0.573817"
save_sample:.\results\epoch_10_t_938.png
```

为了能更清晰地展现生成对抗网络的效果,图 13-10 依次显示了 10 个不同迭代周期生成的最后图像,随着迭代次数的增加,生成效果得到明显的提升。这也可以在图 13-11(a)中得到验证,生成器损失逐渐降低,但图 13-11(b)中的判别器损失的下降不明显,说明判别器的性能仍有改善的空间。

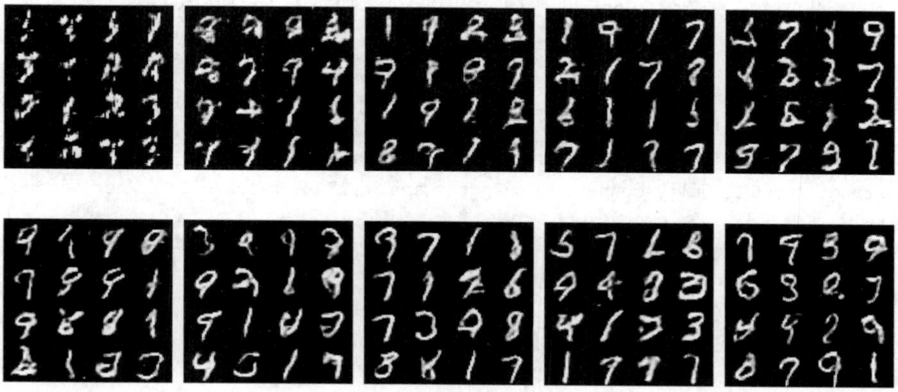

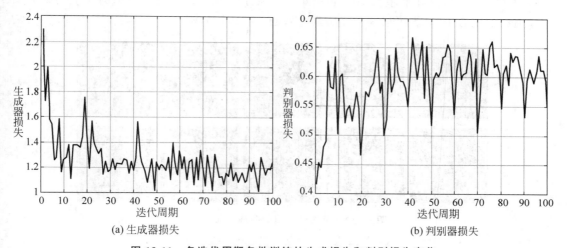

图 13-10　不同迭代周期生成的最后图像

(a) 生成器损失

(b) 判别器损失

图 13-11　各迭代周期各批训练的生成损失和判别损失变化

13.3.2　GAN 的 MATLAB 实现 2

本节与 13.3.1 节类似,改变生成器和判别器的网络结构,批尺寸参数设置为 60,训练过程同 13.3.1 节,具体网络结构设置如下:

```
batch_size = 60;

generator.layers = {
    struct('type', 'input', 'output_shape', [100, batch_size])
    struct('type', 'fully_connect', 'output_shape', [28 * 28 * 6, batch_size])
    struct('type', 'reshape', 'output_shape', [28, 28, 6, batch_size])
    struct('type', 'conv2d', 'kernel_size', 5, 'output_maps', 3, 'padding', 'same')
    struct('type', 'batch_norm', 'activation', 'leaky_relu')
```

```
    struct('type', 'conv2d', 'kernel_size', 5, 'output_maps', 1, 'padding', 'same', 'activation',
'sigmoid')
};
discriminator.layers = {
    struct('type', 'input', 'output_shape', [28, 28, 1, batch_size])
    struct('type', 'reshape', 'output_shape', [28 * 28, batch_size])
    struct('type', 'fully_connect', 'output_shape', [1024, batch_size], 'activation', 'leaky_
relu')
    struct('type', 'fully_connect', 'output_shape', [1, batch_size], 'activation', 'sigmoid')
};

args = struct('batch_size', batch_size, 'epoch', 10, 'learning_rate', 0.001, 'optimizer', 'adam',
'results_folder', 'results');
[generator, discriminator] = gan_train(generator, discriminator, train_x, args);
```

为了与前一小节对比,图 13-12 和图 13-13 中分别列出了各迭代周期的生成的最后图像和损失变化曲线,读者可根据实际仿真结果进一步比较分析。

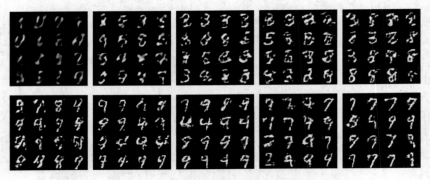

图 13-12   每次迭代周期生成的最后图像

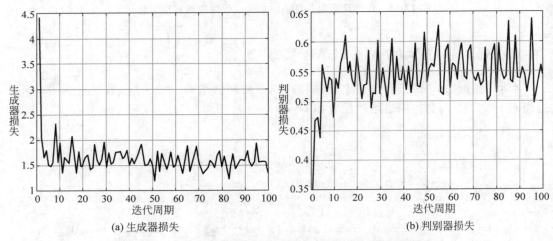

(a) 生成器损失   (b) 判别器损失

图 13-13   各迭代周期各批训练的生成器损失和判别器损失变化

13.3.3 GAN 的 MATLAB 实现 3

如前所述，要训练 GAN，需同时训练两个网络，以最大限度地提高两者的性能：训练生成器产生能够"欺骗"判别器的生成数据；训练判别器来分辨真实数据和生成数据。理想情况下，这些策略能够产生一个生成令人信服的真实数据的生成器和一个已学习了训练数据特征的强特征表示的判别器。本实例说明如何使用生成对抗网络生成图像。

1. 装载训练数据

下载并抽取数据集，下载完成后将数据集 sunflowers 复制到 MATLAB 的当前路径中，以后即可不再执行该步骤。代码如下：

```
% download and extract the Flowers dataset [1].
% url = 'http://download.tensorflow.org/example_images/flower_photos.tgz';
% downloadFolder = tempdir;
% filename = fullfile(downloadFolder,'flower_dataset.tgz');
%
% imageFolder = fullfile(downloadFolder,'flower_photos');
% if ~exist(imageFolder,'dir')
%     disp('Downloading Flower Dataset (218 MB)...')
%     websave(filename,url);
%     untar(filename,downloadFolder)
% end
```

2. 创建只包含 sunflowers 图像的数据存储区进行数据预处理

创建只包含 sunflowers 图像的数据存储区进行数据预处理，代码如下：

```
add0 = mfilename;                    % 当前 m 文件名
add1 = mfilename('fullpath');        % 当前 m 文件路径
i = length(add0);
j = length(add1);
imageFolder = add1(1:j-i-1);
datasetFolder = fullfile(imageFolder,"sunflowers")

imds = imageDatastore(datasetFolder, ...
    'IncludeSubfolders',true, ...
    'LabelSource','foldernames');

% 扩充数据,包括随机水平翻转、缩放,调整大小为 64×64
augmenter = imageDataAugmenter( ...
    'RandXReflection',true, ...
    'RandXScale',[1 2]);
augimds = augmentedImageDatastore([64 64],imds,'DataAugmentation',augmenter);
```

3. 定义生成网络

利用 $1\times1\times100$ 的随机值生成图像，通过一系列采用批处理规范化和 ReLU 层的反卷

积层上采样生成 $64 \times 64 \times 3$ 的图像。对反卷积层,使用数量逐层递减的 4×4 的卷积核;从第二个反卷积层开始,指定步长为 2,并在每个边裁剪掉一个像素;最后的反卷积层,规定为 3 个卷积核,对应生成图像的 RGB 通道。代码如下:

```matlab
filterSize = [4 4];
numFilters = 64;
numLatentInputs = 100;

layersGenerator = [
    imageInputLayer([1 1 numLatentInputs],'Normalization','none','Name','in')
    transposedConv2dLayer(filterSize,8 * numFilters,'Name','tconv1')
    batchNormalizationLayer('Name','bn1')
    reluLayer('Name','relu1')

    transposedConv2dLayer(filterSize,4 * numFilters,'Stride',2,'Cropping',1,'Name','tconv2')
    batchNormalizationLayer('Name','bn2')
    reluLayer('Name','relu2')

    transposedConv2dLayer(filterSize,2 * numFilters,'Stride',2,'Cropping',1,'Name','tconv3')
    batchNormalizationLayer('Name','bn3')
    reluLayer('Name','relu3')

    transposedConv2dLayer(filterSize,numFilters,'Stride',2,'Cropping',1,'Name','tconv4')
    batchNormalizationLayer('Name','bn4')
    reluLayer('Name','relu4')
    transposedConv2dLayer(filterSize,3,'Stride',2,'Cropping',1,'Name','tconv5')
    tanhLayer('Name','tanh')];
lgraphGenerator = layerGraph(layersGenerator);

% 为使用自定义训练循环训练网络,将图层转换为 dlnetwork 对象
dlnetGenerator = dlnetwork(lgraphGenerator)
```

4. 定义判别网络

定义能够分类真实图像与生成图像的判别网络,输入 $64 \times 64 \times 3$ 的图像,通过一系列采用批处理规范化和 ReLU 层的卷积层输出标量预测值。对卷积层,使用数量逐层递增的 4×4 的卷积核;从第二个卷积层开始,指定步长为 2,并在每个边扩充一个像素;最后的卷积层设置为 4×4 的卷积核,使网络输出预测值。代码如下:

```matlab
scale = 0.2;

layersDiscriminator = [
    imageInputLayer([64 64 3],'Normalization','none','Name','in')
    convolution2dLayer(filterSize,numFilters,'Stride',2,'Padding',1,'Name','conv1')
    leakyReluLayer(scale,'Name','lrelu1')
```

```
convolution2dLayer(filterSize, 2 * numFilters, 'Stride', 2, 'Padding', 1, 'Name', 'conv2')
batchNormalizationLayer('Name', 'bn2')
leakyReluLayer(scale, 'Name', 'lrelu2')

convolution2dLayer(filterSize, 4 * numFilters, 'Stride', 2, 'Padding', 1, 'Name', 'conv3')
batchNormalizationLayer('Name', 'bn3')
leakyReluLayer(scale, 'Name', 'lrelu3')

convolution2dLayer(filterSize, 8 * numFilters, 'Stride', 2, 'Padding', 1, 'Name', 'conv4')
batchNormalizationLayer('Name', 'bn4')
leakyReluLayer(scale, 'Name', 'lrelu4')
convolution2dLayer(filterSize, 1, 'Name', 'conv5')];

lgraphDiscriminator = layerGraph(layersDiscriminator);

% 为使用自定义训练循环训练网络,将图层转换为 dlnetwork 对象
dlnetDiscriminator = dlnetwork(lgraphDiscriminator)
```

可视化生成器和判别器网络如图 13-14
所示。

```
figure
subplot(1, 2, 1)
plot(lgraphGenerator)
title("Generator")

subplot(1, 2, 2)
plot(lgraphDiscriminator)
title("Discriminator")
```

图 13-14　GAN 生成器和判别器结构

5. 训练 GAN

```
% 设置训练过程参数
numEpochs = 1000;
miniBatchSize = 128;
augimds.MiniBatchSize = miniBatchSize;

% 设置 ADAM 优化过程参数
learnRateGenerator = 0.0002;
learnRateDiscriminator = 0.0001;

trailingAvgGenerator = [];
trailingAvgSqGenerator = [];
trailingAvgDiscriminator = [];
trailingAvgSqDiscriminator = [];
```

```matlab
gradientDecayFactor = 0.5;
squaredGradientDecayFactor = 0.999;


% 设置 GPU 参数,如果本机有 GPU,则使用 GPU.需要平行计算工具箱(Parallel Computing Toolbox)支持
executionEnvironment = "auto";


% 使用自定义的循环训练模型,循环访问训练数据,并在每次迭代时更新网络参数.每个循环中随机
% 打乱数据顺序,并遍历 mini - batch 数据进行训练
ZValidation = randn(1,1,numLatentInputs,64,'single');
dlZValidation = dlarray(ZValidation,'SSCB');


% 如果使用 GPU 训练,将数据转换为 gpuArray 结构
if (executionEnvironment == "auto" && canUseGPU) || executionEnvironment == "gpu"
    dlZValidation = gpuArray(dlZValidation);
end
iteration = 0;
start = tic;
for i = 1:numEpochs
% 重新打乱数据顺序
    reset(augimds);
    augimds = shuffle(augimds);

    % Loop over mini - batches.
    % 遍历各 mini - batch
    while hasdata(augimds)
        iteration = iteration + 1;
        data = read(augimds);
        % 忽略最后一个不完整的 mini - batch
        if size(data,1) < miniBatchSize
            continue
        end

        % 串接各 mini - batch 数据,输入生成网络
        X = cat(4,data{:,1}{:});
        Z = randn(1,1,numLatentInputs,size(X,4),'single');

        % 归一化图像数据
        X = (single(X)/255) * 2 - 1;
        % 转换 mini - batch 数据为 dlarray 结构 SSCB(spatial, spatial, channel, batch)
        dlX = dlarray(X, 'SSCB');
        dlZ = dlarray(Z, 'SSCB');

        if (executionEnvironment == "auto" && canUseGPU) || executionEnvironment == "gpu"
```

```
            dlX = gpuArray(dlX);
            dlZ = gpuArray(dlZ);
        end

        % 评价模型梯度和生成器状态
        [gradientsGenerator, gradientsDiscriminator, stateGenerator] = ...
            dlfeval(@modelGradients, dlnetGenerator, dlnetDiscriminator, dlX, dlZ);
        dlnetGenerator.State = stateGenerator;

        % 更新判别器网络参数
        [dlnetDiscriminator.Learnables,trailingAvgDiscriminator,
trailingAvgSqDiscriminator] =
            adamupdate(dlnetDiscriminator.Learnables, gradientsDiscriminator, ...
            trailingAvgDiscriminator, trailingAvgSqDiscriminator, iteration, ...
            learnRateDiscriminator, gradientDecayFactor, squaredGradientDecayFactor);

        % 更新生成器网络参数
        [dlnetGenerator.Learnables,trailingAvgGenerator,trailingAvgSqGenerator] = ...
            adamupdate(dlnetGenerator.Learnables, gradientsGenerator, ...
            trailingAvgGenerator, trailingAvgSqGenerator, iteration, ...
            learnRateGenerator, gradientDecayFactor, squaredGradientDecayFactor);

        % 每隔100个循环显示生成图像
        if mod(iteration,100) == 0 || iteration == 1
            figure
            dlXGeneratedValidation = predict(dlnetGenerator,dlZValidation);

            % 改变图像尺寸并显示图像
            I = imtile(extractdata(dlXGeneratedValidation));
            I = rescale(I);
            image(I)

            % 更新训练过程信息
            D = duration(0,0,toc(start),'Format','hh:mm:ss');
            title(...
                "Epoch: " + i + ", " + ...
                "Iteration: " + iteration + ", " + ...
                "Elapsed: " + string(D))

            drawnow
        end
    end
end
```

```
ZNew = randn(1,1,numLatentInputs,16,'single');
dlZNew = dlarray(ZNew,'SSCB');

if (executionEnvironment == "auto" && canUseGPU) || executionEnvironment == "gpu"
    dlZNew = gpuArray(dlZNew);
end
```

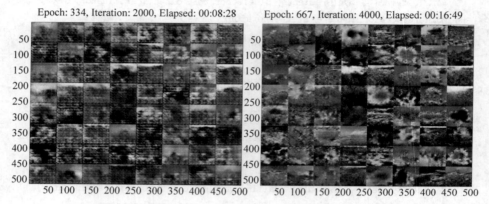

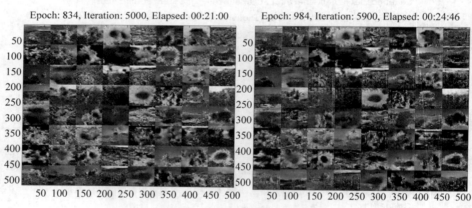

图 13-15 训练过程中生成的图像

训练过程中生成新图像，如图 13-15 所示。随着迭代次数的增加，效果大幅提升。

```
dlXGeneratedNew = predict(dlnetGenerator,dlZNew);

% Display the images.
figure
I = imtile(extractdata(dlXGeneratedNew));
I = rescale(I);
image(I)
title("Generated Images")
```

```
% 模型梯度子函数
function [gradientsGenerator, gradientsDiscriminator, stateGenerator] = ...
    modelGradients(dlnetGenerator, dlnetDiscriminator, dlX, dlZ)

% 使用判别器网络计算真实数据的预测值
dlYPred = forward(dlnetDiscriminator, dlX);

% 使用判别器网络计算生成真实数据的预测值
[dlXGenerated,stateGenerator] = forward(dlnetGenerator,dlZ);
dlYPredGenerated = forward(dlnetDiscriminator, dlXGenerated);

% 计算损失
[lossGenerator, lossDiscriminator] = ganLoss(dlYPred,dlYPredGenerated);

% 根据损失计算各网络的梯度
gradientsGenerator = dlgradient(lossGenerator, dlnetGenerator.Learnables, 'RetainData',
true);
gradientsDiscriminator = dlgradient(lossDiscriminator, dlnetDiscriminator.Learnables);

end

% GAN 损失子函数
function [lossGenerator, lossDiscriminator] = ganLoss(dlYPred,dlYPredGenerated)

% 计算判别器网络的损失
lossGenerated = - mean(log(1 - sigmoid(dlYPredGenerated)));
lossReal = - mean(log(sigmoid(dlYPred)));

% 合并判别器网络的损失
lossDiscriminator = lossReal + lossGenerated;

% 为生成网络计算损失
lossGenerator = - mean(log(sigmoid(dlYPredGenerated)));
end
```

第 14 章

循环神经网络

前面章节提到的 CNN 等各类网络有一个共同特点，即输入和输出都是固定维度的。它们在常用的 MINIST 数据集以及普遍认可的 CIFAR、ImageNet 数据集上非常有效，但是只能处理输入和输出都为确定长度的数据集。但实际中，人类大脑并不是每时每刻都处于一片空白。在阅读某一部分内容时，人类都是基于自己已经拥有的对先前知识的理解来推断当前内容的真实含义，并不会将所有的知识都全部丢弃，说明人类的思想拥有持久性，如机器翻译、股票预测、天气预报等领域，必须应用前期的经验或知识进行预测。再如，希望对电影中的每个时间点的事件类型进行分类，必须使用电影中先前的事件推断后续的事件。而传统的神经网络很难来处理这类问题，因此这也是传统神经网络的一种弊端，但是循环神经网络（Recurrent Neural Networks，RNN）可以解决这类问题。

14.1 循环神经网络的结构与算法基础

循环神经网络源自 1982 年由 Saratha Sathasivam 提出的 Hopfield 神经网络，它是基于"人的认知是基于过往的经验和记忆"这一观点提出的。它与 DNN、CNN 不同，它不仅考虑前一时刻的输入，而且赋予了网络对前面内容的一种"记忆"功能。RNN 是在时间上传递的网络，网络的深度就是时间的长度。该神经网络是专门用来处理时间序列问题的，能够提取时间序列的信息。随着更加有效的网络结构的提出，它挖掘数据中的时序信息以及语义信息的深度表达能力被充分利用。其主要用途是处理和预测序列数据，解决序列化相关问题，包括但不限于序列化标注问题、NER、POS、语音识别等。该网络已经在众多自然语言理解中取得了成功。目前很多人工智能应用都依赖于循环神经网络，在谷歌（语音搜索）、百度（Deep Speech）和亚马逊的产品中都能找到 RNN 的身影。

14.1.1 普通的循环神经网络的结构和算法

RNN 专门用来处理时间序列，能够提取时间序列的信息。序列数据包括时间序列以及串数据，常见的序列有时序数据、文本数据、语音数据等。处理序列数据的模型称为序列模型,依赖时间信息。在应用神经网络预测时,首先要对输入信息进行编码,其中最简单、应用最广泛的是基于滑动窗口的编码方法。在时间序列上,滑动窗口把序列分成两个窗口,分别代表过去和未来,大小均需人为确定。例如预测股票价格,过去窗口的大小表示要考虑多久之前的数据进行预测。假设要综合考虑过去 3 天的数据来预测未来两天的股票走势,此时神经网络需要 3 个输入和 2 个输出。

考虑简单的时间序列:1、2、3、4、3、2、1、2、3、4、3、2、1。从数据串的起始位置开始,输入窗口大小为 3,第 4 与第 5 个为输出窗口,是期望的输出值,然后窗口根据步长向前滑动,落在输入窗口的为输入,落在输出窗口的为输出。此时的训练集为:

$[1,2,3] \rightarrow [4,3]$

$[2,3,4] \rightarrow [3,2]$

$[3,4,3] \rightarrow [2,1]$

$[4,3,2] \rightarrow [1,2]$

...

上述是在一个时间序列上对数据进行编码,当然也可以对多个时间序列进行编码,读者可自行研究。

与 CNN 相比,RNN 内部为循环结构,包含重复神经网络模型的链式形式。在标准的 RNN 中,基本模型仅仅含有一个简单的网络层。图 14-1 是一个简单的对比。

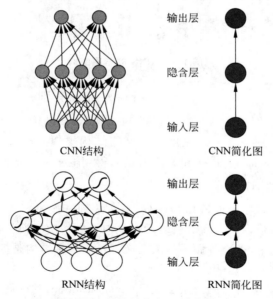

图 14-1 RNN 网络结构与 CNN 结构对比

RNN 层级结构主要有输入层、隐含层、输出层等组成,而且在隐含层用一个箭头表示数据的循环更新,即实现时间记忆功能。如图 14-1 所示,RNN 相比 CNN 结构多了一个循环圈,这个圈就代表着神经元的输出在下一个时间点还会返回,作为输入的一部分。一般来讲,隐含层单元往往最为重要,有一条单向流动的信息流从输入层单元到达隐含层单元,同时,另一条单向流动的信息流从隐含层单元到达输出层单元。而在某些情况下,RNN 会打破后者的限制,引导信息从输出层单元返回隐含层单元,这被称为反向传播(Back Propagation),且隐含层的输入还包括上一隐含层的状态,即隐含层内的节点可以自连,也可以互连,不同时刻记忆在隐含层单元中,每个时刻的隐含层单元有一个输出,如图 14-2 所示。

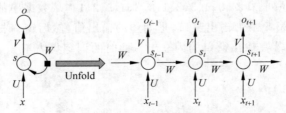

图 14-2 RNN 结构和按时刻展开

根据输入、输出的差异,RNN 可以按多种情况分类,存在多种结构,如图 14-3 所示。

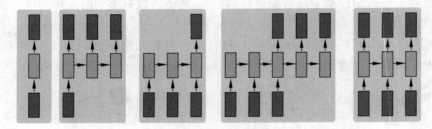

图 14-3 RNN 的不同结构

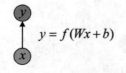

$$y = f(Wx + b)$$

图 14-4 RNN 的 one-to-one 结构

1. one-to-one(一到一)

如图 14-4 所示,该结构是最基本的单层网络,与之前的神经网络结构类似。输入是 x,经过变换 $Wx + b$ 和激活函数 f 得到输出 y。

2. one-to-n(一到 n)

此类网络的输入不是序列而输出为序列,只在序列开始进行输入计算。在图 14-5 中,圆圈或方块表示的是向量。一个箭头就表示对该向量做一次变换。如图中 h_0 和 X 分别有一个箭头连接,表示对 h_0 和 X 各做了一次变换。还有一种结构是把输入信息 X 作为每个阶段的输入。

one-to-n 的结构可以处理从图像生成文字(image caption)的问题,此时输入的 X 是图像的特征,而输出的 Y 序列是一段句子,很像看图说话;另外还可以从类别生成语音或音乐等。

3. n-to-n(n 到 n)

图 14-6 中的 n-to-n 是经典的 RNN 结构,输入、输出都是等长的序列数据。假设输入为 $X = (x_1, x_2, x_3, x_4)$,输出为 $Y = (y_1, y_2, \cdots, y_n)$。例如,每个 x 是一个单词的词向量。

为了建模序列问题,RNN 引入了隐状态(hidden state)h 的概念,h 可以对序列型的数据提取特征,接着再转换为输出。

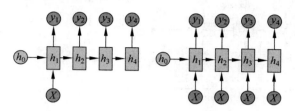

图 14-5　RNN 的 one-to-n 结构

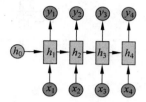

图 14-6　RNN 的 n-to-n 结构

首先计算 h

$$h_1 = f(Ux_1 + Wh_0 + b) \tag{14-1}$$

$$h_2 = f(Ux_1 + Wh_1 + b) \tag{14-2}$$

要注意的是,每一步使用的参数 U、W、b 都是共享的,这是 RNN 的重要特点,依次计算其余的 h(使用相同的参数 U、W、b)。为了方便起见,只画出序列长度为 4 的情况,实际上,这个计算过程可以无限地持续下去。得到输出值 y 的方法就是直接通过 h 进行计算,即

$$y_i = \mathrm{softmax}(Vh_i + c), \quad i = 1, 2, 3, 4 \tag{14-3}$$

4. n-to-one(n 到 1)

n-to-one 结构要处理的问题为:输入是一个序列,输出是一个单独的值而不是序列,如图 14-7 所示,只在最后一个 h 上进行输出变换即可。这种结构通常用来处理序列分类问题。如输入一段文字判别它所属的类别,输入一个句子判断其情感倾向,输入一段视频并判断它的类别等。

5. n-to-m(n 到 m)

图 14-8 展示了 n-to-m 结构,又称为 Encoder-Decoder 模型,也可称为 Seq2Seq 模型。在实际中,遇到的大部分序列是不等长的,如机器翻译中,源语言和目标语言的句子往往并没有相同的长度。而 Encoder-Decoder 结构先将输入数据编码成一个上下文向量 c,之后再通过这个上下文向量输出预测序列。

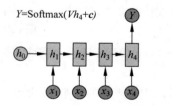

图 14-7　RNN 的 n-to-one 结构

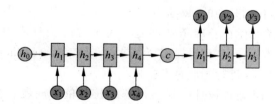

图 14-8　RNN 的 n-to-m 结构

RNN 的训练是按时刻展开循环神经网络进行反向传播,找出在所有网络参数下的损失梯度。每一次 RNN 训练可以看作是对同一神经网络的多次赋值,如果我们按时间点将

RNN 展开,将得到如图 14-9 的结构。

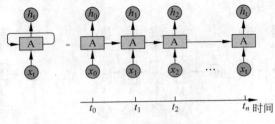

图 14-9   RNN 展开结构

图 14-9 中,在不同的时间点,RNN 的输入都与之前的时间状态有关,t_n 时刻网络的输出结果是该时刻的输入和所有历史共同作用的结果,记忆在隐含层单元中存储和流动,而输出取自于隐含层单元及网络的最终输出。由于输入时叠加了之前的信号,所以反向传导时不同于传统神经网络,对于时刻 t 的输入层,其残差不仅来自输出,而且来自之后的隐含层。通过反向传播算法,利用输出层的误差,求解各个权重的梯度,然后更新各权重。

因为 RNN 的参数在所有时刻都是共享的,每一次反向传播,不仅依赖当前时刻的计算结果,而且依赖之前时刻,按时刻对网络展开,并执行反向传播,这个过程称为 Back Propagation Through Time(基于时间的反向传播,BPTT)。展开图中信息流向是确定的,没有环流,所以 RNN 是时间维度上的深度模型,可以对序列数据建模。

理论上,RNN 可以使用先前所有时间点的信息作用到当前的任务上,也就是上面所说的长期依赖,如果 RNN 可以做到这点,它将变得非常有用。然而不幸的是,随着间隔的不断增大,RNN 会出现“梯度消失”或“梯度爆炸”的现象,这就是 RNN 的长期依赖问题。若使用 sigmoid 函数作为神经元的激活函数,如对于幅度为 1 的信号,每向后传递一层,梯度就衰减为原来的 0.25,层数越多,到最后梯度指数衰减到底层基本上接收不到有效的信号,这种情况就是“梯度消失”。因此,随着间隔的增大,RNN 会丧失学习到远距离信息的能力。

14.1.2   长短时记忆网络的结构和算法

普通的 RNN 在长文本的情况下,会学不到之前的信息,例如长文本 the clouds are in the sky,预测其中的 sky 是可以预测准确的,但是如果是很长的文本,如“我出生在中国……”,这个时候就存在长时依赖问题。为了解决长时依赖问题,Hochreiter 与 Schmidhuber 在 1997 年改进了 RNN,提出了长短时记忆(Long Short-Term Memory,LSTM)网络,并被 Alex Graves 进行了改良和推广。

LSTM 通过设计门限结构解决长时依赖问题。标准 RNN 中的重复模块包含单一的层,与之相比,LSTM 是同样的结构,但是重复的模块拥有一个不同的结构。LSTM 包含有 4 个神经网络层,并且以一种非常特殊的方式进行交互。增加的这 4 个神经网络层,使得 LSTM 网络包括 4 个输入:当前时刻的输入信息、遗忘门(Forget Gate)、输入门(Input Gate)和输出门(Output Gate),即当前时刻网络的输出。各个门上的激活函数使用 sigmoid

函数,其输出范围为 0～1,用于定义各个门是否打开或打开的程度,赋予了它去除或者添加信息的能力。

由图 14-10 可见,LSTM 模块包含 3 个 sigmoid 层,分别是遗忘门、输入门和输出门。每一条信号线传输一个向量,从一个节点的输出到其他节点。圈代表逐点(pointwise)的操作,如向量的和,而矩阵就是学习到的神经网络层。合在一起的线表示向量的连接,分开的线表示内容被复制,然后分发到不同的位置。3 个输入都是当前时刻的输入 X_t 和上一时刻的输出 h_{t-1},在前向传播过程中,针对不同的输入表现不同的角色。

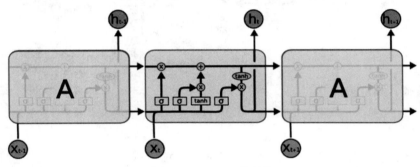

图 14-10　LSTM 的结构

1. 门

输入门控制有多少信息可以流入记忆细胞;遗忘门控制有多少上一时刻的记忆细胞中的信息可以累积到当前的记忆细胞中;输出门控制有多少当前时刻的记忆细胞中的信息可以流入当前隐含状态中。LSTM 不仅有多个门的复杂结构,而且还引入了细胞状态来记录信息。细胞状态通过门(gate)结构来添加新的记忆和删除旧的记忆信息。细胞核的状态是 LSTM 的核心,类似于传送带,直接在整个链上穿过,附带一些少量的线性交互,让信息在上面流传而保持不变。

2. 遗忘门

利用遗忘门决定从细胞状态中丢弃何种信息,如图 14-11 所示。该门会读取 h_{t-1} 和 x_t 的信息,通过 sigmoid 层输出一个 0 到 1 的数值,作为给每个在细胞状态 C_{t-1} 中的数字,这决定会从细胞中丢弃什么信息。0 表示"完全舍弃",1 表示"完全保留"。

衰减系数计算如下

$$f_t = \mathrm{sigmoid}(W_f[h_{t-1}, x_t] + b_f) \tag{14-4}$$

3. 输入门

如图 14-12 所示,输入门,也称更新门、写入门。输入门决定更新记忆单元的信息,包括两个部分:sigmoid 层与 tanh 层。二者的输入都是当前时刻的输入 x_t 和上一时刻的输出 h_{t-1},tanh 层从新的输入和网络原有的记忆信息决定要写入新的神经网络状态中的候选值,而 sigmoid 层决定这些候选值有多少被实际写入,要写入的记忆单元信息只有输入门打开才能真正写入,状态也是网络自己学习到的。

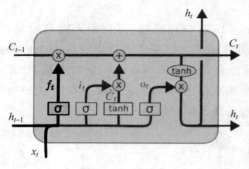

图 14-11 遗忘门

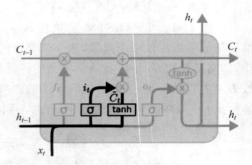

图 14-12 输入门前向传播

前向传播计算方法如下

$$i_t = \text{sigmoid}(W_i[h_{t-1}, x_t] + b_i) \qquad (14\text{-}5)$$

$$\widetilde{C}_t = \tanh(W_C[h_{t-1}, x_t] + b_C) \qquad (14\text{-}6)$$

接下来要更新神经元状态,如图 14-13 所示。当前时刻的神经元状态 C_t 通过遗忘门后剩余的信息,即上一时刻的神经元状态 C_{t-1} 与 f_t 的乘积,从输入中获取的新信息。计算方法如下

$$C_t = f_t C_{t-1} + i_t \widetilde{C}_t \qquad (14\text{-}7)$$

4. 输出门

输出门读取刚更新的神经网络状态,也就是记忆单元进行输出,但具体哪些信息可以输出同样受输出门 O_t 的控制。如图 14-14 所示。

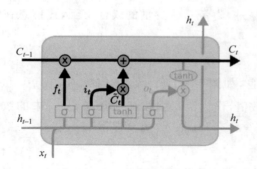

图 14-13 LSTM 状态更新

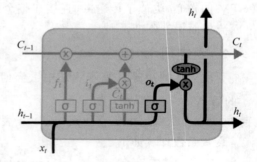

图 14-14 输出门

前向传播计算方法如下

$$o_t = \text{sigmoid}(W_o[h_{t-1}, x_t] + b_o) \qquad (14\text{-}8)$$

$$h_t = o_t \tanh(C_t) \qquad (14\text{-}9)$$

以上是标准 LSTM 的原理介绍,LSTM 也出现了很多的变体,其中一个很流行的变体

是门控循环单元(Gated Recurrent Unit，GRU)，它将遗忘门和输入门合成了一个单一的更新门，同样还混合了细胞状态和隐藏状态，以及其他一些改动。最终 GRU 模型比标准的 LSTM 模型更简单一些，如图 14-14 和图 14-15 所示。

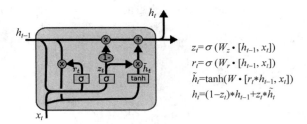

$$z_t = \sigma(W_z \cdot [h_{t-1}, x_t])$$
$$r_t = \sigma(W_r \cdot [h_{t-1}, x_t])$$
$$\tilde{h}_t = \tanh(W \cdot [r_t * h_{t-1}, x_t])$$
$$h_t = (1 - z_t) * h_{t-1} + z_t * \tilde{h}_t$$

图 14-15　GRU 结构和计算过程

LSTM 由于有效解决了标准 RNN 的长期依赖问题，应用极其广泛，一般的 RNNs 大多指的是 LSTM 或其变体。

14.2　LSTM 网络的 MATLAB 实现

MATLAB 2019a 的资源可以创建和训练用于时序分类、回归和预测任务的循环神经网络，能够训练用于"从序列到单个"或"从序列到标签"的分类和回归问题的长短期记忆(LSTM)网络。也可以使用单词嵌入层对文本数据训练 LSTM 网络(需要 Text Analytics Toolbox^{TM})，或使用频谱图对音频数据训练卷积神经网络(需要 Audio Toolbox^{TM})。

Deep Network Designer APP 可以编辑和构建深度学习网络结构，RNN 或 LSTM 等网络的函数包括网络训练函数、网络层设置函数、预测函数等，表 14-1～表 14-3 分别给出了网络训练函数、网络层设置函数以及预测函数的基本情况。

表 14-1　网络训练函数

网络训练函数	说　明
trainingOptions	深度学习神经网络训练选项
trainNetwork	训练神经网络进行深度学习
analyzeNetwork	分析深度学习网络架构

表 14-2　网络层设置函数

网络层设置函数	说　明
sequenceInputLayer	序列输入层
lstmLayer	长短时记忆(LSTM)层
bilstmLayer	双向长短期记忆(BiLSTM)层
sequenceFoldingLayer	序列折叠层
sequenceUnfoldingLayer	序列展开图层

续表

网络层设置函数	说　　明
flattenLayer	扁平化图层
fullyConnectedLayer	全连接层
reluLayer	修正线性单元(ReLU)层
leakyReluLayer	泄漏修正线性单元(ReLU)层
clippedReluLayer	剪切修正线性单元(ReLU)层
eluLayer	指数线性单位(ELU)层
tanhLayer	双曲切线(tanh)层
dropoutLayer	Dropout 层
softmaxLayer	Softmax 层
classificationLayer	分类输出层
regressionLayer	回归输出层

表 14-3　预测函数

预 测 函 数	说　　明
predict	使用经过训练的深度学习神经网络预测响应
classify	使用经过训练的深度学习神经网络对数据进行分类
predictAndUpdateState	使用经过训练的循环神经网络预测响应并更新网络状态
classifyAndUpdateState	使用经过训练的循环神经网络对数据进行分类并更新网络状态
resetState	重置循环神经网络的状态
confusionchart	为分类问题创建混淆矩阵图表
ConfusionMatrixChart Properties	混淆矩阵图表的外观和行为
sortClasses	对混淆矩阵图进行分类

14.2.1　LSTM 网络语音序列数据分类

本实例说明如何使用长短期记忆(LSTM)网络对序列数据进行分类。LSTM 能够将序列数据输入网络,并根据序列数据的各个时间步进行预测。数据集使用日语元音数据集,根据连续说出的两个日语元音的时序数据识别说话者。训练数据包含 9 个说话者的时序数据,每个序列有 12 个特征,且长度不同。该数据集包含 270 个训练观测值和 370 个测试观测值。

1. 加载序列数据

加载日语元音训练数据。XTrain 是包含 270 个不同长度的 12 维序列的元胞数组。Y 是对应于 9 个说话者的标签 1、2、…、9 的分类向量。$XTrain$ 中的条目是具有 12 行(每个特征一行)和不同列数(每个时间步一列)的矩阵。代码如下:

```
[XTrain,YTrain] = japaneseVowelsTrainData;
```

```
XTrain % 显示训练数据的结构

XTrain =
  270×1 cell 数组
    {12×20 double}
    {12×26 double}
    {12×22 double}
    {12×20 double}
    {12×21 double}
        ...
    {12×14 double}
    {12×15 double}
    {12×17 double}
    {12×12 double}
    {12×14 double}
    {12×9 double}
```

2. 准备填充数据

在训练过程中,软件将训练数据拆分成小批量并填充序列,使之具有相同的长度。过多的填充会对网络性能产生负面影响。为了防止训练过程添加过多填充,可以按序列长度对训练数据进行排序,如图 14-16 所示。同时,选择合适的小批量规模,以使同一小批量中的序列长度相近。LSTM 可以将分组后等量的训练样本进行训练,从而提高训练效率,如果每组的样本数量不同,进行小批量拆分,则需要尽量保证分块的训练样本数相同。

首先找到每组样本数和总的组数,代码如下:

```
numObservations = numel(XTrain);
for i = 1:numObservations
    sequence = XTrain{i};
    sequenceLengths(i) = size(sequence,2);
end

% 绘图排序前后的各组数据个数
figure
subplot(1,2,1)
bar(sequenceLengths)
ylim([0 30])
xlabel("序列")
ylabel("长度")
title("排序前")

% 按序列长度对测试数据进行排序
[sequenceLengths,idx] = sort(sequenceLengths);
XTrain = XTrain(idx);
YTrain = YTrain(idx);
subplot(1,2,2)
bar(sequenceLengths);
```

```
ylim([0 30]);
xlabel("序列")
ylabel("长度")
title("排序后");
```

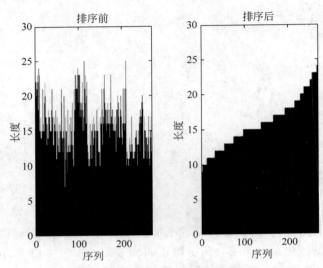

图 14-16   排序前后测试数据对比

3. 定义 LSTM 网络架构

定义 LSTM 网络架构的代码如下：

```
inputSize = 12;          % 将输入大小指定为序列大小 12(输入数据的维度)
numHiddenUnits = 100;    % 指定具有 100 个隐含层单元的双向 LSTM 层,并输出序列的最后一个元素
numClasses = 9;          % 指定 9 个类,包含大小为 9 的全连接层,后跟 Softmax 层和分类层


layers = [ ...
    sequenceInputLayer(inputSize)
    bilstmLayer(numHiddenUnits,'OutputMode','last')
    fullyConnectedLayer(numClasses)
    softmaxLayer
    classificationLayer]
% 指定训练选项:
maxEpochs = 50;
miniBatchSize = 27;

options = trainingOptions('adam', ...            % 求解器为 adam.
    'ExecutionEnvironment','cpu', ...            % 定为 cpu,设定为 auto 表示使用 GPU
    'GradientThreshold',1, ...                   % 梯度阈值为 1
    'MaxEpochs',maxEpochs, ...                   % 最大轮数为 50
    'MiniBatchSize',miniBatchSize, ...           % 27 作为小批量数
    'SequenceLength','longest', ...              % 填充数据以使长度与最长序列相同,序列长度指定
                                                 % 为 longest
```

```
'Shuffle','never', ...                    % 数据保持按序列长度排序的状态,不打乱数据
'Verbose',0, ...
'Plots','training – progress');

layers =

    具有以下层的 5x1 Layer 数组:

    1    ''    序列输入      序列输入: 12 个维度
    2    ''    BiLSTM       BiLSTM: 100 个隐含单元
    3    ''    全连接        9 全连接层
    4    ''    Softmax      softmax
    5    ''    分类输出       crossentropyex
```

4. 训练 LSTM 网络

在训练执行的同时,系统会将训练过程进度及相关参数实时显示,方便读者观察,代码如下:

```
net = trainNetwork(XTrain,YTrain,layers,options);
```

执行结果如图 14-17 所示。

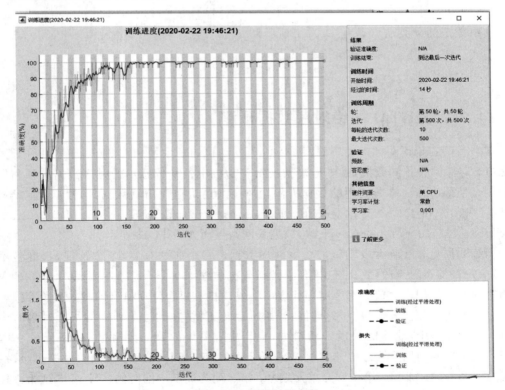

图 14-17 训练过程参数

5. 测试 LSTM 网络

测试 LSTM 网络，代码如下：

```
% 加载测试集
[XTest,YTest] = japaneseVowelsTestData;

% 由于 LSTM 已经按照相似长度的小批量分组为 27 组,测试需要按照相同方式对数据进行排序处理
numObservationsTest = numel(XTest);
for i = 1:numObservationsTest
    sequence = XTest{i};
    sequenceLengthsTest(i) = size(sequence,2);
end
[sequenceLengthsTest,idx] = sort(sequenceLengthsTest);
XTest = XTest(idx);
YTest = YTest(idx);

% 使用 classify 函数进行分类,指定小批量大小为 27,指定组内数据按照最长的数据填充
miniBatchSize = 27;
YPred = classify(net,XTest, ...
    'MiniBatchSize',miniBatchSize, ...
    'SequenceLength','longest');
% 计算分类准确度
acc = sum(YPred == YTest)./numel(YTest)
```

测试数据的分类准确率为：

```
acc =
    0.9568
```

14.2.2　LSTM 网络时序数据预测

本节目的在于说明如何使用深度学习预测发动机的剩余使用寿命（RUL），训练长短期记忆（LSTM）网络预测数值，具体是根据表示发动机中各种传感器的时序数据来预测发动机的剩余使用寿命。本节使用的数据为涡轮风扇发动机退化仿真数据集，数据集包含 100 个训练观测值和 100 个测试观测值，可从 https://ti.arc.nasa.gov/tech/dash/groups/pcoe/prognostic-data-repository 下载，数据集网站界面如图 14-18 所示。

训练数据包含 100 台发动机的仿真时序数据。每个序列具有 17 个特征，长度各不相同，对应完整的运行至故障（RTF）实例。测试数据包含 100 个不完整序列，每个序列的末尾为相应的剩余使用寿命值。每个时序代表一台发动机。每台发动机启动时的初始磨损程度和制造变差均未知。发动机在每个时序开始时运转正常，在到达序列中的某一时刻时出现故障。在训练集中，故障的规模不断增大，直到出现系统故障。数据是 zip 压缩的文本文件，其中包含 26 列以空格分隔的数值。每一行是在一个运转周期中截取的数据快照，每一列代表一个不同的变量：第 1 列为单元编号；第 2 列为周期中的时间；第 3～5 列为操作设置；第 6～26 列为传感器测量值，范围为 1～17。

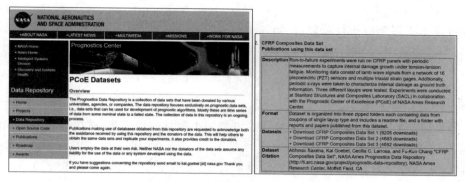

图 14-18 涡轮风扇发动机退化仿真数据集

1. 准备训练数据

准备训练数据,代码如下:

```
filename = "FADONGJI.zip";
dataFolder = "data";
unzip(filename,dataFolder)          % 解压数据集
```

1)加载数据

使用 preprocessDataTrain 加载数据函数,从 filenamePredictors 中提取数据并返回元胞数组 XTrain 和 YTrain,其中包含训练预测变量和响应序列。代码如下:

```
filenamePredictors = fullfile(dataFolder,"train_FD001.txt");
[XTrain,YTrain] = prepareDataTrain(filenamePredictors);
```

2)删除具有常量值的特征

删除具有常量值的特征,代码如下:

```
m = min([XTrain{:}],[],2);
M = max([XTrain{:}],[],2);
idxConstant = M == m;

for i = 1:numel(XTrain)
    XTrain{i}(idxConstant,:) = [];
end
```

3)归一化训练预测变量

归一化训练预测变量,代码如下:

```
mu = mean([XTrain{:}],2);
sig = std([XTrain{:}],0,2);

for i = 1:numel(XTrain)
    XTrain{i} = (XTrain{i} - mu) ./ sig;
End
```

4）裁剪响应

以阈值 150 对响应进行裁剪，代码如下：

```
thr = 150;
for i = 1:numel(YTrain)
    YTrain{i}(YTrain{i} > thr) = thr;
end
```

准备要填充的数据，要最大限度地减少添加到小批量的填充量，按序列长度对训练数据进行排序。

然后，选择可均匀划分训练数据的小批量大小，并减少小批量中的填充量。

5）按序列长度对训练数据进行排序

按序列长度对训练数据进行排序，代码如下：

```
for i = 1:numel(XTrain)
    sequence = XTrain{i};
    sequenceLengths(i) = size(sequence,2);
end
[sequenceLengths,idx] = sort(sequenceLengths,'descend');
XTrain = XTrain(idx);
YTrain = YTrain(idx);

figure
bar(sequenceLengths)
xlabel("序列")
ylabel("长度")
title("排序数据")
```

在条形图中查看排序的序列长度，如图 14-19 所示。

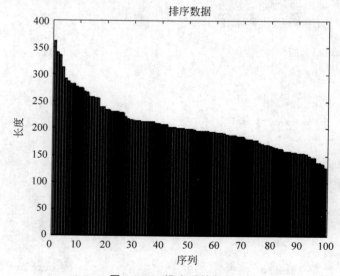

图 14-19　排序后的数据

2. 定义网络架构

1）定义 LSTM 网络架构

定义 LSTM 网络架构，代码如下：

```
numResponses = size(YTrain{1},1);
featureDimension = size(XTrain{1},1);
numHiddenUnits = 200;

layers = [ ...
    sequenceInputLayer(featureDimension)              % 序列输入层
    lstmLayer(numHiddenUnits,'OutputMode','sequence') % 200 个单元的 LSTM 层
    fullyConnectedLayer(50)                           % 50 个单元的全连接层
    dropoutLayer(0.5)                                 % 概率为 50％ 的 Dropout 层
    fullyConnectedLayer(numResponses)
    regressionLayer];                                 % 回归层
```

2）指定训练选项

使用 adam 求解器以大小为 20 的小批量进行 60 轮训练，指定学习率为 0.01。要防止梯度爆炸，请将梯度阈值设置为 1。要使序列保持按长度排序，请将参数 Shuffle 设置为 never。代码如下：

```
maxEpochs = 100; % 训练迭代次数
miniBatchSize = 20; % 小批量大小

options = trainingOptions('adam', ...         % 使用 adam 求解器
    'MaxEpochs',maxEpochs, ...
    'MiniBatchSize',miniBatchSize, ...
    'InitialLearnRate',0.01, ...              % 学习率
    'GradientThreshold',1, ...
    'Shuffle','never', ...
    'Plots','training - progress',...
    'Verbose',0);
```

3）使用 trainNetwork 函数训练网络

同样地，系统实时显示了训练过程中的进度变化和参数变化，如图 14-20 所示。

```
net = trainNetwork(XTrain,YTrain,layers,options);
```

4）准备测试数据

使用函数 prepareDataTest 准备测试数据，代码如下：

```
% 从 filenamePredictors 和 filenameResponses 中提取数据并返回元胞数组 XTest 和 YTest,其中
% 分别包含测试预测变量和响应序列

filenamePredictors = fullfile(dataFolder,"test_FD001.txt");
filenameResponses = fullfile(dataFolder,"RUL_FD001.txt");
```

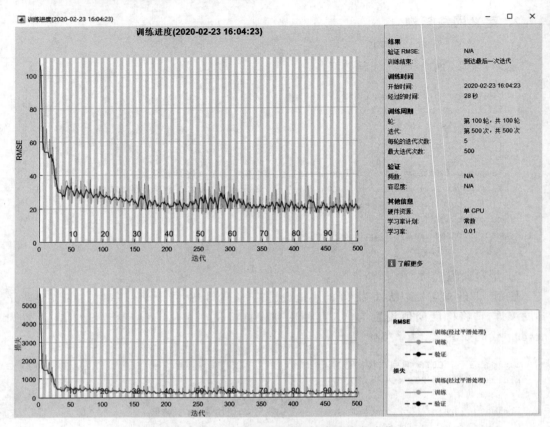

图 14-20　训练过程中的进度变化和参数变化

```
[XTest,YTest] = prepareDataTest(filenamePredictors,filenameResponses);
% 使用根据训练数据计算出的 idxConstant 删除具有常量值的特征,使用与训练数据相同的参数来
% 归一化测试预测变量,使用与训练数据相同的阈值对测试响应进行裁剪
```

```
for i = 1:numel(XTest)
    XTest{i}(idxConstant,:) = [];
    XTest{i} = (XTest{i} - mu) ./ sig;
    YTest{i}(YTest{i} > thr) = thr;
end
```

5）预测

使用 predict 函数对测试数据进行预测。LSTM 网络对不完整序列进行预测,一次预测一个时间步。在每个时间步,网络使用此时间步的值进行预测,网络状态仅根据先前的时间步进行计算。网络在各次预测之间更新其状态。predict 函数返回这些预测值的序列。预测值的最后一个元素对应于不完整序列的预测剩余寿命周期。代码如下:

```
YPred = predict(net,XTest,'MiniBatchSize',1); % 为防止函数向数据添加填充,请指定小批量大小为1
```

6）一个时间步进行预测

一次对一个时间步进行预测，代码如下：

```
idx = randperm(numel(YPred),4);
figure
for i = 1:numel(idx)
    subplot(2,2,i)

    plot(YTest{idx(i)},'——')
    hold on
    plot(YPred{idx(i)},'. - ')
    hold off

    ylim([0 thr + 25])
    title("测试观测点 " + idx(i))
    xlabel("时间步长")
    ylabel("剩余寿命周期")
end
legend(["实验数据" "预测数据"],'Location','northeast')
```

在绘图中可视化一些预测值，如图 14-21 所示。

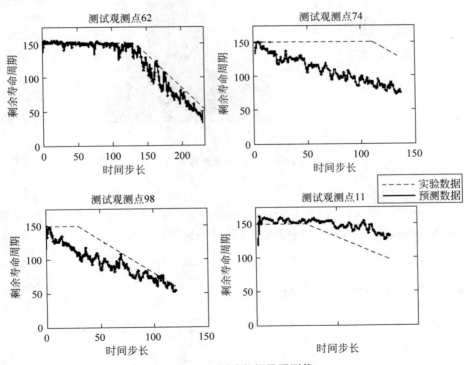

图 14-21　测试数据及预测值

7）预测序列的最后元素

给定不完整序列，预测的当前 RUL 是预测序列的最后一个元素，同时计算预测值的均方根误差（RMSE），并在直方图中可视化预测误差，如图 14-22 所示。代码如下：

```
for i = 1:numel(YTest)
    YTestLast(i) = YTest{i}(end);
    YPredLast(i) = YPred{i}(end);
end
figure
rmse = qrt(mean((YPredLast - YTestLast).^2));
histogram(YPredLast - YTestLast)
title("均方根误差:" + rmse)
ylabel("序列")
xlabel("误差")
```

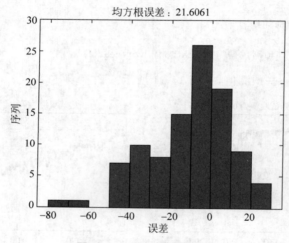

图 14-22　预测误差直方图

8）子函数

（1）prepareDataTrain 函数。从 filenamePredictors 中提取数据并返回元胞数组 XTrain 和 YTrain，其中分别包含训练预测变量和响应序列。代码如下：

```
function [XTrain,YTrain] = prepareDataTrain(filenamePredictors)

dataTrain = dlmread(filenamePredictors);

numObservations = max(dataTrain(:,1));

XTrain = cell(numObservations,1);
YTrain = cell(numObservations,1);
for i = 1:numObservations
    idx = dataTrain(:,1) == i;
```

```
    X = dataTrain(idx,3:end)';
    XTrain{i} = X;

    timeSteps = dataTrain(idx,2)';
    Y = fliplr(timeSteps);
    YTrain{i} = Y;
end

end
```

（2）prepareDataTest 函数。从 filenamePredictors 和 filenameResponses 中提取数据并返回元胞数组 XTest 和 YTest，其中包含测试预测变量和响应序列。在 filenamePredictors 中，时序在系统故障之前的某个时间结束。filenameResponses 中的数据为测试数据提供了真实 RUL 值的向量。代码如下：

```
function [XTest,YTest] = prepareDataTest(filenamePredictors,filenameResponses)

XTest = prepareDataTrain(filenamePredictors);

RULTest = dlmread(filenameResponses);

numObservations = numel(RULTest);

YTest = cell(numObservations,1);
for i = 1:numObservations
    X = XTest{i};
    sequenceLength = size(X,2);

    rul = RULTest(i);
    YTest{i} = rul + sequenceLength - 1: - 1:rul;
end
```

参 考 文 献

[1] 周开利,康耀红.神经网络模型及其 MATLAB 仿真程序设计[M].北京:清华大学出版社,2005.

[2] 董长虹.MATLAB 神经网络与应用[M].北京:国防工业出版社,2007.

[3] 王小川,史峰,郁磊,等.MATLAB 神经网络 43 个案例分析[M].北京:北京航空航天大学出版社,2013.

[4] 何正风.MATLAB R2015b 神经网络技术[M].北京:清华大学出版社,2016.

[5] Goodfellow I,Bengio Y,Courville A.深度学习[M].赵申剑,等译.北京:人民邮电出版社,2017.

[6] 韩力群,施彦.人工神经网络理论及应用[M].北京:机械工业出版社,2017.

[7] 顾艳春.MATLAB R2016a 神经网络设计应用 27 例[M].北京:电子工业出版社,2018.

[8] 江永红.深入浅出人工神经网络[M].北京:人民邮电出版社,2019.

[9] 魏溪含,涂铭,张修鹏.深度学习与图像识别原理与实践[M].北京:机械工业出版社,2019.

[10] 姚舜才,孙传猛.机器学习基础教程[M].西安:西安电子科技大学出版社,2020.

[11] 曹云忠.物流中心选址算法改进及其 Hopfield 神经网络设计[J].计算机应用与软件,2009,26(3):117-120.

[12] 李大威.基于集成学习的高分遥感图像玉米区高精度提取算法研究[D].太原:中北大学,2017.

[13] 张晓铭.基于 PSO 算法优化的自组织竞争神经网络在煤与瓦斯突出预测中的应用研究[D].太原:太原理工大学,2013.

[14] 郭军,马金凤.基于 K-L 变换的自组织竞争神经网络在海底底质分类中的应用[J].测绘工程,2013,22(01):51-54.

[15] 赵春晖,刘凡.基于改进自组织竞争神经网络的高光谱图像分类[J].应用科技,2009,36(08):8-12.

[16] 周峰,李杏梅,刘福江等.基于主成分分析的自组织竞争神经网络在多光谱遥感影像分类中的应用[J].光学与光电技术,2007(03):43-46.

[17] 李春华,沙晋明.Matlab 自组织竞争神经网络遥感图像分类——以福州市琅歧岛土地覆盖/土地利用类型为例[J].遥感技术与应用.2006(06):507-511.

[18] 刘娜,雷鸣.基于 SOM-PNN 神经网络的城市环境风险预测算法研究[J].计算机科学,2019,46(S1):66-70.

[19] 宋利,刘靖.基于 SOM 神经网络的二阶变异体约简方法[J].软件学报,2019,30(05):1464-1480.

[20] 王宏默.基于 SOM 神经网络的通风机叶片裂纹故障诊断方法[D].北京:北京工业大学,2019.

[21] 白琳.基于深度学习机制的人与物体交互活动识别技术[D].北京:北京理工大学,2015.

[22] Ding S F,Jia W K,Su C Y,et al. Research of neural network algorithm based on factor analysis and cluster analysis[J]. Neural Computing and Applications,2011,20(2):297-302.

[23] LeCun Y,Bottou L,Bengio Y, et al. Gradient-based learning applied to document recognition[J]. Proceedings of the IEEE,1998,86(11):2278-2324.

[24] Grossberg S. How does the cerebral cortex work? Learning, attention, and grouping by the laminarcircuits of visual cortex[J]. Spatial Vision,1999,12(2):163-185.

[25] Hinton G,Salakhutdinov R R. Reducing the dimensionality of data with neural networks[J]. Science,2006,313(5786):504-507.

[26] Bengio Y,Pascal L,Dan P, et al. Greedy Layer-Wise Training of Deep Networks[J]. Advances in Neural Information Processing Systems,2007:153-160.

[27] Dahl G E,Yu D,Deng L, et al. Context-dependent pre-trained deep neural networks for large-vocabulary speech recognition[J]. IEEE Transactions on Audio Speech & Language Processing,

2012,20(1)：30-42.

[28] 蒋兵.语种识别深度学习方法研究[D].合肥：中国科学技术大学,2015.

[29] Li X G,Yang Y N,Wu X H. A comparative study on selecting acoustic modeling units in deep neural networks based large vocabulary Chinese speech recognition[J]. NEUROCOMPUTING,2015,170 (12)：251-256.

[30] Marmanis D,Datcu M,Esch T,et al. Deep learning earth observation classification using ImageNet pretrained networks[J]. IEEE GEOSCIENCE AND REMOTE SENSING LETTERS,2016,13(1)：105-109.

[31] 李大威,杨风暴,王肖霞.基于随机森林与 D-S 证据合成的多源遥感分类研究[J].激光与光电子学进展,2016,53(03)：81-88.

[32] Zou Q,Ni L H,Zhang T,et al. Deep learning based feature selection for remote sensing scene classification[J]. IEEE GEOSCIENCE AND REMOTE SENSING LETTERS,2015,12(11)：2321-2325.

[33] LeCun Y,Bengio Y,Hinton G. Deep learning[J]. Nature,2015,521(5)：436-444.

[34] Li D W,Yang F B. Crop region extraction of remote sensing images based on fuzzy ARTMAP and adaptive boost[J]. Journal of Intelligent & Fuzzy Systems,2015,29(6),2787-2794.

[35] Li D W,Yang F B. Study on ensemble crop information extraction of remote sensing images based on SVM and BPNN[J]. Journal of the Indian Society of Remote Sensing,2017,45(2),229-237.

[36] Hinton G,Osindero S,Teh Y W. A fast learning algorithm for deep belief nets[J]. Neural Computation,2006,18(7)：1527-1554.

[37] 郑胤,陈权崎,章毓晋.深度学习及其在目标和行为识别中的新进展[J].中国图象图形学报,2014,02：175-184.

[38] 曲建岭,杜辰飞,邸亚洲等.深度自动编码器的研究与展望[J].计算机与现代化,2014,(08)：128-134.

[39] Li D W,Yang F B. Research on corn region extraction of remote sensing image based on fusion of PSO parameters optimization and adaboost_ SVM[J]. International Journal of Signal Processing Image Processing and Pattern Recognition,2015,8(8),361-372.

[40] 陈国炜,刘磊,郭嘉逸等.基于生成对抗网络的半监督遥感图像飞机检测[J].中国科学院大学学报,2020,37(4)：539-546.

[41] 谢源,苗玉彬,许凤麟等.基于半监督深度卷积生成对抗网络的注塑瓶表面缺陷检测模型[J].计算机科学,2020,47(7)：92-96.

[42] Ak K E,Lim J H,Tham J Y,et al. Semantically consistent text to fashion image synthesis with an enhanced attentional generative adversarial network[J]. Pattern Recognition Letters,2020,135.

[43] Wu F,Jing X Y,Wu Z Y,et al. Modality-specific and shared generative adversarial network for cross-modal retrieval[J]. Pattern Recognition,2020,104.

[44] Sandfort V,Yan K,Pickhardt P,et al. Data augmentation using generative adversarial networks (CycleGAN) to improve generalizability in CT segmentation tasks[J]. Scientific reports,2019,9(1).

[45] 李从利,张思雨,韦哲等.基于深度卷积生成对抗网络的航拍图像去厚云方法[J].兵工学报,2019,40(07)：1434-1442.

[46] 刘一敏,蒋建国,齐美彬等.融合生成对抗网络和姿态估计的视频行人再识别方法[J].自动化学报,2020,46(03)：576-584.

图书资源支持

感谢您一直以来对清华大学出版社图书的支持和爱护。为了配合本书的使用，本书提供配套的资源，有需求的读者请扫描下方的"书圈"微信公众号二维码，在图书专区下载，也可以拨打电话或发送电子邮件咨询。

如果您在使用本书的过程中遇到了什么问题，或者有相关图书出版计划，也请您发邮件告诉我们，以便我们更好地为您服务。

我们的联系方式：

地　　址：北京市海淀区双清路学研大厦 A 座 714

邮　　编：100084

电　　话：010-83470236　　010-83470237

资源下载：http://www.tup.com.cn

客服邮箱：tupjsj@vip.163.com

QQ：2301891038（请写明您的单位和姓名）

用微信扫一扫右边的二维码，即可关注清华大学出版社公众号。

教学资源·教学样书·新书信息

人工智能科学与技术
人工智能|电子通信|自动控制

资料下载·样书申请

书圈